数控机床技术基础

主　编　王晓忠　王　骅

副主编　王雪娇　陈震乾

参　编　沈加敏　崔益银

沈丁琦　蒋佳健

北京理工大学出版社

BEIJING INSTITUTE OF TECHNOLOGY PRESS

内容简介

本书是为了适应高等院校教育改革需要而编写的数控技术、机电一体化技术、数控设备应用与维护等专业的规划教材之一。本书主要内容包括：机床数控技术概述、数控编程技术基础、数控车削加工技术基础、数控系统的插补原理与刀具补偿原理、数控机床的计算机数控系统、数控机床的结构与维护、数控机床伺服系统和位置检测装置、智能制造概述等。

本书采用国家最新标准，突出实践性、实用性和先进性，是加工制造类专业通用教材，也可作为相关技术人员的参考书。

图书在版编目（CIP）数据

数控机床技术基础 / 王晓忠，王骅主编. —北京：北京理工大学出版社，2019.12
ISBN 978-7-5682-8025-9

Ⅰ. ①数…　Ⅱ. ①王…　②王…　Ⅲ. ①数控机床-高等学校-教材　Ⅳ. ①TG659

中国版本图书馆 CIP 数据核字（2020）第 001556 号

出版发行 / 北京理工大学出版社有限责任公司
社　　址 / 北京市海淀区中关村南大街 5 号
邮　　编 / 100081
电　　话 /（010）68914775（总编室）
（010）82562903（教材售后服务热线）
（010）68948351（其他图书服务热线）
网　　址 / http://www.bitpress.com.cn
经　　销 / 全国各地新华书店
印　　刷 / 涿州市新华印刷有限公司
开　　本 / 787 毫米×1092 毫米　1/16
印　　张 / 13
字　　数 / 306 千字
版　　次 / 2019 年 12 月第 1 版　2019 年 12 月第 1 次印刷
定　　价 / 60.00 元

责任编辑 / 多海鹏
文案编辑 / 多海鹏
责任校对 / 周瑞红
责任印制 / 李志强

图书出现印装质量问题，请拨打售后服务热线，本社负责调换

前　言

本书是根据教育部制定的数控技术专业人才培养培训工程教改方案，并结合作者多年的工程实践和教学经验而编写的，力求通俗易懂、删繁就简，同时注重实用性和先进性。

本书共分 8 章，主要介绍了机床数控技术概述、数控编程技术基础、数控车削加工技术基础、数控系统的插补原理与刀具补偿原理、数控机床的计算机数控系统、数控机床的结构与维护、数控机床伺服系统和位置检测装置、智能制造概述等相关内容，可作为数控技术、机电一体化技术、数控设备应用与维护等专业通用教材。

本书由王晓忠、王骅担任主编，王雪娇、陈震乾担任副主编，崔益银、沈加敏、沈丁琦、蒋佳健参与编写。全书由王晓忠统稿，由李友节教授审阅。

本书编写时虽力求严谨完善，但疏漏和不当之处在所难免，在此恳请广大读者给予批评和指正。

编　者

目　录

第 1 章

机床数控技术概述

学习目标

1. 了解数控机床的产生与发展。
2. 掌握数控机床的概念、组成及工作原理。
3. 了解数控机床的加工和应用特点。
4. 了解数控机床的分类方法及种类。
5. 了解先进制造技术的概念、组成、特点和发展方向。

1.1 数控机床的产生与发展

随着社会生产和科学技术的不断进步，各类工业新产品层出不穷。机械制造产业作为国民工业的基础，其产品更是日趋精密复杂，特别是宇航、航海、军事等领域所需的机械零件，精度要求更高、形状更为复杂且往往批量较小，加工这类产品需要经常改装或调整设备，普通机床或专业化程度高的自动化机床显然无法适应这些要求。同时，随着市场竞争的日益加剧，生产企业也迫切需要进一步提高生产效率，提高产品质量及降低生产成本。在这种背景下，一种新型的生产设备——数控机床应运而生，它综合应用了电子计算机、自动控制、伺服驱动、精密测量及新型机械结构等多方面的技术成果，形成了今后机械工业的基础并指明了机械制造工业设备的发展方向。

1.1.1 数控机床的产生

数控机床的研制最早是从美国开始的。1948 年，美国帕森斯公司（Parsons Co.）在完成研制加工直升机桨叶轮廓用检查样板的加工机床任务时，提出了研制数控机床的初步设想。1949 年，在美国空军后勤部的支持下，帕森斯公司正式接受委托，与麻省理工学院伺服机构实验室（Servo Mechanism Laboratory of the Massachusetts Institute of Technology）合作，开始数控机床的研制工作。经过 3 年的研究，世界上第一台数控机床试验样机于 1952 年试制成功。这是一台采用脉冲乘法器原理的直线插补三坐标连续控制系统铣床，其数控系统全部采用电子管元件，数控装置体积比机床本体还要大。后来经过 3 年的改进和自动编程研究，该机床于 1955 年进入试用阶段。此后，其他一些国家（如德国、英国、日本、苏联和瑞典等）也相继开展数控机床的研制开发和生产工作。1959 年，美国克耐·杜列克公司（Keaney & Trecker）首次成功开发了加工中心（Machining Center），这是一种有自动换刀装置和回转工作台的数控机床，可以在一次装夹中对工件的多个平面进行多工序的加工。但是，直到 20 世纪 50 年代末，由于价格和其他因素的影响，数控机床仅限于航空、军事工业应用，品种也多为连续控制系统。直到 20 世纪 60 年代，由于晶体管的应用，数控系统进一步提高了可靠性且价格下降，一些民用工业开始发展数控机床，其中多数为钻床、冲床等点定位控制的机床。数控技术不仅在机床上得到实际应用，而且逐步推广到焊接机、火焰切割机等，使数控技术应用范围不断地得到扩展。

1.1.2 数控机床的发展概况

数控机床的核心就是 CNC 系统（简称数控系统），从自动控制的角度看，数控系统就是一种轨迹控制系统，即其本质上是以多执行部件（各运动轴）的位移量为控制对象并使其协调运动的自动控制系统，是一种配有专用操作系统的计算机控制系统。

1.1.3 数控系统的发展史

自从 20 世纪 50 年代世界上第一台数控机床问世至今已经历 60 多年。数控机床经过了 2 个阶段和 6 代的发展历程。

第 1 阶段是硬件数控（NC）：第 1 代为 1952 年的电子管；第 2 代为 1959 年的晶体管（分离元件）；第 3 代为 1965 年的小规模集成电路。

第 2 阶段是软件数控（CNC）：第 4 代为 1970 年的小型计算机，中小规模集成电路；第 5 代为 1974 年的微处理器，大规模集成电路；第 6 代为 1990 年的基于个人的 PC 机。

1. 数控（Numerical Control，NC）阶段（1952—1970 年）

早期计算机的运算速度低，虽然对当时的科学计算和数据处理影响还不大，但不能适应机床实时控制的要求。人们不得不采用数字逻辑电路“搭”成一台机床专用计算机作为数控系统，被称为硬件连接数控（HARD－WIRED NC），简称为数控（NC）。随着元器件的发展，这个阶段历经了 3 代，即 1952 年的第一代——电子管、1959 年的第二代——晶体管、1965 年的第三代——小规模集成电路。

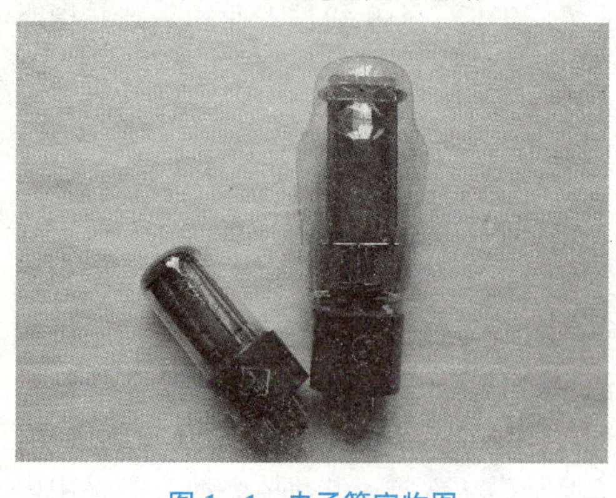

图 1－1 电子管实物图

（1）常见的电子管（见图 1－1）是真空式电子管，不管是二极、三极还是更多电极的真空式电子管，它们都是由抽成接近真空的玻璃（或金属、陶瓷）外壳、封装在壳里的灯丝及阴极和阳极组成。直热式电子管的灯丝就是阴极，三极以上的多极管还有各种栅极。以电子管收音机为例，这种收音机普遍使用 5～6 个电子管，输出功率只有 1 W 左右，而耗电却要 40～50 W，功能也很有限。打开电源开关，要等 1 min 以后才会慢慢地响起来。如果用于数控机床可想而知其耗电量和控制速度都难以匹配。

（2）晶体管是用来控制电路中电流的重要元件。1956 年，晶体管是由贝尔实验室发明的，并荣获了诺贝尔物理学奖，创造了企业研发机构因技术发明而获诺贝尔奖的先例，晶体管的发明对今后的技术革命和创新具有重要的启示意义。晶体管的发明，终于使由

玻璃封装的、易碎的真空管有了替代物。同真空管相同的是，晶体管能放大微弱的电子信号；不同的是，它具有廉价、耐久、耗能小，并且几乎能够被制成无限小的特点。

晶体管是现代科技史上最重要的发明之一，究其原因有三个方面。第一，它取代了电子管，成为电子技术的基本元件，原因是其性能好、体积小、可靠性大和寿命长；第二，它是微电子技术革命的发动者，而信息时代发展至今就是由微电子技术、光子技术和网络技术三次技术革命组成的，所以它的出现成为报晓信息时代的使者；第三，晶体管是集成电路和芯片的组成单元，也是光电器件和集成光路的基本组成单元，更是网络技术的基础，只不过光电子晶体管是微电子晶体管的演变或发展罢了。由于这三方面的原因，晶体管的发明在信息科技的迅速发展中起了决定性的作用，它的意义远远超出了一种元器件的发明范围，而成为揭开现代技术新领域和变革的各种技术基础的关键。所以晶体管发明过程中的突出特点，对于其他科技的产生和发展有重要的参考和启示意义。

（3）小规模集成电路：晶体管诞生后，首先是在电话设备和助听器中使用。逐渐地，它在任何有插座或电池的东西中都能发挥作用了。将微型晶体管蚀刻在硅片上制成的集成电路，在 20 世纪 50 年代发展起来后，以芯片为主的电脑很快就进入了人们的办公室和家庭。晶体管实物如图 1－2 所示。

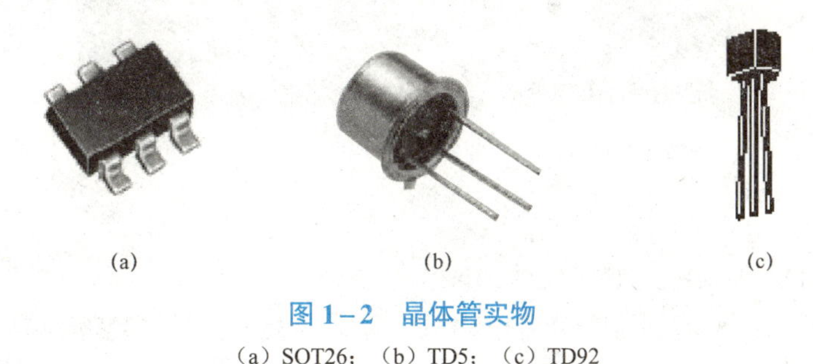

(a)　　(b)　　(c)

图 1－2　晶体管实物

（a）SOT26；（b）TD5；（c）TD92

2. 计算机数控（Computer Numerical Control，CNC）阶段（1970 年以后）

到 1970 年，通用小型计算机业已出现并成批生产，于是它被移植过来作为数控系统的核心部件，从此数控机床进入了计算机数控（CNC）阶段（把计算机前面应有的“通用”两个字省略了）。

到 1971 年，美国 INTEL 公司在世界上第一次将计算机的两个最核心的部件——运算器和控制器，采用大规模集成电路技术集成在一块芯片上，称为微处理器（MICROPROCESSOR），又可称为中央处理单元（简称 CPU）。

到 1974 年，微处理器被应用于数控系统。这是因为小型计算机功能太强，控制一台机床能力有富余（故当时曾用于控制多台机床，称为群控），不如采用微处理器经济合理，而且当时的小型机可靠性也不理想。早期的微处理器速度和功能虽还不够高，但可以通过多处理器结构来解决。由于微处理器是通用计算机的核心部件，故仍称为计算机数控。

到了 1990 年，PC 机（个人计算机，国内习惯称微机）的性能已发展到很高的阶段，可以满足作为数控系统核心部件的要求，数控系统从此进入了基于 PC 的阶段。最常用的形式是：CNC 嵌入 PC 机，在 PC 机内部插入专用的 CNC 控制卡。

将计算机用于数控机床是数控机床史上的一个重要里程碑，因为它综合了现代计算机技术、自动控制技术、传感器技术及测量技术、机械制造技术等领域的最新成就，使机械加工技术达到了一个崭新的水平。随着科技的发展晶体管的体积越来越小，已达到纳米级（1 nm为1 m的十亿分之一），纳米晶体管的出现将导致未来可以制造出更强劲的计算机芯片。（把20 nm 的晶体管放进一片普通集成电路，形同一根头发放在足球场的中央。现代微处理器包含上亿的晶体管。）

CNC与NC相比有许多优点，最重要的是：CNC的许多功能是由软件实现的，可以通过软件的变化来满足被控机械设备的不同要求，从而实现数控功能的更改或扩展，为机床制造厂和数控用户带来了极大的方便。

总之，计算机数控阶段也经历了三代，即1970年的第四代——小型计算机、1974年的第五代——微处理器和1990年的第六代——基于个人PC机（国外称为PC－BASED）。

基于PC的运动控制器，目前最流行的是PMAC，如图1－3所示。

图1－3　DeltaTau PMAC I型多轴运动控制器

PMAC I型多轴运动控制器简介如下。

* 总线为：ISA、VME、PC104、PCI。

* 电动机类型为：交流伺服、直流电动机（有刷、无刷、直线）/交流异步电动机/步进电动机。

* 控制码为：PMAC（类似BASIC ASICII命令）/G代码（机床）/AutoCAD转换。

* 反馈为：增量编码器（直线、旋转）、绝对编码器、旋转变压器等。

PMAC（Program Multiple Axises Controller）是美国DELTA TAU公司生产制造的多轴运动控制器，PMAC运动控制器和数控系统如图1－4和图1－5所示。

图1－4　PMAC运动控制器

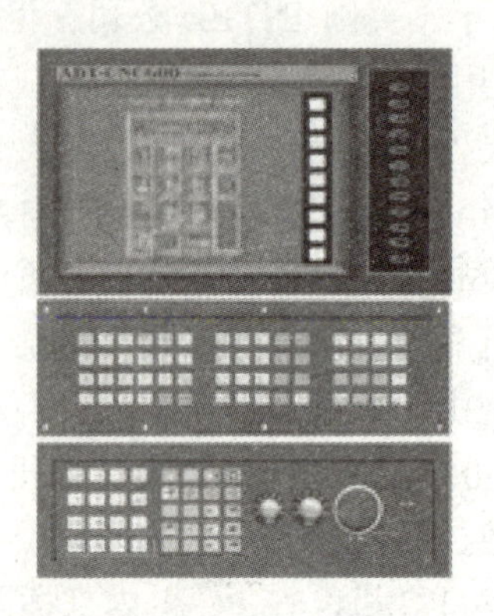

图1－5　数控系统

1.1.4　数控机床的发展趋势

从数控机床的技术水平看，高精度、高速度、高柔性、多功能和高自动化是数控机床的重要发展趋势。对单台主机不仅要求提高其柔性和自动化程度，还要求具有更高层次的柔性制造系统和计算机集成系统的适应能力。我国国产数控设备的主轴转速已达 10 000～40 000 r/min，进给速度达到 30～60 m/min，换刀时间 t＜2.0 s，表面粗糙度 Ra＜0.008 μm。

在数控系统方面，目前世界上几个著名的数控装置生产厂家，诸如日本的 FANUC 公司、德国的 SIEMENS 公司和美国的 A－B 公司，其产品都在向系列化、模块化、高性能和成套性方向发展。它们的数控系统都采用了 16 位和 32 位微处理器，标准总线及软件模块和硬件模块结构，内存容量扩大到了 1 MB 以上，机床分辨率可达 0.1 μm，高速进给速度可达 100 m/min，控制轴数可达 16 个，并采用先进的电装工艺。

在驱动系统方面，交流驱动系统发展迅速。交流驱动已由模拟式向数字式方向发展，以运算放大器等模拟器件为主的控制器正被以微处理器为主的数字集成元件所取代，从而克服了零点漂移、温度漂移等弱点。

1.1.5　数控机床应用特点和主要技术指标

不同类型的数控机床有着不同的用途，在选用数控机床之前应对其类型、规格、性能、特点、用途和应用范围有所了解，才能选择最适合加工零件的数控机床。用于数控机床加工的零件如下。

（1）多品种、小批量生产的零件或新产品试制中的零件。随着数控机床制造成本的逐步下降，现在不管是国内还是国外，加工大批量零件的情况也已经出现。加工很小批量和单件生产时，如能缩短程序的调试时间和工装的准备时间也是可以选用的。

（2）形状复杂、加工精度要求高、制造精度要求高、对刀精确要求高、通用机床无法加工或很难保证加工质量的零件。

（3）要求表面粗糙度小的零件。在工件和刀具的材料、精加工余量及刀具角度一定的情况下，表面粗糙度取决于切削速度和进给速度。普通机床是恒定转速，直径不同切削速度就不同，像数控车床具有恒线速切削功能，车端面、不同直径外圆时可以用相同的线速度，保证表面粗糙度值既小且一致。在加工表面粗糙度不同的表面时，粗糙度小的表面选用较小的进给速度，粗糙度大的表面选用较大的进给速度，可变性很好，这点在普通机床中很难做到。

（4）轮廓形状复杂的零件。任意平面曲线都可以用直线或圆弧来逼近，数控机床具有圆弧插补功能，可以加工各种复杂轮廓的零件。

（5）具有难测量、难控制进给、难控制尺寸的不开敞内腔的壳体或盒型零件。

（6）必须在一次装夹中完成铣、镗、锪、铰或攻丝等多工序的零件。

（7）价格昂贵、加工中不允许报废的关键零件。

（8）需要最短生产周期的急需零件。

（9）在通用机床加工时极易受人为因素（如：情绪波动、体力强弱、技术水平高低等）干扰，零件价值又高，一旦质量失控会造成重大经济损失的零件。

数控机床的技术指标包括规格指标、精度指标、性能指标和可靠性指标。

1. 规格指标

规格指标是指数控机床的基本能力指标，主要有以下几方面。

（1）行程范围：坐标轴可控的运动区间，它反映该机床允许的加工空间，通常情况下工件的轮廓尺寸应在加工空间的范围之内，个别情况下工件轮廓也可大于机床的加工范围，但其加工范围必须在加工空间范围之内。

（2）工作台面尺寸：它反映该机床安装工件大小的最大范围，通常应选择比最大加工工件稍大一点的面积，这是因为要预留夹具所需的空间。

（3）承载能力：它反映该机床能加工零件的最大质量。

（4）主轴功率和进给轴扭矩：它反映该机床的加工能力，同时也可间接反映机床刚度和强度。

（5）控制轴数和联动轴数：数控机床控制轴数通常是指机床数控装置能够控制的进给轴数目。现在，有的数控机床生产厂家也认为控制轴数包括所有的运动轴，即进给轴、主轴、刀库轴等。数控机床控制轴数和数控装置的运算处理能力、运算速度及内存容量等有关。联动轴数是指数控机床控制多个进给轴，使它们按零件轮廓规定的规律运动的进给轴数目。它反映数控机床实现曲面加工的能力。

2. 精度指标

数控机床精度通常指机床定位至程序目标点的精确程度，通常是机床空载情况下在数控轴上对多目标点进行多回合测量后通过数学统计计算出来的。数控机床的精度指标主要包括加工精度、定位精度、重复定位精度、移动精度和分度精度。

（1）加工精度。数控机床的加工精度受到机床结构、装配精度、伺服系统性能、工艺参数以及外界环境等因素的影响。

（2）定位精度与重复定位精度。定位精度是指车床等移动部件的实际运动位置与指令位置的一致程度，其不一致的差值即为定位误差。引起定位误差的因素包括伺服系统、检测系统、进给传动及导轨误差等。定位误差会直接影响加工零件的尺寸精度。

重复定位精度是指在相同的操作方式和条件下，多次完成规定操作后得到结果的一致程度，一般是呈正态分布的偶然性误差；它会影响批量加工零件的一致性，是一项非常重要的性能指标。一般数控机床的定位精度为 0.018 mm，重复定位精度为 0.008 mm。

（3）移动精度。

移动精度主要是指分辨度和脉冲当量，分辨率是指可以分辨的最小位移间隙。对测量系统而言，分辨率是可以测量的最小位移；对控制系统而言，分辨率是可以控制的最小位移增量。

脉冲当量是指数控装置每发出一个脉冲信号，机床位移部件所产生的位移量。

（4）分度精度。

分度精度是指分度工作台在分度时，实际回转角度与指令回转角度的差值。分度精度既会影响零件加工部位在空间的角度位置，也会影响孔系加工的同轴度等。

3. 性能指标

（1）最高主轴转速和最大加速度。最高主轴转速是指主轴所能达到的最高转速，它是影响零件表面加工质量、生产效率以及刀具寿命的主要因素之一，尤其是有色金属的精加工。最大加速度是反映主轴速度提速能力的性能指标，也是加工效率的重要指标。

（2）最高快移速度和最高进给速度。最高快移速度是指进给轴在非加工状态下的最高移动速度；最高进给速度是指进给轴在加工状态下的最高移动速度。它们是影响零件加工质量、生产效率以及刀具寿命的主要因素。它们受数控装置的运算速度、机床动特性及工艺系统刚度等因素的限制。

（3）分辨率与脉冲当量。分辨率是指两个相邻的分散细节之间可以分辨的最小间隔。对测量系统而言，分辨率是可以测量的最小增量；对控制系统而言，分辨率是可以控制的最小位移增量，即数控装置每发出一个脉冲信号，反映到机床移动部件上的移动量，通常称为脉冲当量。脉冲当量是设计数控机床的原始数据之一，其数值的大小决定数控机床的加工精度和表面质量。脉冲当量越小，数控机床的加工精度和表面加工质量越高。

另外，还有换刀速度和工作台交换速度，它们同样也是影响生产效率以及刀具寿命的主要因素。

4. 可靠性指标

（1）平均无故障工作时间（*MTBF*）为

$$MTBF = \frac{1}{N_0}\sum_{i=1}^{n} t_i = \sum_{i=1}^{n} t_i / \sum_{i=1}^{n} r_i$$

式中，N_0 为在评定周期内机床累计故障频数；N 为机床抽样台数；t_i 为在评定周期内第 i 台机床实际工作时间，单位为 h；r_i 为在评定周期内第 i 台机床出现故障的频数。

（2）平均修复时间（*MTTR*）为

$$MTTR = \frac{1}{N_0}\sum_{i=1}^{n} t_{mi}$$

式中，N_0 为评定周期内的故障总次数；t_{mi} 为在评定周期内第 i 台机床的实际修复时间。

（3）固有可用度（A）。固有可用度又称有效度（Availability），是在规定的使用条件下，机械设备及零部件保持其规定功能的概率，简称 A。有效度是评价设备利用率的一项重要指标，也是直接制约设备生产能力的重要因素。其表达式为

$$A = \frac{\text{可工作时间}}{\text{可工作时间} + \text{不可工作时间}} = \frac{MTBF}{MTBF + MTTR}$$

（4）精度保持时间（T_k）。精度保持时间是数控机床在两班工作制和遵守使用规则的条件下，其精度保持在机床精度标准规定的范围内的时间。其观测值以抽取的样机中精度保持时间最短的一台机床的精度保持时间为准。

以上 4 个评定指标中，*MTBF* 侧重于数控机床的无故障性，是最常用的评定指标；*MTTR* 反映了数控机床的维修性，即进行维修的难易程度；固有可用度 A 综合了反映无故障性和维修性，即有效性；精度保持时间 T_k 反映了数控机床的耐久性和可靠寿命。

1.2　数控机床的概念及组成

1.2.1　数控机床的概念

数控技术是 20 世纪中期发展起来的机床控制技术。数字控制（Numerical Control，NC）

是一种自动控制技术，是用数字化信号对机床的运动及其加工过程进行控制的一种方法。

数控机床（NC Machine）就是采用了数控技术的机床，或者说是装备了数控系统的机床。它是一种综合应用计算机技术、自动控制技术、精密测量技术、通信技术和精密机械技术等先进技术的典型的机电一体化产品。

国家信息处理联盟（International Federation of Information Processing，IFIP）第五技术委员会对数控机床作了如下定义：数控机床是一种装有程序控制系统的机床，该系统能逻辑地处理具有特定代码和其他符号编码指令规定的程序。

1.2.2 数控机床的组成

数控机床的种类很多，但任何一种数控机床都是由控制介质、数控系统、伺服系统、辅助控制系统和机床本体若干基本部分组成的，如图 1－6 所示。

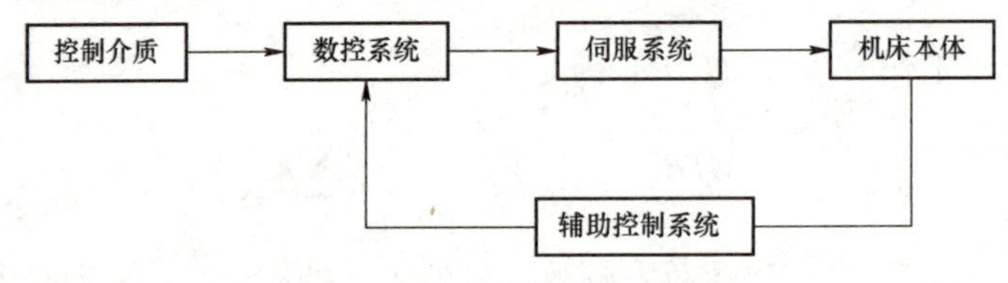

图 1－6 数控机床的组成

1. 控制介质

数控系统工作时，不需要操作人员直接操纵机床，但机床又必须执行人的意图，这就需要在人与机床之间建立某种联系，这种联系的中间媒介物即称为控制介质。在控制介质上存储着加工零件所需要的全部操作信息和刀具相对工件的位移信息，因此，控制介质就是将零件加工信息传送到数控装置去的信息载体。控制介质有多种形式，它随着数控装置类型的不同而不同，常用的有穿孔纸带、穿孔卡、磁带、磁盘和 USB 接口介质等。控制介质上记载的加工信息要经过输入装置传送给数控装置，常用的输入装置有光电纸带输入机、磁带录音机、磁盘驱动器和 USB 接口等。

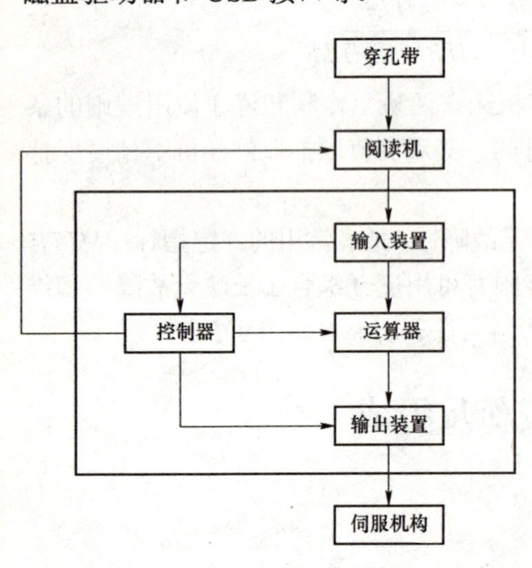

图 1－7 数控系统结构

除了上述几种控制介质外，还有一部分数控机床采用数码拨盘、数码插销或利用键盘直接输入程序和数据。另外，随着 CAD/CAM 技术的发展，有些数控设备利用 CAD/CAM 软件在其他计算机上编程，然后通过计算机与数控系统通信（如局域网），将程序和数据直接传送给数控装置。

2. 数控系统

数控系统是一种控制系统，是数控机床的中心环节，它能自动阅读输入载体上事先给定的数字，并将其译码，从而使机床进给并加工零件。数控系统通常由输入装置、控制器、运算器和输出装置 4 部分组成，如图 1－7 所示。

输入装置接收由穿孔带阅读机输出的代码，经

识别与译码之后分别输入到各个相应的寄存器，这些指令与数据将作为控制与运算的原始数据。控制器接收输入装置的指令，根据指令控制运算器与输入装置，以实现对机床的各种操作（如控制工作台沿某一坐标轴的运动、主轴变速和切削液的开关等）以及控制整机的工作循环（如控制阅读机的启动或停止、控制运算器的运算和控制输出信号等）。

运算器接收控制器的指令，将输入装置送来的数据进行某种运算，并不断向输出装置送出运算结果，使伺服系统执行所要求的运动。对于加工复杂零件的轮廓控制系统，运算器的重要功能是进行插补运算。所谓插补运算就是将每个程序段输入的工件轮廓上的某起始点和终点的坐标数据送入运算器，经过运算之后在起点和终点之间进行“数据密化”，并按控制器的指令向输出装置送出计算结果。

输出装置根据控制器的指令将运算器送来的计算结果输送到伺服系统，经过功率放大后驱动相应的坐标轴，使机床完成刀具相对工件的运动。

目前，数控机床均采用微型计算机作为数控系统。微型计算机的中央处理单元（CPU）又称微处理器，是一种大规模集成电路，它将运算器、控制器集成在一块集成电路芯片中。在微型计算机中，输入与输出电路采用大规模集成电路，即所谓的 I/O 接口。微型计算机拥有较大容量的寄存器，并采用高密度的存储介质，如半导体存储器和磁盘存储器等。存储器可分为只读存储器（ROM）和随机存取存储器（RAM）两种类型，前者用于存放系统的控制程序，后者存放系统运行时的工作参数或用户的零件加工程序。微型计算机数控系统的工作原理与上述硬件数控系统的工作原理相同，只是前者采用通用的硬件，不同的功能通过改变软件来实现，因此更为灵活与经济。

3. 伺服系统

伺服系统由伺服驱动电动机和伺服驱动装置组成，它是数控系统的执行部分。伺服系统接收数控系统的指令信息，并按照指令信息的要求带动机床本体的移动部件运动或使执行部分动作，以加工出符合要求的工件。指令信息是脉冲信息的体现，每个脉冲使机床移动部件产生的位移量叫作脉冲当量。机械加工中一般常用的脉冲当量为 0.01 mm/脉冲、0.005 mm/脉冲、0.001 mm/脉冲，目前所使用的数控系统脉冲当量一般为 0.001 mm/脉冲。

伺服系统是数控机床的关键部件，它的好坏直接影响着数控加工的速度、位置和精度等。伺服机构中常用的驱动装置，随数控系统的不同而不同。开环系统的伺服机构常用步进电动机和电液脉冲电动机；闭环系统常用宽调速直流电动机和电液伺服驱动装置等。

4. 辅助控制系统

辅助控制系统是介于数控系统和机床机械、液压部件之间的强电控制系统。它接收数控系统输出的主运动变速、刀具选择交换、辅助装置动作等指令信号，经过必要的编译、逻辑判断、功率放大后直接驱动相应的电器、液压、气动和机械部件，以完成各种规定的动作。此外，有些开关信号经过辅助控制系统传输给数控系统进行处理。

5. 机床本体

机床本体是数控机床的主体，由机床的基础大件（如床身、底座）和各种运动部件（如工作台、床鞍、主轴等）所组成。它是完成各种切削加工的机械部分，是在普通机床的基础上改进而成的。其具有以下特点：

（1）数控机床采用了高性能的主轴与伺服传动系统、机械传动装置；

（2）数控机床机械结构具有较高的刚度、阻尼精度和耐磨性；

（3）更多采用了高效传动部件，如滚珠丝杠副、直线滚动导轨。

与传统的手动机床相比，数控机床的外部造型、整体布局、传动系统与刀具系统的部件结构，以及操作机构等都发生了变化。这些变化的目的是满足数控机床的要求和充分发挥数控机床的特点，因此，必须建立数控机床设计的新概念。

1.3 数控机床的种类与应用

当前数控机床的品种很多，结构、功能各不相同，通常可以按下述方法进行分类。

1.3.1 按机床运动轨迹进行分类

按机床运动轨迹不同，数控机床可分为点位控制数控机床、直线控制数控机床和轮廓控制数控机床。

1. 点位控制数控机床

点位控制（Positioning Control）又称为点到点控制（Point to Point Control）。刀具从某一位置向另一位置移动时，不管中间的移动轨迹如何，只要刀具最后能正确到达目标位置，就称为点位控制。

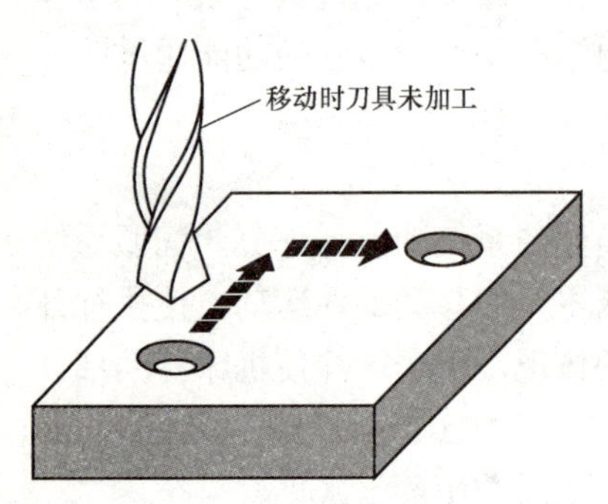

图 1–8　点位控制加工示意

点位控制数控机床的特点是只控制移动部件由一个位置到另一个位置的精确定位，而对它们的运动过程中的轨迹没有严格要求，在移动和定位过程中不进行任何加工。因此，为了尽可能地减少移动部件的运动时间和定位时间，两相关点之间的移动先以快速移动到接近新点位的位置，然后进行连续降速或分级降速，使之慢速趋近定位点，以保证其定位精度。点位控制加工示意如图 1–8 所示。

这类机床主要有数控坐标镗床、数控钻床、数控点焊机和数控折弯机等，其相应的数控系统称为点位控制数控系统。

2. 直线控制数控机床

直线控制（Straight Cut Control）又称平行切削控制（Parallel Cut Control）。这类控制除了控制点到点的准确位置之外，还要保证两点之间移动的轨迹是一条直线，而且对移动的速度也有控制，因为这一类机床在两点之间移动时要进行切削加工。

直线控制数控机床的特点是刀具相对于工件的运动不仅要控制两相关点的准确位置（距离），还要控制两相关点之间移动的速度和轨迹，其轨迹一般由与各轴线平行的直线段组成。它和点位控制数控机床的区别在于当机床移动部件移动时，可以沿一个坐标轴的方向进行切削加工，而且其辅助功能比点位控制的数控机床多。直线控制加工示意如图 1–9 所示。

这类机床主要有数控坐标车床、数控磨床和数控镗铣床等，其相应的数控系统称为直线控制数控系统。

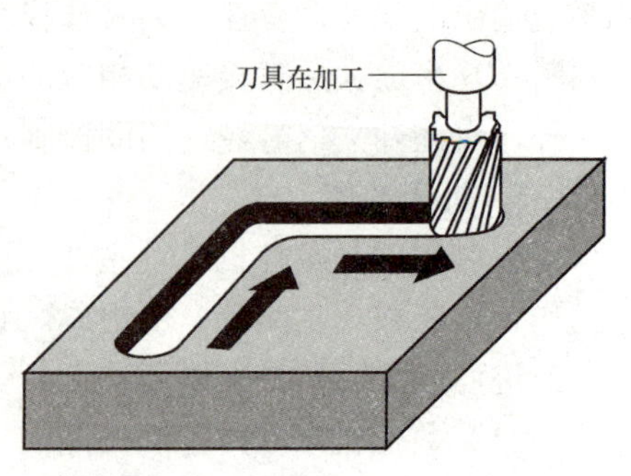

图 1–9　直线控制加工示意

3. 轮廓控制数控机床

轮廓控制又称连续控制，大多数数控机床具有轮廓控制功能。轮廓控制数控机床的特点是能同时控制两个以上的轴联动，具有插补功能。它不仅要控制加工过程中每一点的位置和刀具移动速度，还要加工出任意形状的曲线或曲面。轮廓控制加工示意如图 1－10 所示。

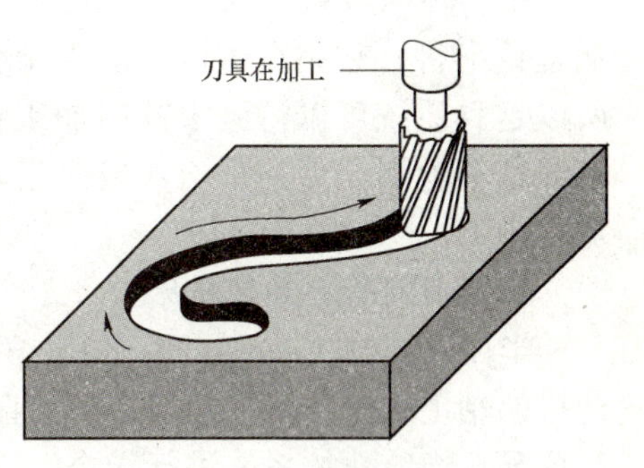

图 1－10　轮廓控制加工示意

属于轮廓控制数控机床的有数控坐标车床、数控铣床、加工中心等，其相应的数控系统称为轮廓控制系统。轮廓控制系统比点位、直线控制系统结构复杂得多，功能也更加齐全。

1.3.2　按伺服系统类型进行分类

按伺服系统类型不同，数控机床可分为开环控制数控机床、闭环控制数控机床和半闭环控制数控机床。

1. 开环控制数控机床

开环控制（Open loop Control）数控机床通常不带位置检测元件，伺服驱动元件一般为步进电动机。数控装置每发出一个进给脉冲后，脉冲便经过放大，并驱动步进电动机转动一个固定角度，再通过机械传动驱动工作台运动。开环伺服系统如图 1－11 所示。这种系统没有被控对象的反馈值，系统的精度完全取决于步进电动机的步距精度和机械传动的精度，其控制线路简单、调节方便、精度较低（一般可达 ± 0.02 mm），通常应用于小型或经济型数控机床。

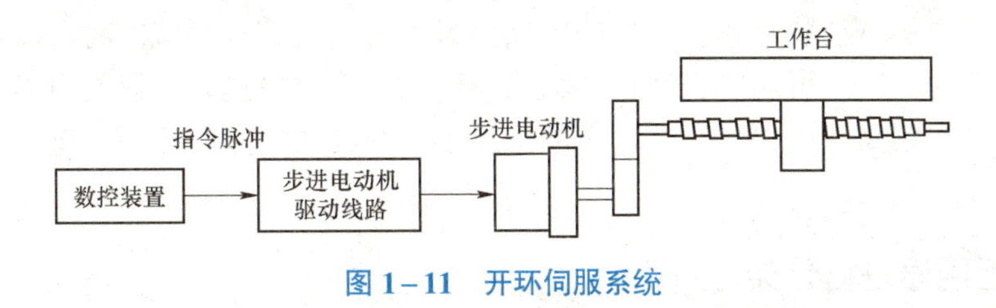

图 1－11　开环伺服系统

2. 闭环控制数控机床

闭环控制（Closed loop Control）数控机床通常带位置检测元件，随时可以检测出工作台的实际位移并反馈给数控系统，与设定的指令值进行比较后，利用其差值控制伺服电动机，直至差值为零。这类机床一般采用直流伺服电动机或交流伺服电动机驱动。位置检测元件通常有直线光栅、磁栅、同步感应器等。闭环伺服系统如图 1－12 所示。

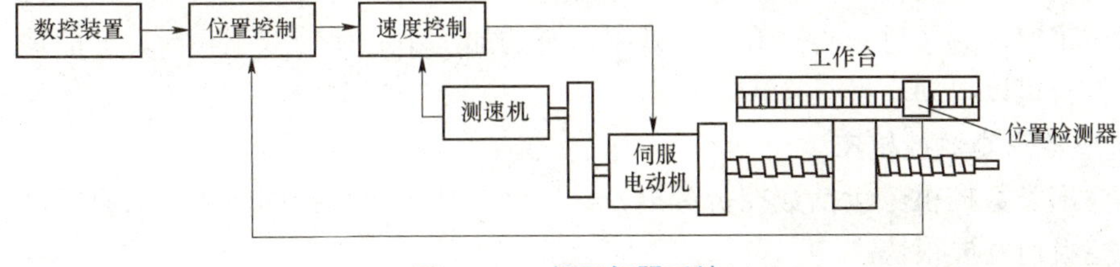

图 1－12　闭环伺服系统

由闭环伺服系统的工作原理可以看出，系统精度主要取决于位置检测元件的精度，从理论上讲，它完全可以消除由于传动部件制造中存在的误差给工件加工带来的影响，所以这种系统可以得到很高的加工精度。闭环伺服系统的设计和调整都有很大的难度，直线位移检测元件的价格比较昂贵，主要用于一些精度要求较高的镗铣床、超精车床和加工中心。

3. 半闭环控制数控机床

半闭环控制（Semi-Closed Loop Control）数控机床通常将位置检测元件安装在伺服电动机的轴上或滚珠丝杠的端部，不直接反馈机床的位移量，而是检测伺服系统的转角，将此信号反馈给数控系统进行指令比较，用差值控制伺服电动机。半闭环伺服系统如图 1－13 所示。

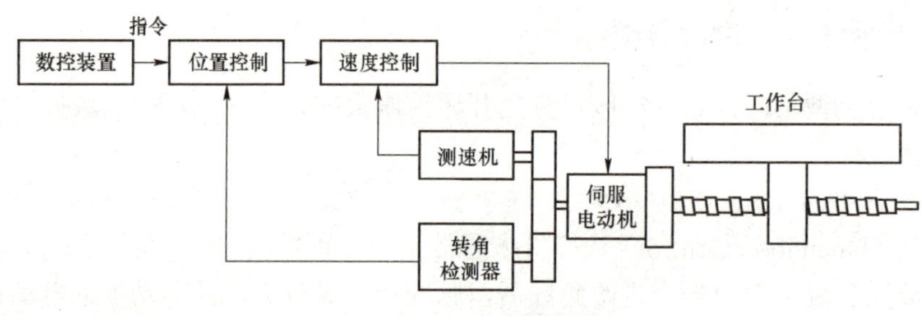

图 1－13　半闭环伺服系统

因为半闭环伺服系统的反馈信号取自电动机轴的回转，因此系统中的机械传动装置处于反馈回路之外，其刚度、间歇等非线性因素对系统稳定性没有影响，调试方便。同样，机床的定位精度主要取决于机械传动装置的精度，但是现在的数控装置均有螺距误差补偿和间歇补偿功能，不需要将传动装置各种零件的精度提得很高，通过补偿就能将精度提高到绝大多数用户都能接受的程度。再加上直线位移检测元件比角位移检测元件昂贵得多，因此，除了对定位精度要求特别高或行程特别长，不能采用滚珠丝杠的大型机床外，绝大多数数控机床均采用半闭环伺服系统。

1.3.3　按工艺用途进行分类

按工艺用途不同，数控机床可分为金属切削类数控机床、金属成形类数控机床、数控特种加工机床和其他类型的数控机床。

1. 金属切削类数控机床

金属切削类数控机床包括数控车床、数控钻床、数控铣床、数控磨床、数控镗床，以及加工中心。金属切削类数控机床发展最早，目前种类繁多，功能差异也较大，其中加工中心能实现自动换刀。这类机床都有一个刀库，可容纳 10～100 把刀具，其特点是工件一次装夹可完成多道工序。为了进一步提高生产效率，有的加工中心使用双工作台，一面加工，一面装卸，工作台可以自动交换。

2. 金属成形类数控机床

金属成形类数控机床包括数控折弯机、数控组合冲床和数控回转头压力机等。这类机床起步晚，但目前发展很快。

3. 数控特种加工机床

数控特种加工机床有线切割机床、数控电火花加工机床、火焰切割机和数控激光机切割机床等。

4. 其他类型的数控机床

其他类型的数控机床有数控三坐标测量机床等。

1.3.4　按数控系统功能水平进行分类

按数控系统的主要技术参数、功能指标和关键部件的功能水平不同，数控机床可分为低、中、高 3 个档次。国内还分为全功能数控机床、普及型数控机床和经济型数控机床。这些分类方法划分的界线是相对的，不同时期的划分标准有所不同，大体有以下几个方面。

1. 控制系统 CPU 的档次

低档数控系统一般采用 8 位 CPU，中、高档数控系统采用 16 位或 64 位的 CPU。

2. 分辨率和进给速度

分辨率为位移检测元件所能检测到的最小位移单位，分辨率越小，则检测精度越高。它取决于检测元件的类型和制造精度。一般认为，分辨率为 10 μm、进给速度为 8～10 m/min 是低档数控机床；分辨率为 1 μm、进给速度为 10～20 m/min 是中档数控机床；分辨率为 0.1 μm，进给速度为 15～20 m/min 是高档数控机床。通常分辨率应比机床所要求的加工精度高一个数量级。

3. 伺服系统类型

一般采用开环、步进电动机进给系统的为低档数控机床；中、高档数控机床则采用半闭环或闭环的直流伺服或交流伺服系统。

4. 坐标联动轴数

数控机床联动轴数也是常用的区分机床档次的一个标志。按同时控制的联动轴数，数控机床可分为 2 轴联动、3 轴联动、2.5 轴联动（任一时刻 3 轴中只能实现 2 轴联动，另一轴则是点位或直线控制）、4 轴联动、5 轴联动等。低档数控机床的联动轴数一般不超过 2 轴；中、高档的联动轴数则为 3～5 轴。

5. 通信功能

低档数控系统一般无通信能力；中档数控系统可以有 RS－232 C 或直接（Direct Numerical Control，DNC）接口；高档数控系统还可以有制造自动化协议（Manufacturing Automation Protocol，MAP）通信接口，具有联网功能。

6. 显示功能

低档数控系统一般只有简单的数码管显示或单色 CRT 字符显示；中档数控系统则有较齐全的 CRT 显示，不仅有字符，而且有二维图形、人机对话、状态和自诊断等功能；高档数控系统还可以有三维图形显示、图形编辑等功能。

1.3.5　按所用数控装置的构成方式分类

按所用数控装置的构成方式不同，数控机床可分为硬线数控系统和软线数控系统。

1. 硬线数控系统

硬线数控系统的输入处理、插补运算和控制功能，都由专用的固定组合逻辑电路来实现，不同功能的机床，其组合逻辑电路也不相同。改变或增减控制、运算功能时，需要改变数控系统的硬件电路。因此该系统通用性和灵活性差，制造周期长，成本高。20 世纪 70 年代初期以前的数控机床基本属于这种类型。

2. 软线数控系统

软线数控系统也称计算机数控系统，这种数控装置的硬件电路由小型或微型计算机再加上通用或专用的大规模集成电路制成，数控机床的主要功能几乎全部由系统软件来实现，所以不同功能的数控机床其系统软件也就不同，而修改或增减系统功能时，也不需要改动硬件电路，只需要改变系统软件。因此，该系统具有较高的灵活性，同时由于硬件电路基本是通用的，这就有利于大量生产、提高质量和可靠性、缩短制造周期和降低成本。20 世纪 70 年代中期以后，随着微电子技术的发展和微型计算机的出现，以及集成电路的集成度不断提高，计算机数控系统才得到不断发展和提高，目前几乎所有的数控机床都采用软线数控系统。

1.4　数控机床加工的特点及应用

1.4.1　数控机床加工特点

与普通机床相比，数控机床是一种机电一体化的高效自动机床，它具有以下加工特点。

（1）数控机床具有广泛的适应性和较高的灵活性。

数控机床更换加工对象，只需要重新编制和输入加工程序即可实现加工；在某些情况下，甚至只要修改程序中部分程序段或利用某些特殊指令就可实现加工（例如利用缩放功能指令就可实现加工形状相同、尺寸不同的零件）。这为单件、小批量、多品种生产，产品改型和新产品试制提供了极大的方便，大大缩短了生产准备及试制周期。

（2）数控机床加工精度高，质量稳定。

由于数控机床采用了数字伺服系统，数控装置每输出一个脉冲，即通过伺服执行机构使机床产生相应的位移量（称为脉冲当量），可达 0.1～1 μm；机床传动丝杠采用间歇补偿，螺距误差及其传动误差可由闭环系统加以控制，因此数控机床能达到较高的加工精度。例如，普通精度加工中心，定位精度一般可达到每 300 mm 长度误差不超过±（0.005～0.008）mm，重复精度可达到 0.001 mm。另外，数控机床结构刚性和热稳定性都较好，制造精度能保证；其自动加工方式避免了操作者的人为操作误差，加工质量稳定，合格率高，同批加工的零件几何尺寸一致性好。数控机床能实现多轴联动，可以加工普通机床很难加工甚至不可能加工的复杂曲面。

（3）数控机床加工生产率高。

在数控机床上可选择最有利的加工参数，实现多道工序连续加工，也可实现多机看管。由于采用了加速、减速措施，使机床移动部件能快速移动和定位，大大节省了可加工过程中的空程时间。

（4）数控机床可获得良好的经济效率。

虽然数控机床分摊到每个零件上的设备费（包括折旧费、维修费、动力消耗费等）较高，但生产效率高，单件、小批量生产时节省辅助时间（如画线、机床调整、加工检验等），节省直接生产费用。数控机床加工精度稳定，减少了废品率，使生产成本进一步降低。

1.4.2　数控机床的应用

数控机床是一种高度自动化的机床，有普通机床所不具备的许多优点，所以数控机床的应用范围在不断扩大，但数控机床初期投资比较大，技术含量高，使用和维修都有一定难度，若从最经济的方面出发，数控机床适用于加工具有以下特点的零件：

（1）多品种、小批量零件或新产品试制中的零件；

（2）结构较复杂、精度要求较高的零件；

（3）工艺设计需要频繁改型的零件；

（4）价格昂贵、不允许报废的关键零件；

（5）需要最短生产周期的急需零件；

（6）用普通机床加工时，需要昂贵工装设备（工具、夹具和模具）的零件。

由此可见，数控机床和普通机床都有各自的应用范围，从图 1－14 中可以看出，数控机床的使用范围很广。

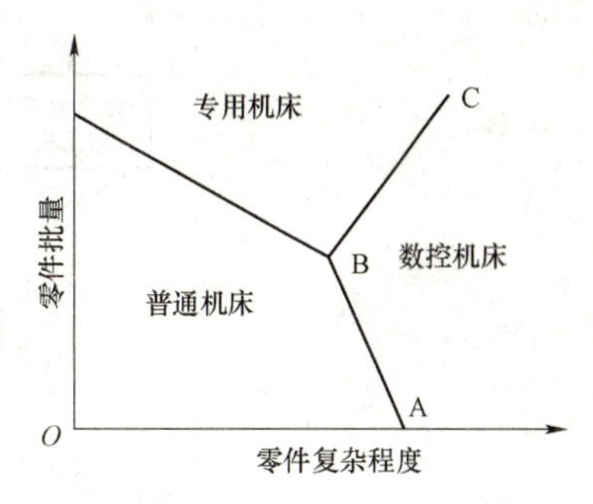

图 1－14　各种机床的适用范围

1.5　先进制造技术

21 世纪，人类迈入了一个知识经济快速发展的时代，传统的制造技术以及制造模式正在发生质的飞跃，先进制造技术在制造业中开始逐步被应用，推动了制造业的发展。先进制造技术（Advanced Manufacturing Technology，AMT）是指微电子技术、自动化技术、信息技术等先进技术给传统制造技术带来的种种变化与新型系统。近年来，开始逐步被应用的先进制造技术包括快速原型法、虚拟制造技术、柔性制造单元和柔性制造系统等。

1.5.1　快速成型法

随着需求的多样化与产品生命周期的变短，使零件与产品的批量减小、交货期缩短，为适应市场的这种变化，国外在 20 世纪 80 年代后期在 CAD/CAM、数据处理、CNC、激光传感技术充分发展的基础上发展出一种全新概念的先进零件原型制造技术——快速原型制造，即“叠层制造”技术。

快速原型法（又称快速成形法），它与虚拟制造技术一起，被称为未来制造业中的两大支柱。

1. 快速原型法基本原理

快速原型法是综合运用 CAD 技术、数控技术、激光加工技术和材料技术，实现从零件设计到三维实体原型制造一体化的系统技术。它采用软件离散化—材料堆积的原理实现零件的成形。快速原型制造原理如图 1－15 所示。

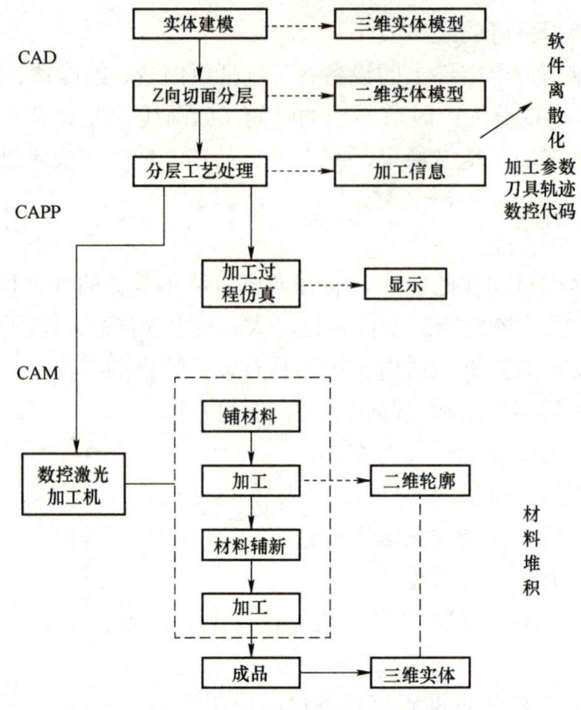

图 1－15　快速原型制造原理

其具体过程如下：

（1）采用 CAD 软件设计出零件的三维曲面或实体模型；如已有零件的话，则从零件实样扫描得到三维轮廓数据。

（2）根据工艺要求，按照一定的厚度在某坐标方向（如 Z 向）对生成的 CAD 模型进行切面分层，生成各个截面的二维平面信息。每层厚度可为 0.05～0.5 mm，一般用适中的 0.1 mm，以保证原型足够光洁并足够快速。

（3）对层面信息进行工艺处理，选择加工参数，系统将自动生成刀具移动轨迹和数控加工代码。

（4）对加工过程进行仿真，确认数控代码的正确性。

（5）利用数控装置精确控制激光束或其他工具的运动，在当前的工作层（二维）上采用轮廓扫描，加工出适当的截面形状。

（6）铺上一层新的成形材料，进行下一次的加工，直到整个零件加工完毕。

可以看出，快速成形过程是由三维到二维（软件离散化）、再由二维到三维（材料堆积）的工作过程。

快速原型法不仅可用于原始设计中快速生成零件实物，也可用来快速复制实物（包括对其放大、缩小、修改）。

2. 快速原型技术的主要工艺方法

（1）光固化立体成形制造法（LSL 法）。

LSL 法是以各类树脂为成形材料，以氦—镉激光器为能源，以树脂受热固化为特征的快速成形方法。

（2）实体分层制造法（LOM 法）。

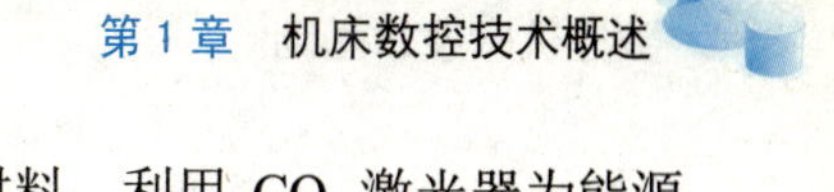

LOM 法是以片材（如制片、塑料薄膜或复合材料）为材料，利用 CO_2 激光器为能源，用激光束切割片状的边界，形成某一层的轮廓，各层间的黏结利用加热、加压的方法，最后形成零件的形状。该方法取材广泛、成本低。

（3）选择性激光烧结制造法（SLS 法）。

SLS 法是采用各种粉末（金属、陶瓷、腊粉和塑料等）为材料，利用滚子铺粉，用 CO_2 高功率激光器对粉末进行加热直到烧结成块。利用该方法可以加工出能直接使用的金属件。

（4）熔融沉积制造法（FDM 法）。

FDM 法是采用蜡丝为原料，利用电加热方式将蜡丝熔化成蜡液，蜡液由喷嘴喷到指定的位置固定，一层层地加工出零件。该方法污染小，材料可以回收。

3. 快速原型法的特点

快速原型法的特点如下：

（1）适合于形状复杂、不规则零件的加工；

（2）减少对熟练技术工人的要求；

（3）下脚料没有或极少，是一种环保型的制造技术；

（4）成功地解决了 CAD 中三维造型“看得见，摸不着”的问题；

（5）系统柔性高，只需修改 CAD 模型就可生成不同形状的零件；

（6）技术集成，设计制造一体化；

（7）具有广泛的材料适应性；

（8）不需要专门的工装夹具和模具，缩短了新产品的试制时间。

因此，快速原型法主要适用于新产品开发、快速单件及小批量零件制造、形状复杂零件的制造、模具设计与制造以及难加工材料零件的加工制造。

1.5.2　虚拟制造技术

虚拟制造技术是以计算机支持的仿真技术和虚拟现实技术为前提，对企业的全部生成、经营活动进行建模，并在计算机上“虚拟”地进行产品设计。该技术可实现加工制造、计划制订、生成调度、经营管理、成本财务管理、质量管理甚至市场营销等在内的全部企业功能，在求得系统的最佳运行参数后，再据此实现企业的物理运行。

虚拟制造技术包括设计过程的仿真和加工过程的仿真。实质上虚拟制造技术是一般仿真技术的扩展，是仿真技术的最高阶段。虚拟制造技术的关键是系统的建模技术，它将现实物理系统映射为计算机环境下的虚拟物理系统，用现实信息系统组建虚拟信息系统。虚拟制造系统不消耗能源和其他资源（计算机耗电外），所进行的过程是虚拟过程，所生产的产品是可视的虚拟产品或数字产品。

虚拟制造系统的体系结构如图 1－16 所示。

由图 1－16 可知，通过系统建模工具，首先将现实物理系统和现实信息系统映射为计算机环境下的虚拟物理系统和虚拟信息系统，然后利用仿真机和虚拟现实系统对设计过程及结果、工艺过程和企业运行状态进行仿真，最后产品是满足用户要求的高质量数字产品和企业运行的最佳参数，用最佳参数调整企业的运行过程，使其始终处于最佳运行状态，最后生产出高质量的物理产品投放市场。

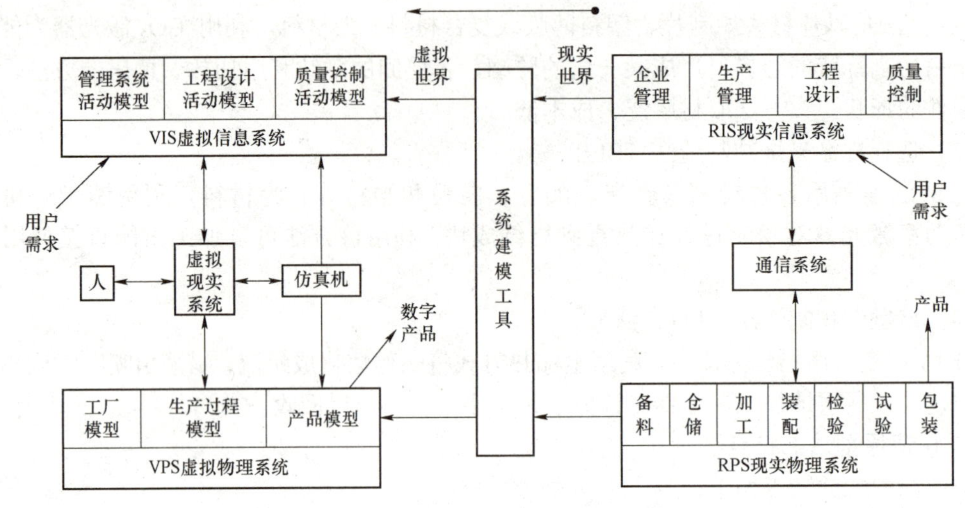

图 1-16　虚拟制造系统的体系结构

1.5.3　柔性制造单元（Flexible Manufacturing Cell，FMC）

柔性制造单元可以认为是小型的FMS，它通常包括一或两台加工中心，再配以托盘库、自动托盘交换装置和小型刀库，完全可以胜任中等复杂程度的零件加工。

因为FMC比FMS的复杂程度低、规模小、投资少，且工作可靠，同时FMC还便于连成功能可以扩展的FMS，所以FMC是FMS的发展方向，是一种很有前途的自动化制造形式。

1.5.4　柔性制造系统（Flexible Manufacturing System，FMS）

在我国有关标准中，FMS被定义为：由数控加工设备、物流储运装置和计算机控制系统等组成的自动化制造系统。它包括多个柔性制造单元，能根据制造任务完成或随生产环境的变化迅速进行调整，适用于多品种，中、小批量生产。

国外有关专家对FMS进行了更为直观的定义：柔性制造系统是至少由两台机床、一套物流储运系统（从装卸到卸载具有自动化）和一套计算机控制系统所组成的制造系统，它通过简单地改变软件的方法便能制造出多种零件中的任何一种零件。

FMS一般由加工系统、物流系统、信息流系统和辅助系统组成。

1. 加工系统

加工系统的功能是以任意顺序自动加工各种工件，并能自动地更换工具和刀具，其主要由数控机床、加工中心等设备组成。

2. 物流系统

物流是FMS中物料流动的总称。在FMS中流动的物料主要有工件、刀具、夹具、切屑及切削液。物流系统是从FMS的进口到出口，实现对这些物料的自动识别、存储、分配、输送、交换和管理功能的系统。它包括自动运输小车、立体仓库和中央刀库等，主要完成刀具、工件的存储和运输。

3. 信息流系统

信息流系统是实现FMS加工过程及物流流动过程的控制、协调、调度、监测和管理的系

统。它由计算机、工业控制机、可编程控制器、通信网络、数据库和相应的控制和管理软件等组成，是 FMS 的神经中枢和命脉，也是各个子系统的联系纽带。

4. 辅助系统

辅助系统包括清洗工作站、检验工作站、排屑设备和去毛刺设备等，这些工作站和设备均在 FMS 控制器的控制下与加工系统、物流系统协调工作，共同实现 FMS 的功能。

FMS 适于加工形状复杂、精度适中及批量中等的零件。因为 FMS 中的所有设备均由计算机控制，所以改变加工对象时只需改变控制程序即可，这使得系统的柔性很大，特别适应于市场动态多变的需求。

1.5.5　计算机集成制造系统

计算机集成制造系统（Computer/contemporary Integrated Manufacturing，CIMS），是随着计算机辅助设计与制造的发展而产生的。它是在信息技术自动化技术与制造的基础上，通过计算机技术把分散在产品设计制造过程中各种孤立的自动化子系统有机地集成起来，形成适用于多品种、小批量生产，实现整体效益的集成化和智能化制造系统。CIMS 主要由 4 个分系统（它们是管理信息系统、技术信息系统、制造自动化系统和质量保证系统），以及 2 个支撑分系统（计算机通信网络和数据库系统）组成，实现 6 个分系统与外部的信息联系。

1. 管理信息系统（Management Information System，MIS）

MIS 以制造资源计划为核心，是一个由人、计算机及其他外围设备等组成的能进行信息收集、传递、存储、加工、维护和使用的系统。其主要任务是最大限度地利用现代计算机及网络通信技术加强企业的信息管理，通过对企业拥有的人力、物力、财力、设备、技术等资源的调查了解，建立正确的数据，加工处理并编制成各种信息资料及时提供给管理人员，以便进行正确的决策，不断提高企业的管理水平和经济效益。

2. 管理信息系统（Technological Information System，TIS）

TIS 通常划分为计算机辅助设计（Computer Aided Design，CAD）、计算机辅助工艺编程（Computer Aided Process Planning，CAPP）、计算机辅助制造（Computer Aided Manufacturing，CAM）3 大部分。

CAD 主要包括计算机绘图、有限元分析、计算机造型及图像显示、优化设计、动态分析与仿真、生成物料单等功能。

CAPP 完成将原材料加工成产品所需的一系列加工动作和资源的描述，它是 CAD 与 CAM 之间的桥梁。

CAM 完成刀具路径的规划、刀位文件的生成、刀具轨迹仿真以及 NC 代码的生成。技术信息系统使设计修改更方便，同时使设计数据的一致性得到很好的保证，也使 CNC 的编程工作可以与机床加工并行进行。

3. 制造自动化系统（Manufacturing Automation System，MAS）

MAS 要生成作业计划，进行优化调度控制，生成工件、刀具、夹具需求计划，进行系统状态监控和故障诊断处理，以及完成生产数据采集及评估等。通过 MAS 可以使产品制造活动优化、周期短、成本低、柔性高。

4. 质量保证系统（Computer Aided Quality Assurance，CAQ）

质量保证系统是在 CIM 环境下使企业更有效地实现质量管理的高效手段和有力工具。

CAQ 主要是处理在设计、评价、存储、采集、制造过程中与质量有关的大型数据，以获得更多的控制节点，并用这些控制节点提高质量，以实现产品的低成本、高质量，提高企业的竞争力。它包括目标的质量决策分系统和制定企业的质量方针。

5. 两个支撑分系统

CIMS 各个分系统通过计算机通信网络系统来实现对网络支持服务的不同需求，同时实现对资源共享的支持。它采用工业标准规定的网络协议和国际标准，可以实现多种网络的互联、异构局部网络及异种机互联。

尽管 CIMS 信息关系复杂、配套设备多、投资强度大、技术复杂、开发周期长，特别是有些关键技术目前还不够成熟，但它的出现使企业领导的决策更科学、更快捷，提高了产品对市场的响应速度，在保证质量和交货期、降低成本等方面都增强了企业的竞争能力。

1.6 思考与练习

1. 简述我国数控机床的产生及发展过程。
2. 简述我国数控技术的发展过程及数控加工的发展趋势。
3. 数控机床由哪些部分组成？各部分的作用是什么？
4. 简述常用数控机床的种类。
5. 简述数控机床的加工特点。
6. 简述开放式数控系统的定义、特点及国内外发展现状。
7. 简述近年来逐步被应用的先进制造技术包括哪些？各种技术有何特点？

第 2 章

数控编程技术基础

学习目标

1. 理解数控编程的基本概念。
2. 掌握数控程序编制的内容及步骤。
3. 知道数控编程的方法及特点。
4. 熟悉常用 G、M、F、S、T 指令的格式及应用。
5. 了解数控加工的相关工艺知识。

技能目标

1. 对于简单的零件图纸，能够选择正确的指令。
2. 会建立程序，并读懂常用简单程序。

2.1 数控编程的基本概念

2.1.1 数控编程的概念

数控编程（NC Programming）就是生成用数控机床进行零件加工的数控程序的过程。数控程序由一系列程序段组成，把零件的加工过程、切削用量、位移数据以及各种辅助操作，按机床的操作和运动顺序，用机床规定的指令及程序格式排列而成的一个有序指令集。

例如：`N01 G00 X30 Y40;`

该程序段表示一个操作：命令机床以设定的快速运动速度，以直线方式移动到 X=30 mm，Y=40 mm 处。其中 N01 是程序段的行号；G00 字表示机床快速定位。

零件加工程序的编制（数控编程）是实现数控加工的重要环节，特别是对于复杂零件的加工，其编程工作的重要性甚至超过数控机床本身。此外，在现代生产中，产品形状及质量信息往往需通过坐标测量机或直接在数控机床上测量来得到，测量运动指令也有赖于数控编程来产生。因此，数控编程对于产品质量控制也有着重要的作用。

2.1.2 手工编程与自动编程

数控系统的种类繁多，它们使用的数控程序语言规则和格式也不尽相同，本教程以 ISO

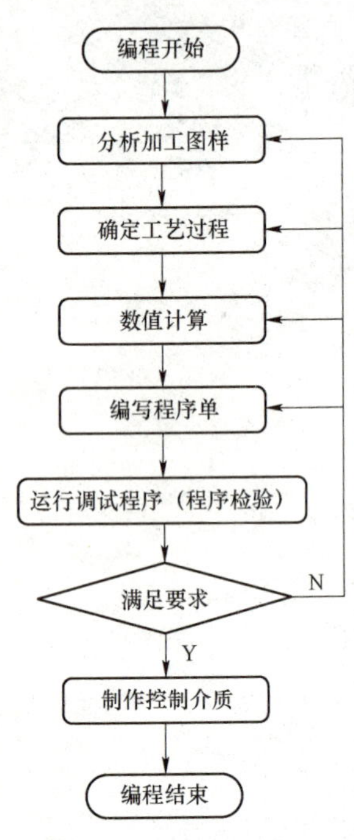

图 2-1 数控程序编制的内容及步骤

国际标准为主来介绍加工程序的编制方法。当针对某一台数控机床编制加工程序时，应该严格按机床编程手册中的规定进行程序编制。

在编制数控加工程序前，应首先了解数控程序编制的主要工作内容、程序编制的工作步骤、每一步应遵循的工作原则等，最终才能获得满足要求的数控程序。

数控程序编制的内容及步骤如图 2-1 所示。

总之，数控编程（数控程序编制）是从零件图纸到获得数控加工程序的全过程，有手工编程和自动编程两种方法。

1. 手工编程

手工编程指主要由人工来完成数控编程中各个阶段的工作，如图 2-2 所示。

一般对几何形状不太复杂的零件，所需的加工程序不长，计算比较简单，用手工编程比较合适。

手工编程的特点：耗费时间较长，容易出现错误，无法胜任复杂形状零件的编程。据国外资料统计，当采用手工编程时，一段程序的编写时间与其在机床上运行加工的实际时间之比，平均约为 30:1，而数控机床不能开动的原因中有 20%～30%是加工程序编制困难、编程时间较长。

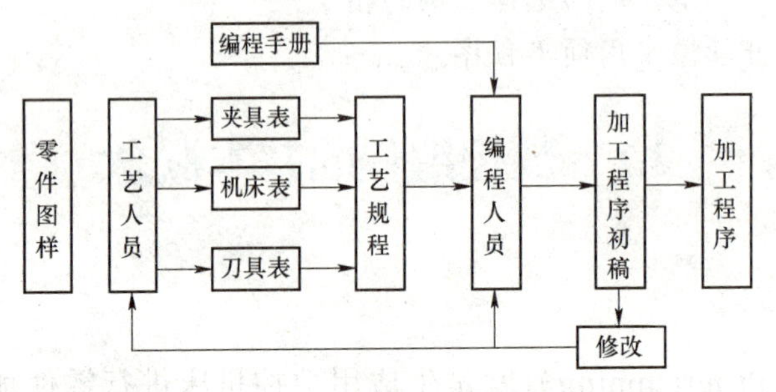

图 2-2 手工编程

2. 计算机自动编程

自动编程是指在编程过程中，除了分析零件图样和制定工艺方案由人工进行外，其余工作均由计算机辅助完成。

采用计算机自动编程时，数学处理、编写程序、检验程序等工作是由计算机自动完成的，由于计算机可自动绘制出刀具中心运动轨迹，使编程人员可及时检查程序是否正确，需要时可及时修改，以获得正确的程序。又由于计算机自动编程代替程序编制人员完成了烦琐的数值计算，可提高编程效率几十倍乃至上百倍，因此解决了手工编程无法解决的许多复杂零件的编程难题。因而，自动编程的特点就在于编程工作效率高，可解决复杂形状零件的编程难题。

根据输入方式的不同，可将自动编程分为图形数控自动编程、语言数控自动编程和语音数控自动编程等。图形数控自动编程是指将零件的图形信息直接输入计算机，通过自动编程软件的处理，得到数控加工程序。

目前，图形数控自动编程是使用最为广泛的自动编程方式。语言数控自动编程指将加工零件的几何尺寸、工艺要求、切削参数及辅助信息等用数控语言编写成源程序后，输入到计算机中，再由计算机进一步处理得到零件加工程序。语音数控自动编程是采用语音识别器，将编程人员发出的加工指令声音转变为加工程序。手工编程和自动编程的比较如表2－1所示。

表2－1　手工编程和自动编程的比较

编程方法	特点	使用场合
手工编程	耗费时间较长，容易出现错误，无法胜任复杂形状零件的编程	一般对几何形状不太复杂的零件，所需的加工程序不长，计算比较简单
自动编程	编程效率高，编程准确性高，可解决复杂形状零件的编程难题	复杂形状零件的编程

2.1.3　程序的基本组成

1. 字符与代码

字符是用来组织、控制或表示数据的一些符号，如数字、字母、标点符号、数学运算符等。数控系统只能接受二进制信息，所以必须把字符转换成8BIT信息组合成的字节，用“0”和“1”组合的代码来表达。国际上广泛采用两种标准代码：

（1）ISO国际标准化组织标准代码；

（2）EIA美国电子工业协会标准代码。

这两种标准代码的编码方法不同，在大多数现代数控机床上这两种代码都可以使用，可用系统控制面板上的开关或G功能指令来选择。

2. 字

在数控加工程序中，字是指一系列按规定排列的字符，作为一个信息单元存储、传递和操作。字是由一个英文字母与随后的若干位十进制数字组成，这个英文字母称为地址符。

3. 字的功能

组成程序段的每一个字都有其特定的功能含义，以下是以FANUC－0M数控系统的规范为主来介绍的，实际工作中，应遵照机床数控系统说明书来使用各个功能字。

1）顺序号字N

顺序号又称程序段号或程序段序号。顺序号位于程序段之首，由顺序号字N和后续数字组成。顺序号字N是地址符，后续数字一般为1～4位的正整数。数控加工中的顺序号实际上是程序段的名称，与程序执行的先后次序无关。数控系统不是按顺序号的次序来执行程序，而是按照程序段编写时的排列顺序逐段执行。

顺序号的作用为：对程序校对和检索修改；作为条件转向的目标，即作为转向目的程序段的名称。有顺序号的程序段可以进行复归操作，这是指加工可以从程序的中间开始，或从程序中断处开始。

一般使用方法为：编程时将第一程序段冠以N10，以后以间隔10递增的方法设置顺序号，这样，在调试程序时，如果需要在N10和N20之间插入程序段，就可以使用N11、N12等。

2）准备功能字 G

准备功能字的地址符是 G，又称为 G 功能或 G 指令，是用于建立机床或控制系统工作方式的一种指令，后续数字一般为 1～3 位正整数，其功能字含义如表 2–2 所示。

表 2–2 G 功能字含义

G 功能字	FANUC 系统	SIEMENS 系统
G00	快速移动点定位	快速移动点定位
G01	直线插补	直线插补
G02	顺时针圆弧插补	顺时针圆弧插补
G03	逆时针圆弧插补	逆时针圆弧插补
G04	暂停	暂停
G05	—	通过中间点圆弧插补
G17	*XY* 平面选择	*XY* 平面选择
G18	*ZX* 平面选择	*ZX* 平面选择
G19	*YZ* 平面选择	*YZ* 平面选择
G32	螺纹切削	—
G33	—	恒螺距螺纹切削
G40	刀具补偿注销	刀具补偿注销
G41	刀具补偿—左	刀具补偿—左
G42	刀具补偿—右	刀具补偿—右
G43	刀具长度补偿—正	—
G44	刀具长度补偿—负	—
G49	刀具长度补偿注销	—
G50	主轴最高转速限制	—
G54～G59	加工坐标系设定	零点偏置
G65	用户宏指令	—
G70	精加工循环	英制
G71	外圆粗切循环	米制
G72	端面粗切循环	—
G73	封闭切削循环	—
G74	深孔钻循环	—
G75	外径切槽循环	—
G76	复合螺纹切削循环	—

续表

G 功能字	FANUC 系统	SIEMENS 系统
G80	撤销固定循环	撤销固定循环
G81	定点钻孔循环	固定循环
G90	绝对值编程	绝对尺寸
G91	增量值编程	增量尺寸
G92	螺纹切削循环	主轴转速极限
G94	每分钟进给量	直线进给率
G95	每转进给量	旋转进给率
G96	恒线速控制	恒线速度
G97	恒线速取消	注销 G96
G98	返回起始平面	—
G99	返回 *R* 平面	—

3）尺寸字

尺寸字用于确定机床上刀具运动终点的坐标位置。其中，第一组的 X、Y、Z、U、V、W、P、Q、R 用于确定终点的直线坐标尺寸；第二组的 A、B、C、D、E 用于确定终点的角度坐标尺寸；第三组的 I、J、K 用于确定圆弧轮廓的圆心坐标尺寸。在一些数控系统中，还可以用 P 指令暂停时间、用 R 指令规定圆弧的半径等。

多数数控系统可以用准备功能字来选择坐标尺寸的制式，如 FANUC 诸系统可用 G21/G22 来选择米制单位或英制单位，也有些系统用系统参数来设定尺寸制式。采用米制时，一般单位为 mm，如 X100 指令的坐标单位为 100 mm。当然，一些数控系统可通过参数来选择不同的尺寸单位。

4）进给功能字 F

进给功能字的地址符是 F，又称为 F 功能或 F 指令，用于指定切削的进给速度。对于车床，F 可分为每分钟进给和主轴每转进给两种，对于其他数控机床，一般只用每分钟进给。F 指令在螺纹切削程序段中常用来指令螺纹的导程。

5）主轴转速功能字 S

主轴转速功能字的地址符是 S，又称为 S 功能或 S 指令，用于指定主轴转速，单位为 r/min。对于具有恒线速度功能的数控车床，程序中的 S 指令用来指定车削加工的线速度数。

6）刀具功能字 T

刀具功能是指系统进行选刀或换刀的功能指令，亦称为 T 功能。刀具功能使用地址 T 及后缀的数字来表示，常用的刀具功能指定方法有 T4 位数法和 T2 位数法。

（1）T4 位数法。

T4 位数法可以同时指定刀具和选择刀具补偿，T4 后的 4 位数中前两位用于指定刀具号，后两位数用于指定刀具补偿存储器号，刀具号与刀具补偿存储器号不一定要相同。如 T0101

表示选用 1 号刀具及选用 1 号刀具补偿存储器中的补偿值；T0102 表示选用 1 号刀具及选用 2 号刀具补偿存储器中的补偿值。

（2）T2 位数法。

T2 位数法仅能指定刀具号，刀具存储器号则用其他代码（如 D 或 H 代码）进行选择。同样，刀具号与刀具补偿存储器号不一定要相同。

注意：目前 FANUC 系统和国产系统数控车床采用 T4 位数法，绝大多数的加工中心及 SIEMENS 系统采用 T2 位数法。

7）辅助功能字 M

辅助功能字的地址符是 M，后续数字一般为 1～3 位正整数，又称为 M 功能或 M 指令，用于指定数控机床辅助装置的开关动作，如开、停冷却泵，主轴正反转，程序的结束等，其功能字含义如表 2–3 所示。

表 2–3　M 功能字含义

M 功能字	含 义
M00	程序停止
M01	计划停止
M02	程序停止
M03	主轴顺时针旋转
M04	主轴逆时针旋转
M05	主轴旋转停止
M06	换刀
M07	2 号切削液开
M08	1 号切削液开
M09	切削液关
M30	程序停止并返回开始处
M98	调用子程序
M99	返回子程序

注意：在同一程序段中，既有 M 指令又有其他指令时，M 指令与其他指令执行的先后次序由机床系统参数设定。因此，为了保证程序以正确的次序执行，有很多 M 指令，如 M30、M02、M98 等，最好以单独的程序段进行编程。

2.2　常用功能指令及编程方法

2.2.1　数控常用指令的格式

数控加工程序是由各种功能字按照规定的格式组成的。正确地理解各个功能字的含义，恰当地使用各种功能字，按规定的程序指令编写程序，是编好数控加工程序的关键。

程序编制的规则，首先是由所采用的数控系统来决定的，所以应详细阅读数控系统编程、操作说明书，以下按常用数控系统的共性概念进行说明。

1. 绝对尺寸指令和增量尺寸指令

在加工程序中，绝对尺寸指令和增量尺寸指令有两种表达方法。

绝对尺寸指机床运动部件的坐标尺寸值相对于坐标原点给出，如图 2–3 所示。增量尺寸指机床运动部件的坐标尺寸值相对于前一位置给出，如图 2–4 所示。

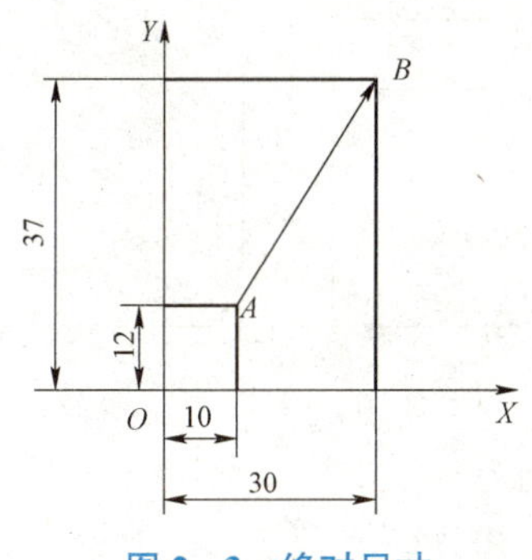

图 2–3　绝对尺寸

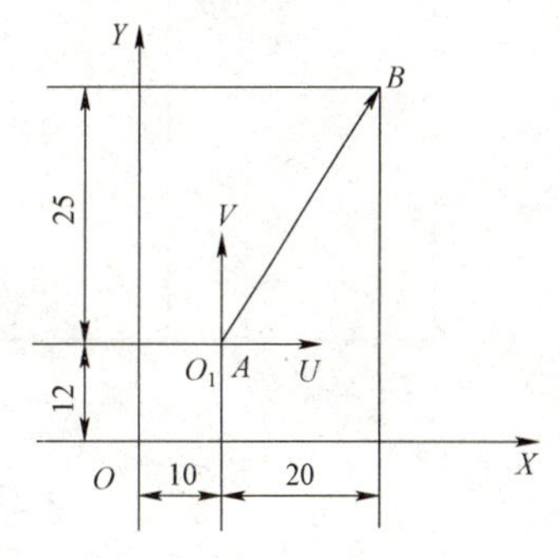

图 2–4　增量尺寸

1）G 功能字指定

G90 指定尺寸值为绝对尺寸。

G91 指定尺寸值为增量尺寸。

这种表达方式的特点是同一条程序段中只能用一种，不能混用；同一坐标轴方向的尺寸字的地址符是相同的。

2）用尺寸字的地址符指定

绝对尺寸的尺寸字的地址符用 X、Y、Z。

增量尺寸的尺寸字的地址符用 U、V、W。

这种表达方式的特点是同一程序段中绝对尺寸和增量尺寸可以混用，这给编程带来了很大方便。

2. 坐标平面选择指令

坐标平面选择指令是用来选择圆弧插补的平面和刀具补偿平面的。

编程格式：G17/G18/G19。

G17 表示选择 *XY* 平面，G18 表示选择 *ZX* 平面，G19 表示选择 *YZ* 平面，其作用是让机床在指定坐标平面上进行插补加工和加工补偿。在数控车床上，一般默认 *XZ* 平面加工；在数控铣床上，默认 *XY* 平面内加工。移动指令和平面选择无关，例如“G17 Z__；”可使机床在 *Z* 轴方向产生移动。

各坐标平面的选择如图 2–5 所示。

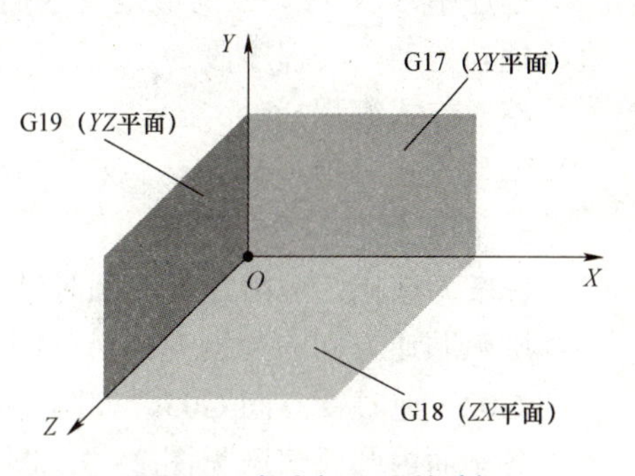

图 2–5　各坐标平面的选择

3. 快速点定位指令

快速点定位指令控制刀具以点位控制的方式快速移动到目标位置，其移动速度由参数来设定。指令执行开始后，刀具沿着各个坐标方向同时按参数设定的速度移动，最后减速到达终点，如图 2–6（a）所示。

注意：在各坐标方向上有可能不是同时到达终点。刀具移动轨迹是几条线段的组合，不是一条直线。例如，在 FANUC 系统中，运动总是先沿 45° 角的直线移动，最后再在某一轴单向移动至目标点位置，如图 2-6（b）所示。编程人员应了解所使用的数控系统的刀具移动轨迹情况，以避免加工中可能出现的碰撞。

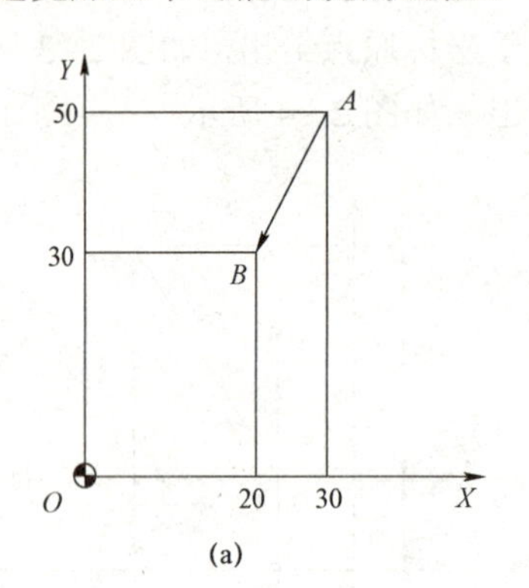

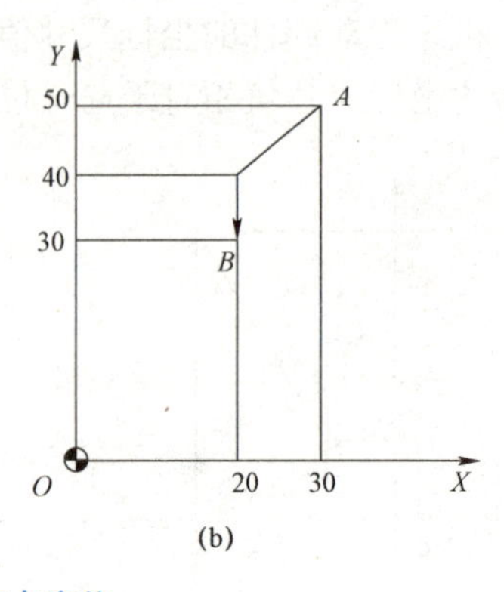

图 2-6 快速点定位

（a）同时到达终点；（b）单向移动至终点

编程格式为：G00 X__ Y__ Z__；

程序中，X、Y、Z 的值是快速点定位的终点坐标值。例：从 *A* 点到 *B* 点快速移动的程序段为

G90 G00 X20 Y30；

注意：

（1）G00 是模态指令，上面例子中，由 *A* 点到 *B* 点实现快速点定位时，因前面程序段已设定了 G00，后面程序段就可不再重复设定定义 G00，只写出坐标值即可；

（2）快速点定位移动速度不能用程序指令设定，它的速度已由生产厂家预先调定或由引导程序确定。若在快速点定位程序段前设定了进给速度 F，指令 F 对 G00 程序段无效；

（3）快速点定位 G00 是刀具由程序起始点开始加速移动至最大速度，然后保持快速移动，最后减速到达终点，实现快速点定位，这样可以提高数控机床的定位精度。

4. 直线插补指令

直线插补指令用于产生按指定进给速度 F 实现的空间直线运动。

程序格式为：G01 X__ Y__ Z__ F__；

程序中，X、Y、Z 的值是直线插补的终点坐标值。例：实现图 2-7 中从 *A* 点到 *B* 点的直线插补运动，其程序段为

绝对方式编程：G90 G01 X10 Y10 F100；

增量方式编程：G91 G01 X - 10 Y - 20 F100；

5. 圆弧插补指令

G02 为按指定进给速度的顺时针圆弧插补；G03 为按指定进给速度的逆时针圆弧插补。

圆弧顺逆方向的判别为：沿着不在圆弧平面内的坐标轴，由正方向向负方向看，顺时针方向 G02，逆时针方向 G03，如图 2-8 所示。

各平面内圆弧情况见图 2-9，图 2-9（a）表示 *XY* 平面的圆弧插补，图 2-9（b）表示 *ZX* 平面的圆弧插补，图 2-9（c）表示 *YZ* 平面的圆弧插补。

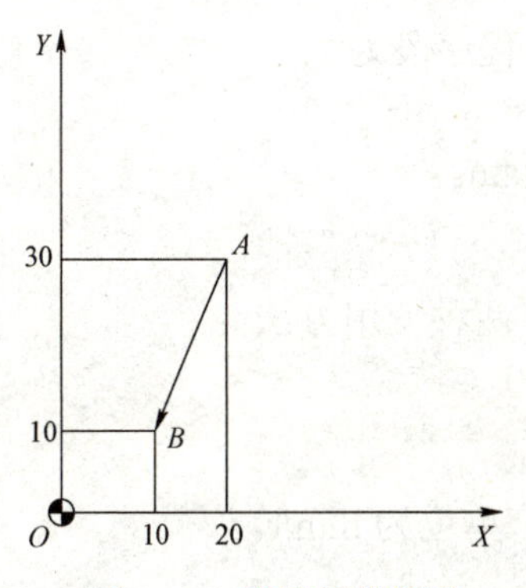

图 2-7　直线插补运动

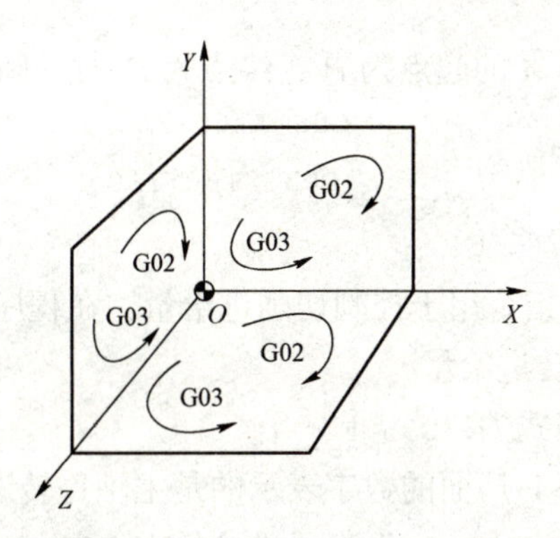

图 2-8　圆弧方向判别

程序格式如下。

XY 平面：

```
G17 G02 X__ Y__ I__ J__ （R__）F__;
G17 G03 X__ Y__ I__ J__ （R__）F__;
```

ZX 平面：

```
G18 G02 X__ Z__ I__ K__ （R__）F__;
G18 G03 X__ Z__ I__ K__ （R__）F__;
```

YZ 平面：

```
G19 G02 Z__ Y__ J__ K__ （R__）F__;
G19 G03 Z__ Y__ J__ K__ （R__）F__;
```

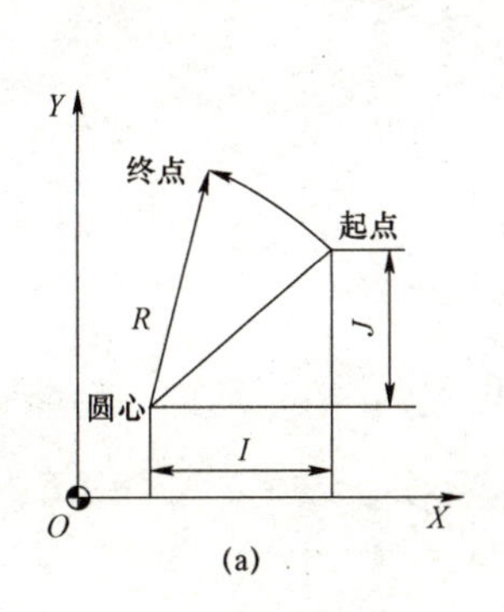

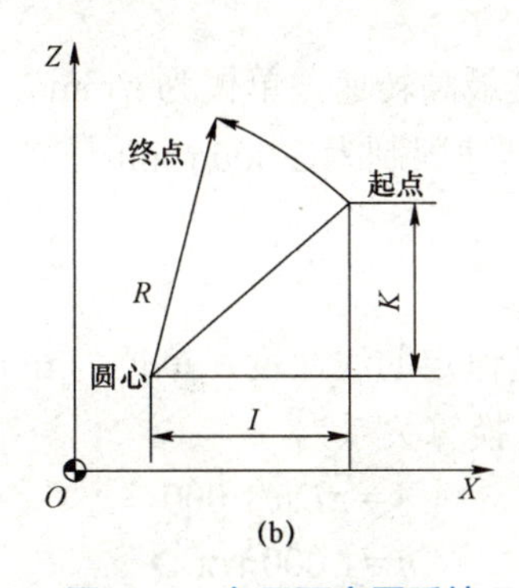

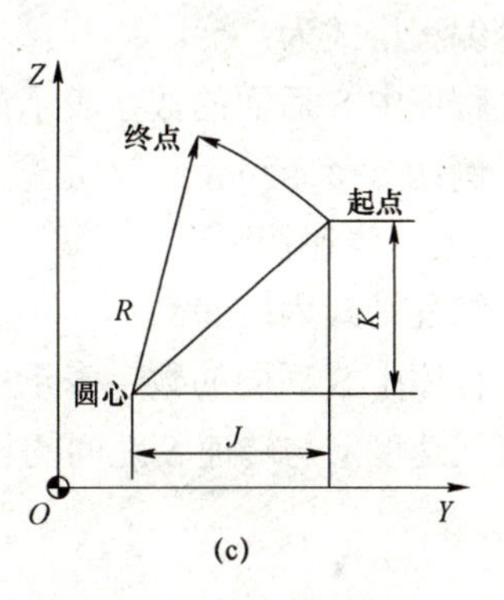

图 2-9　各平面内圆弧情况

（a）*XY* 平面圆弧；（b）*XZ* 平面圆弧；（c）*YZ* 平面圆弧

程序中，X、Y、Z 的值是指圆弧插补的终点坐标值；I、J、K 是指圆弧起点到圆心的增量坐标，与 G90、G91 无关；R 为指定圆弧半径，当圆弧的圆心角≤180° 时，*R* 值为正，当圆弧的圆心角＞180° 时，*R* 值为负。

例：在图 2-10 中，当圆弧 *A* 的起点为 P_1、终点为 P_2 时，圆弧插补程序段为

```
G02 X321.65 Y280 I40 J140 F50;
```

或：

```
G02 X321.65 Y280 R - 145.6 F50;
```

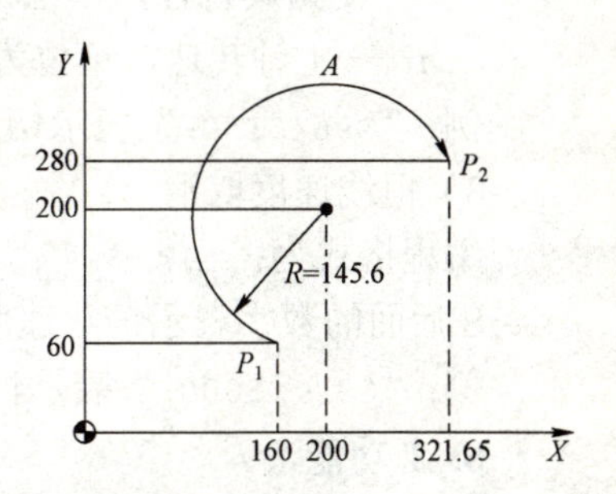

图 2-10　圆弧插补应用

当圆弧 A 的起点为 P_2、终点为 P_1 时，圆弧插补程序段为

```
G03 X160 Y60 I - 121.65 J - 80 F50;
```

或：

```
G03 X160 Y60 R - 145.6 F50;
```

6. F 功能

F 功能指令用于控制切削进给量。在程序中，有两种使用方法。

1）每转进给量

编程格式为：G95 F___;

程序中 F 后面的数字表示的是主轴每转进给量，单位为 mm/r。

例："G95 F0.2;"表示进给量为 0.2 mm/r。

2）每分钟进给量

编程格式为：G94 F___;

程序中，F 后面的数字表示的是每分钟进给量，单位为 mm/min。

例："G94 F100;"表示进给量为 100 mm/min。

7. S 功能

S 功能指令用于控制主轴转速。

编程格式为：S___;

程序中 S 后面的数字表示主轴转速，单位为 r/min。

在具有恒线速功能的机床上，S 功能指令还有如下作用。

1）最高转速限制

编程格式为：G50 S___;

程序中 S 后面的数字表示的是最高转速，单位为 r/min。

例："G50 S3000;"表示最高转速限制为 3 000 r/min。

2）恒线速控制

编程格式为：G96 S___;

程序中 S 后面的数字表示的是恒定的线速度，单位为 m/min。

线速度 v 与转速 S 之间的相互换算关系为

$$v=\pi Dn/1\,000$$

$$n=1\,000\,v/\pi\,\mathrm{D}$$

式中 v——切削线速度，单位为 m/min；

D——刀具直径，单位为 mm；

n——主轴转速，单位为 r/min。

例："G96 S150;"表示切削点线速度控制在 150 m/min。

3）恒线速度取消

编程格式为：G97 S___;

S 后面的数字表示恒线速度控制取消后的主轴转速，如 S 未指定，将保留 G96 的最终值。

例："G97 S3000;"表示恒线速度控制取消后主轴转速为 3 000 r/min。

8. T 功能

T 功能指令用于选择加工所用刀具。

编程格式为：T___；

程序中 T 后面通常有两位数表示所选择的刀具号码。但也有 T 后面用四位数字，前两位是刀具号，后两位是刀具长度补偿号，又是刀尖圆弧半径补偿号。

例：T0303 表示选用 3 号刀及 3 号刀具长度补偿值和刀尖圆弧半径补偿值。T0300 表示取消刀具补偿。

9. M 功能

1）程序暂停

指令：M00。

功能：在完成程序段其他指令后，机床停止自动运行，此时所有存在的模态信息保持不变，用循环启动执行 M00 后面的指令，使机床自动运行。

2）计划停止

指令：M01。

功能：与 M00 作用相似，但 M01 可以用机床“任选停止按钮”选择是否有效。

3）主轴顺时针方向旋转、主轴逆时针方向旋转、主轴停止

指令：M03，M04，M05。

功能：M03 指令可使主轴按右旋螺纹进入工件的方向旋转，即主轴正转；M04 指令使主轴按右旋螺纹离开工件的方向旋转，即主轴反转；M05 指令可使主轴停止。

编程格式为

M03 S___；

M04 S___；

M05

4）换刀

指令：M06。

功能：自动换刀，用于具有自动换刀装置的机床，如加工中心等。

格式：M06　T___；

说明：当数控系统不同时，换刀的格式有所不同，具体编程时应参考操作说明书。

5）程序结束

指令：M02，M30。

功能：M02 程序结束指令执行后，表示本加工程序内所有内容均已完成，但程序结束后，机床 CRT 屏上的执行光标不返回程序开始段。

M30 与 M02 相似，表示程序结束，不同之处在于当程序内容结束后，随即关闭主轴、切削液等所有机床动作，机床显示屏上的执行光标返回程序开始段，为加工下一个工件做好准备。

6）切削液开、关

指令：M08，M09。

功能：MO8 表示切削液开，M09 表示切削液关。

10. 加工坐标系设置

编程格式为：G50 X___ Z___；

程序中，X、Z 的值是起刀点相对于加工原点的位置。

在数控车床编程时，所有 X 坐标值均使用直径值。

注意：有的数控系统使用 G92 指令，功能与 G50 一样。

2.2.2 数控机床程序原点

从理论上讲编程原点选在零件上的任何一点都可以，但实际上，为了换算尺寸尽可能简便，减少计算误差，应选择一个合理的编程原点。

车削零件编程原点的 X 向零点应选在零件的回转中心，Z 向零点一般应选在零件的右端面、设计基准或对称平面内。车削零件的编程原点选择如图 2-11 所示。

铣削零件的编程原点，X、Y 向零点一般可选在设计基准或工艺基准的端面或孔的中心线上，对于有对称部分的工件，可以选在对称面上，以便用镜像等指令来简化编程。Z 向的编程原点，习惯选在工件上表面，这样当刀具切入工件后 Z 向尺寸字均为负值，以便于检查程序。铣削加工的编程原点如图 2-12 所示。

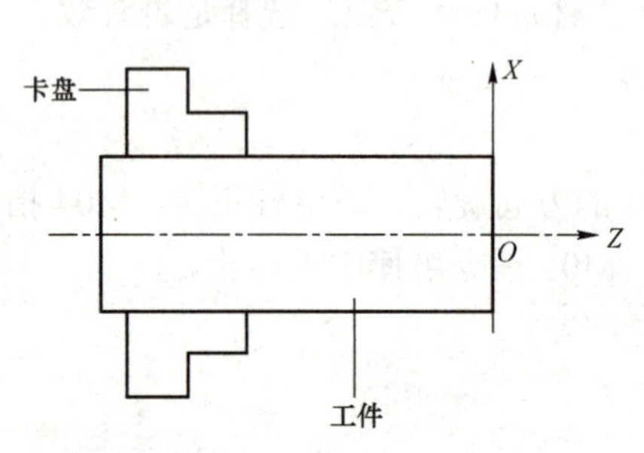

图 2-11 车削加工的编程原点选择

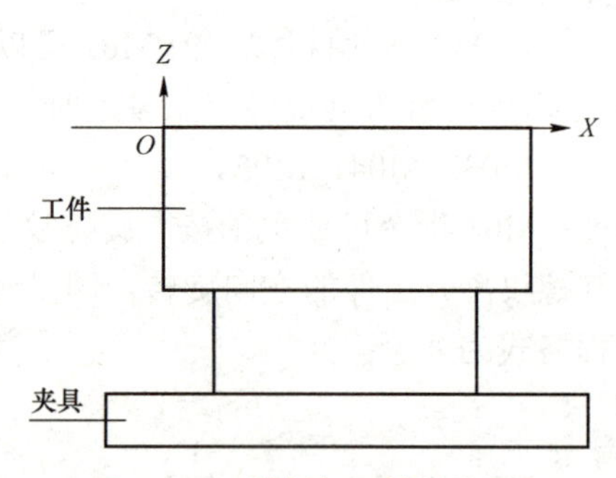

图 2-12 铣削加工的编程原点

编程原点选定后，则应把各点的尺寸换算成以编程原点为基准的坐标值。为了在加工过程中有效地控制尺寸公差，应按尺寸公差的中值来计算坐标值。

2.2.3 数控程序编制的过程

加工程序的格式

1. 程序段格式

程序段是可作为一个单位来处理的、连续的字组，是数控加工程序中的一条语句。一个数控加工程序是由若干个程序段组成的。

程序段格式是指程序段中的字、字符和数据的安排形式。现在一般使用字地址可变程序段格式，每个字长不固定，各个程序段中的长度和功能字的个数都是可变的。地址可变程序段格式中，在上一程序段中写明的、本程序段里又不变化的那些字仍然有效，可以不再重写。这种功能字称为续效字。

程序段格式举例如下。

```
N30 G01 X88.1 Y30.2 F500 S3000 T02 M08;
N40 X90;（本程序段省略了续效字“G01，Y30.2，F500，S3000，T02，M08;”，但它们的功能仍然有效）
```

在程序段中，必须明确组成程序段的各要素如下。

移动目标：终点坐标值 X、Y、Z;

沿怎样的轨迹移动：准备功能字 G；

进给速度：进给功能字 F；

切削速度：主轴转速功能字 S；

使用刀具：刀具功能字 T；

机床辅助动作：辅助功能字 M。

2. 加工程序的一般格式

1）程序开始符、结束符

程序开始符、结束符是同一个字符，ISO 代码中是%，EIA 代码中是 EP，书写时要单列一段。

2）程序名

程序名有两种形式：一种是英文字母 O 和 1～4 位正整数组成；另一种是由英文字母开头，由字母数字混合组成的，一般要求单列一段。

3）程序主体

程序主体是由若干个程序段组成的，每个程序段一般占一行。

4）程序结束指令

程序结束指令可以用 M02 或 M30，一般要求单列一段。

加工程序的一般格式举例如下。

```
%                                        //开始符
O1000                                    //程序名
N10 G00 G54 X50 Y30 M03 S3000;     ⎫
N20 G01 X88.1 Y30.2 F500 T02 M08;  ⎬     //程序主体
N30 X90;                           ⎭
…
N300 M30;                                //程序结束指令
%                                        //结束符
```

2.3　数控加工工艺基础

2.3.1　数控加工工艺基础知识

数控加工工艺分析包括以下内容。

1. 加工方法的选择

数控车床适合于加工圆柱形、圆锥形、各种成形回转表面、螺纹，以及各种盘类工件，并可进行钻、扩、镗孔加工。

立式数控铣镗床或立式加工中心适合加工箱体、箱盖、盖板、壳体、平面凸轮、样板、形状复杂的平面或立体工件，以及模具的内、外型腔等。

卧式数控铣镗床或卧式加工中心适合加工复杂的箱体、泵体、阀体、壳体等工件；多坐标联动数控铣床还能加工各种复杂曲面、叶轮、模具等工件。

2. 加工工序的编排原则

在数控机床上加工时，其加工工序一般按以下原则编排。

（1）按工序集中划分工序的原则。工序集中原则（按工序集中划分工序的原则）是指每道工序包括尽可能多的加工内容，从而使工序的总数减少。采用工序集中原则有利于提高加工精度（特别是位置精度）、提高生产效率、缩短生产周期和减少机床数量，但专用设备和工艺装备投资大、调整维修比较麻烦、生产准备周期较长，不利于转产。

（2）按粗、精加工划分工序的原则。即粗加工完成的那部分工艺过程为一道工序，精加工完成的那部分工艺过程为另一道工序。这种划分方法是用于加工后变形较大，需粗、精加工分开的工件，如毛坯为铸件、焊接件或锻件的工件。

（3）按刀具划分工序的原则。按刀具划分工序的原则以同一把刀完成的那一部分工艺过程为一道工序，这种方法适用于工件待加工表面较多、机床连续工作较长、加工程序的编制和检查难度较大等情况。

（4）按加工部位划分工序的原则。即完成相同型面的那一部分工艺过程为一道工序，对于加工表面多而复杂的工件，可按其结构特点（如内形、外形、曲面和平面等）划分成多道工序。

数控加工工序顺序的安排可参考下列原则：

（1）同一定位装夹方式或用同一把刀具的工序，最好相邻连接完成，这样可避免因重复定位而造成误差及减少工夹、换刀等辅助时间。

（2）如一次装夹进行多道加工工序时，则应考虑把对工件刚度削弱较小的工序安排在先，以减小加工变形。

（3）上道工序应不影响下道工序的定位与装夹。

（4）先内型腔加工工序，后外形加工工序。

3. 工件的装夹

在决定零件的装夹方式时，应力求使设计基准、工艺基准和编程计算基准统一，同时还应力求装夹次数最少。在选择夹具时，一般应注意以下几点：

（1）尽量采用通用夹具、组合夹具，必要时才设计专用夹具。

（2）工件的定位基准应与设计基准保持一致，注意防止过定位干涉现象，且便于工件的安装，决不允许出现欠定位的情况。

（3）由于在数控机床上通常一次装夹完成工件的全部工序，因此应防止工件夹紧引起的变形造成对工件加工的不良影响。

（4）夹具在夹紧工件时，要使工件上的加工部位开放，夹紧机构上的各部件不得妨碍走刀。

（5）尽量使夹具的定位、夹紧装置部位无切屑积留，清理方便。

4. 对刀点和换刀点位置的确定

在数控加工中，还要注意对刀的问题，也就是对刀点的问题。对刀点是加工零件时刀具相对于零件运动的起点，因为数控加工程序是从这一点开始执行的，所以对刀点也称为起刀点。

选择对刀点的原则是：

（1）便于数学处理（基点和节点的计算）和使程序编制简单。

（2）在机床上容易找正。

（3）加工过程中便于测量检查。

（4）引起的加工误差小。

对于数控车床、加工中心等数控机床，若加工过程中需要换刀，在编程时应考虑合适的换刀点。所谓换刀点是指刀架转位换刀时的位置。该点可以是某一固定点（如加工中心上换

刀机械手的位置是固定的)，也可以是任意一点（如数控车床刀架）。

选择换刀点的原则是：换刀点的位置应根据换刀时刀具不碰到工件、夹具和机床的原则而定。换刀点往往是固定的且应设在工件或夹具的外部或设在距离工件较远的地方。

5. 加工路线的确定

编程时，确定加工路线的原则主要有以下几点：

（1）应尽量缩短加工路线，减少空刀时间，以提高加工效率。

（2）能够使数值计算简单，程序段数量少，简化程序，减少编程工作量。

（3）被加工工件具有良好的加工精度和表面质量（如表面粗糙度）。

（4）确定轴向移动尺寸时，应考虑刀具的引入长度和超越长度。

6. 刀具的选择

（1）选用刚性和耐用度高的刀具，以缩短对刀和换刀的停机时间。

（2）刀具应具有尺寸稳定、安装调整简便的特点。

7. 切削用量的选择

（1）粗加工以提高生产率为主，半精加工和精加工以加工质量为主。

（2）注意拐角处的过切和欠切现象。

数控加工工艺的确定原则如表 2–4 所示。

表 2–4　数控加工工艺的确定原则

确定原则	具体内容
工件安装的确定原则	① 力求设计基准、工艺基准和编程基准统一； ② 尽可能一次装夹，完成全部加工，减少装夹次数； ③ 避免使用需要占用数控机床时间的装夹方案，充分发挥数控机床效能
对刀点的确定原则	① 便于数学处理和简化加工程序； ② 在机床上定位简便； ③ 在加工过程中便于检查； ④ 由对刀点引起的加工误差较小
加工路线的确定原则	① 应尽量缩短加工路线，减少空刀时间，以提高加工效率； ② 能够使数值计算简单，程序段数量少，简化程序，减少编程工作量； ③ 被加工工件具有良好的加工精度和表面质量（如表面粗糙度）； ④ 确定轴向移动尺寸时，应考虑刀具的引入长度和超越长度
数控刀具的确定原则	① 选用刚性和耐用度高的刀具，以缩短对刀和换刀的停机时间； ② 刀具应具有尺寸稳定、安装调整简便的特点
切削用量的确定原则	① 粗加工以提高生产率为主，半精加工和精加工以提高加工质量为主； ② 注意拐角处的过切和欠切现象

2.3.2　数控加工工序卡、刀具卡片、走刀路线图

数控加工工艺文件主要有：数控加工工序卡片、数控加工刀具卡片、数控加工走刀路线图等。文件格式可根据企业实际情况自行设计，以下提供了常用的文件格式。

1. 数控加工工序卡

数控加工工序卡是按照每道工序所编写的一种工艺文件，一般具有工序简图，并详细说

明该工序中每个工步的加工内容、工艺参数、操作要求，以及所用设备和工艺装备等。

数控加工工序卡与机械加工工序卡很相似，所不同的是：数控加工工序卡的工序简图中应注明编程原点与对刀点，要有编程说明（如程序编号、刀尖圆弧半径补偿等），它是操作人员进行数控加工的主要指导性工艺资料，详见表 2-5。

表 2-5　数控加工工序卡

工厂	数控加工工序卡片	产品名称及型号	零件名称	零件图号	工序名称	工序号	第　页
							共　页

车间	工段	材料名称	材料牌号	机械性能
同时加零件数	技术等级		单件时间/min	准备终结时间/min
设备名称	设备编号	夹具名称	夹具编号	切削液
数控系统型号	程序号	存储介质	编程原点	对刀点
更改内容				

工步号	工步内容	切削用量				工时定额/min			刀具		量具名称	备注
		切削深度/mm	进给量/（mm·min^{-1}）	转速/（r·min^{-1}）	切削速度/（m·min^{-1}）	基本时间	辅助时间	工作地点服务时间	刀号	规格名称		

工序简图的绘制应满足下列要求：

（1）以适当的比例、最少的视图表示出工件在加工时所处的位置状态，与本工序无关的部位可不必表示；

（2）工序简图上应标明定位、夹紧符号，表明该工序的定位基准、夹紧力的作用点及方向；

（3）本工序的各加工表面，用粗实线表示，其他部位用细实线表示；

（4）加工表面应标注出尺寸、形状、位置精度要求和表面粗糙度要求。

2. 数控加工刀具卡片

数控加工刀具卡主要反映刀具编号、规格名称、数量、刀片型号和材料、长度、加工表面等内容。数控铣和加工中心刀具卡片如表 2–6 所示，数控车刀具卡片如表 2–7 所示。

表 2–6　数控铣和加工中心刀具卡片

工序号		零件名称		编制		审核	
程序号				日期		日期	
工步号	刀具号	刀具型号	刀柄型号	长度补偿	半径补偿	备注	

表 2–7　数控车刀具卡片

工序号		零件名称		编制		审核	
程序号				日期		日期	
工步号	刀具号	刀具型号	刀柄型号	刀位补偿	半径补偿	备注	

3. 数控加工走刀路线图

在数控加工中，要防止刀具在运动过程中与夹具或工件发生意外碰撞，为此通过走刀路线图告诉操作者程序中的刀具运动路线（如从哪里下刀、在哪里抬刀和哪里是斜下刀等）。

为简化走刀路线图，一般可采用统一约定的符号来表示。不同的机床可以采用不同的图例与格式，表 2–8 所示为一种常用格式的例子。

表 2–8　数控加工走刀路线图

<table>
<tr><td colspan="3">数控加工走刀路线图</td><td>零件图号</td><td>NC01</td><td>工序号</td><td>5</td><td>工步号</td><td>1</td><td>程序号</td><td>0100</td></tr>
<tr><td>机床型号</td><td>XK5032</td><td>程序段号</td><td>N10～N170</td><td>加工内容</td><td colspan="4">铣轮廓周边</td><td>共 1 页</td><td>第 1 页</td></tr>
<tr><td colspan="9" rowspan="4">Y H G Z-16 F I O E A Z40 D X Z40 B C</td><td></td><td></td></tr>
<tr><td>编程</td><td></td></tr>
<tr><td>校对</td><td></td></tr>
<tr><td>审批</td><td></td></tr>
<tr><td>符号</td><td>⊙</td><td>⊗</td><td></td><td></td><td></td><td colspan="2"></td><td></td><td></td><td></td></tr>
<tr><td>含义</td><td>抬刀</td><td>下刀</td><td>编程原点</td><td>起刀点</td><td>走刀方向</td><td colspan="2">走刀线相校</td><td>爬斜坡</td><td>铰孔</td><td>行切</td></tr>
</table>

2.4 数控编程中的数值计算

2.4.1 节点、基点的概念

1. 节点概念

数控系统一般只能做直线插补和圆弧插补的切削运动。如果工件轮廓是非圆曲线，数控系统就无法直接实现插补，而需要进行一定的数学处理。数学处理的方法是用直线段或圆弧段去逼近非圆曲线，逼近线段与被加工曲线的交点称为节点。

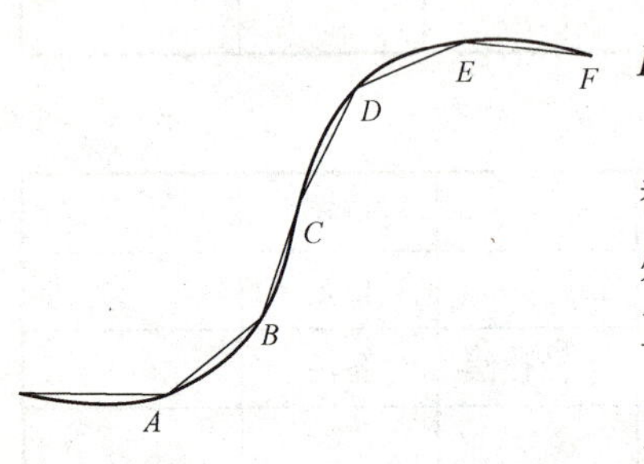

图 2-13 零件轮廓的节点

例如，对图 2-13 所示的曲线用直线逼近时，其交点 *A*、*B*、*C*、*D*、*E*、*F* 等即为节点。

在编程时，首先要计算出节点的坐标，节点的计算一般都比较复杂，靠手工计算已很难胜任，必须借助计算机辅助处理。求得各节点后，即可按相邻两节点间的直线来编写加工程序。

这种通过求得节点，再编写程序的方法，使得节点数目决定了程序段的数目。图 2-13 中有 6 个节点，即用 5 段直线逼近了曲线，因而就有 5 个直线插补程序段。节点数目越多，由直线逼近曲线产生的误差δ越小，程序的长度则越长。可见，节点数目的多少，决定了加工的精度和程序的长度。因此，正确确定节点数目是个关键问题。

2. 基点的概念

零件的轮廓是由许多不同的几何要素所组成的，如直线、圆弧、二次曲线等，各几何要素之间的连接点称为基点。基点坐标是编程中必需的重要数据。

例：在图 2-14 所示的零件中，*A*、*B*、*C*、*D*、*E* 为基点。*A*、*B*、*D*、*E* 的坐标值从图中很容易找出，*C* 点是直线与圆弧的切点，要联立方程求解。以 *B* 点为计算坐标系原点，联立下列方程，即

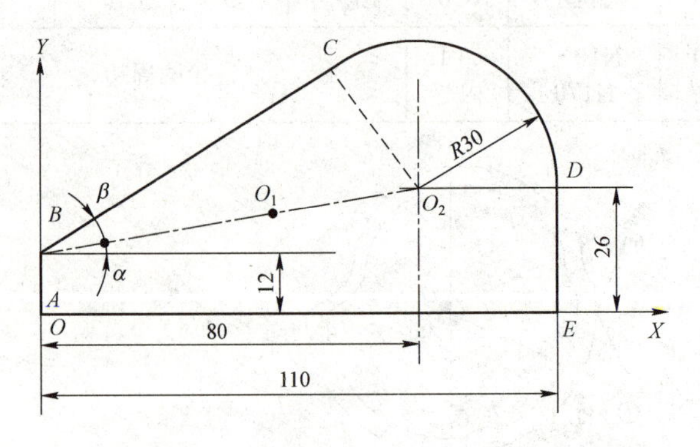

图 2-14 零件图样

直线方程：$Y=\tan(\alpha+\beta)X$；

圆弧方程：$(X-80)^2+(Y-14)^2=30^2$。

由此可求得（64.278 6，39.550 7），换算到以 *A* 点为原点的编程坐标系中，*C* 点坐标为（64.278 6，51.550 7）。

可以看出，对于如此简单的零件，基点的计算都很麻烦。对于复杂的零件，其计算工作量可想而知，为提高编程效率，可应用 CAD/CAM 软件辅助编程。

2.4.2　节点编程举例

编程实例：如图 2－15 所示零件图，编程原点设定在 *A* 点，使用 90° 偏刀进行精加工轮廓，精加工加工路径为 *A*→*B*→*C*→*D*，请在精加工编程中选用正确的指令，并试着编制精加工程序。

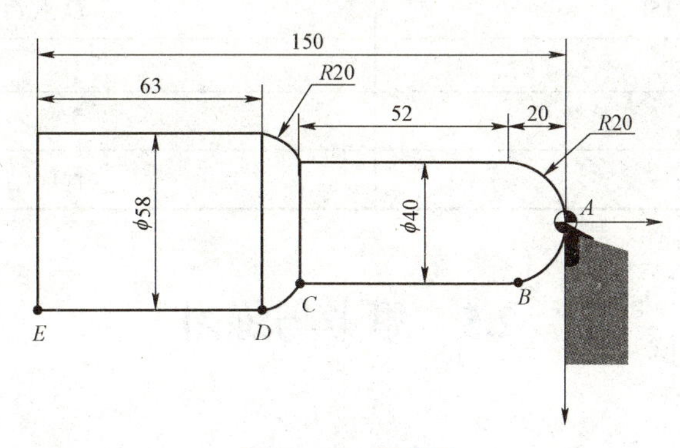

图 2－15　零件图

第一步：建立编程坐标系。

通过对刀操作，建立编程坐标系，编程原点建立在 *A* 点。

第二步：基点计算。

由图可知 *A* 点为（0，0），*B* 点为（40，－20），*C* 点为（40，－72），*D* 点为（58，－87），*E* 点为（58，－150）。（数控车床编程中一般采用直径编程）

第三步：判定走刀轨迹。

从 *A* 点到 *B* 点为圆弧，通过圆弧判定原则，该圆弧为逆圆弧。

从 *B* 点到 *C* 点为直线。

从 *C* 点到 *D* 点为圆弧，通过圆弧判定原则，该圆弧为逆圆弧。

从 *D* 点到 *E* 点为直线。

第四步：指令选择。

从 *A* 点到 *B* 点为逆圆弧，而且进行切削加工，故选用圆弧插补指令为 G03。

从 *B* 点到 *C* 点为直线，而且进行切削加工，故选用直线插补指令为 G01。

从 *C* 点到 *D* 点为逆圆弧，而且进行切削加工，故选用圆弧插补指令为 G03。

从 *D* 点到 *E* 点为直线，而且进行切削加工，故选用直线插补指令为 G01。

第五步：程序编制。

参考程序如表 2－9 所示。

表 2-9　参考程序

程序内容	程序说明
O0001	程序名称
…	
G03 X40 Z-20 R20 F150;	*A* 点到 *B*
G01 Z-72;	*B* 点到 *C*
G03 X58 Z-87 R20;	*C* 点到 *D*
G01 Z-150;	*D* 点到 *E*
…	
M5;	主轴停止
M2;	程序结束

2.5　思考与练习

一、判断题

1. 对几何形状不复杂的零件，自动编程的经济性好。(　　)
2. 数控加工程序的顺序段号必须顺序排列。(　　)
3. 增量尺寸指机床运动部件坐标尺寸值相对于前一位置给出。(　　)
4. G00 快速点定位指令控制刀具沿直线快速移动到目标位置。(　　)
5. 用直线段或圆弧段去逼近非圆曲线，逼近线段与被加工曲线交点称为基点。(　　)
6. 主轴的正反转是辅助功能。(　　)
7. 工件坐标系的原点即编程零点，与工件基准点一定要重合。(　　)
8. 数控机床的进给速度指令为 G 代码指令。(　　)
9. 数控机床是采用了笛卡尔坐标系，各轴的方向是用右手来判断的。(　　)
10. 地址符 N 与 L 作用是一样的，都是表示程序段。(　　)

二、选择题

1. 下列指令属于准备功能字的是（　　）。

A. G01　　B. M08　　C. T01　　D. S500

2. 根据加工零件图样选定的编制零件程序的原点是（　　）。

A. 机床原点　　B. 编程原点　　C. 加工原点　　D. 刀具原点

3. 通过当前的刀位点来设定加工坐标系的原点，不产生机床运动的指令是（　　）。

A. G54　　B. G53　　C. G55　　D. G92

4. 用来指定圆弧插补的平面和刀具补偿平面为 *XY* 平面的指令是（　　）。

A. G16　　B. G17　　C. G18　　D. G19

5. 主轴逆时针方向旋转的指令代码是（　　）。

A. G03　　B. G04　　C. G05　　D. G06

6. 程序结束并复位的指令代码是（　　）。

A. M02　　B. M03　　C. M30　　D. M00

7. 辅助功能 M00 的作用是（　　）。

A. 条件停止　　B. 无条件停止　　C. 程序结束　　D. 单程序段结束

8. 一般取产生切削力的主轴轴线为（　　）。

A. X 轴　　B. Y 轴　　C. Z 轴　　D. C 轴

9. 数控机床旋转轴之一的 B 轴是绕（　　）旋转的轴。

A. X 轴　　B. Y 轴　　C. Z 轴　　D. W 轴

10. 以下指令中，（　　）是辅助功能。

A. M03　　B. G90　　C. X25　　D. S700

11. 根据 ISO 标准，数控机床在编程时采用（　　）规则。

A. 刀具相对静止，工件运动　　B. 工件相对静止，刀具运动

C. 按实际运动情况确定　　D. 按坐标系确定

12. 确定机床 X、Y、Z 坐标时，规定平行于机床主轴的刀具运动坐标为（　　），取刀具远离工件的方向为（　　）方向。

A. X 轴正　　B. Y 轴正　　C. Z 轴正　　D. Z 轴负

13. 不同的数控系统（　）。

A. 程序格式不相同，G 代码不相同　　B. 程序格式相同，G 代码不相同

C. 程序格式相同，G 代码相同　　D. 程序格式不相同，G 代码相同

14. 用于主轴旋转速度控制的代码是（　　）。

A. T　　B. G　　C. S　　D. H

15. 数控机床的 T 代码指的是（　　）。

A. 主轴功能　　B. 辅助功能　　C. 进给功能　　D. 刀具功能

16. 程序中的字由（　　）组成。

A. 地址符和程序段　　B. 程序号和程序段

C. 地址符和数字　　D. 字母 N 和数字

17. 数控机床编程基准是（　　）。

A. 机床零点　　B. 机床参考点

C. 工作原点　　D. 机床参考点及工件原点

三、简答题

1. 简述数控机床加工程序的编制步骤。

2. 数控机床加工程序的编制方法有哪些？它们分别适用什么场合？

3. 用 G92 程序段设置的加工坐标系原点在机床坐标系中的位置是否不变？为什么？

4. 如何选择一个合理的编程原点？

5 什么叫基点？什么叫节点？它们在零件轮廓上的数目如何确定？

6. 何谓 F 代码？何谓 T 代码？

第 3 章

数控车削加工技术基础

学习目标

1. 了解数控车床的基本结构、功能特点和维护保养。
2. 了解常用数控车刀具及对刀方法。
3. 掌握固定循环指令的使用方法。

3.1 数控车床概述

3.1.1 数控车床的基本结构

数控车床一般由控制介质、输入/输出设备、CNC 装置（或称 CNC 单元）、伺服驱动系统、可编程序逻辑控制器（PLC）及电气控制装置、机床本体及反馈系统组成。

1. 控制介质

要对数控机床进行控制，就必须在人与数控机床之间建立某种联系，这种联系的中间媒介物就是控制介质，又称信息载体。在使用数控机床前，先要根据零件规定的尺寸、形状和技术条件，编写出工件的加工程序，按照规定的格式和代码记录在信息载体上。需要在数控机床上加工时，就把信息输入到计算机控制装置中。常用的控制介质有穿孔带、穿孔卡、磁带和磁盘等。

2. 输入/输出装置

MDI 键盘、磁盘机等是数控机床的典型输入设备。另外，一般数控机床还配有串行通信接口直接和计算机连接进行通信。

数控系统的输出装置一般配有显像管显示器或液晶显示器，显示的信息较丰富，并能显示图形。操作人员可通过显示器获得必要的信息。

3. CNC 装置

CNC 装置是 CNC 系统的核心，主要包括微处理器、存储器、局部总线、外围逻辑电路，以及与 CNC 系统的其他组成部分联系的接口等。数控机床的 CNC 系统完全由软件处理数字信息，因而具有真正的柔性化，可处理逻辑电路难以处理的复杂信息，使数字控制系统的性能大大提高。

4. 伺服驱动系统

伺服驱动系统是 CNC 装置和机床本体的联系环节，它由伺服控制电路、功率放大电路和

伺服电动机组成。其作用是把来自数控装置的指令信号转变成机床移动部件的运动；其工作原理是伺服控制电路接收来自 CNC 装置的微弱指令信号，经过功率放大电路放大成控制驱动装置的大功率信号，然后由驱动装置把经放大的指令信号变为机械运动，使工作台精确定位或按规定的轨迹做严格的相对运动。伺服驱动系统是数控机床的重要组成部分。数控机床功能的强弱主要取决于 CNC 装置，而数控机床的加工精度和生产效率主要取决于伺服驱动系统的性能。

5. 可编程序控制器

可编程序控制器（Programmable Controller，PC）是一种以微处理器为基础的通用型自动控制装置，专为在工业环境下应用而设计。由于最初研制这种装置的目的是解决生产设备的逻辑及开关控制，故把它称为可编程序逻辑控制器（Programmable Logic Controller，PLC）。当 PLC 用于控制机床顺序动作时，也可称之为编程机床控制器（Programmable Machine Controller，PMC）。

PLC 已成为数控机床不可缺少的控制装置。CNC 和 PLC 协调配合，共同完成对数控机床的控制。用于数控机床的 PLC 一般分为两类：一类是 CNC 的生产厂家为实现数控机床的顺序控制，而将 CNC 和 PLC 综合起来设计，称为内装型（或集成）PLC，内装型 PLC 是 CNC 装置的一部分；另一类是以独立专业化的 PLC 生产厂家的产品来实现顺序控制功能，称为独立型（或外装型）PLC。

6. 机床本体

CNC 机床由于切削用量大、连续加工发热量大等因素对加工精度有一定影响。另外 CNC 机床在加工中是自动控制，不能像在普通机床上那样由人工进行调整、补偿，所以其设计要求比普通机床更严格，制造要求更精密，采用了许多新的加强刚性、减小热变形、提高精度等方面的措施。

7. 反馈系统

反馈系统的作用是将机床的实际位置、速度参数检测出来转换成电信号反馈到 CNC 装置中，从而使 CNC 装置能随时检测机床的实际位置、速度是否与指令要求一致，以控制机床向消除该误差的方向移动。按有无检测装置，CNC 系统可分为开环与闭环数控系统；而按测量装置的安装位置，数控系统又可分为闭环与半闭环数控系统。开环数控系统的控制精度取决于步进电动机和丝杠的精度，闭环数控系统的控制精度取决于检测装置的精度。因此，测量装置是高性能数控机床的重要组成部分。此外，由测量装置和显示环节构成的数显装置，可以在线显示机床移动部件的坐标值，大大提高了工作效率和工件的加工精度。

3.1.2　工艺特点、主要功能

数控车床在机械制造业中担任着非常重要的角色，是因为它具有以下特点。

1. 对加工对象改型适应性强

由于在数控车床上改变加工零件时，只需要重新编制程序就能实现对零件的加工，不再制造和更换许多工具、量具、夹具，更不需要重新调整车床。因此数控车床可以快速地从加工一种工件转变为加工另一种工件，这样生产准备周期短，节省工艺装备费用，为单件或小批量生产以及试制新产品提供了极大的便利。

2. 适合加工复杂形面的工件，加工质量稳定

数控车床的刀具运动轨迹是由加工程序决定的，因此只要编制出加工程序，无论多么复杂的形面工件，都能加工。对于同一批零件，由于都是使用同一车床、程序与同类刀具，且刀具的运动轨迹完全相同，因此可以避免人为误差，这样就保证了工件加工质量的稳定性。

3. 加工精度高

数控车床是按以数字形式给出的指令进行加工的，由于目前数控装置的脉冲当量一般达到了 0.001 mm，并且传动机构的反向间隙误差都能由数控装置进行补偿，因此数控车床能达到较高的加工精度。

4. 加工生产效率高

工件加工所需要的时间包括工件加工时间和辅助操作时间。数控车床能够有效地减少这两部分时间，主要在于：

（1）数控车床主轴转速和进给量的范围比普通车床的范围大，每一道工序都能选用合适的切削用量；

（2）良好的机床结构和刚性允许数控车床利用大切削用量的强力切削，有效地节省了切削时间；

（3）数控车床移动部件的快速移动和定位有很高的空行程运动速度，大大减少了快进、快退和定位时间；

（4）更换零件几乎不需要重新调整数控车床，零件的安装和加工精度的稳定缩短了停机检验时间。

5. 减轻劳动强度、改善劳动条件

在输入程序并把准备辅助工作完成后，直接按循环启动按钮，会自动连续加工，在工件加工过程中，基本不需要操作者的干预，直到工件加工完毕，这样就大大改善了劳动条件，降低了劳动强度。

数控车削是数控加工中用得最多的加工方法之一，其工艺范围较普通车床宽很多。针对数控车床的特点，下列几种零件最适合数控车削加工。

（1）精度要求高的回转体零件。数控车床能加工对母线直线度、圆度、圆柱度等形状精度要求高的零件。对于圆弧以及其他曲线轮廓，加工出的形状与图纸上所要求的几何形状的接近程度比用仿形车床要高得多，在有些场合可以以车代磨。

（2）表面粗糙度要求高的回转体零件。在普通车床上车削锥面和端面时，由于转速恒定不变，致使车削后的表面粗糙度不一致。数控车床具有恒线速度切削功能，加工出的工件表面粗糙度值小而均匀，因而可选用最佳线速度来切削锥面和端面。数控车削还适合于车削各部位表面粗糙度要求不同的零件。表面粗糙度值要求大的部位选用大的进给量，要求小的部位选用小的进给量。

（3）表面形状复杂或难以控制尺寸的回转体零件。由于数控车床具有直线和圆弧插补功能，部分车床还有某些非圆曲线插补功能，所以可以车削由任意直线和平面曲线组成的形状复杂回转体零件。

（4）带有特殊螺纹的回转体零件。数控车床不但能车削任何等导程的直、锥面螺纹和端面螺纹，而且能车削增导程、减导程及要求等导程与变导程之间平滑过渡的螺纹。数控车床通过采用硬质合金成形刀具和较高的转速，使车削出的零件螺纹精度高、表面粗糙度值小。

3.1.3 数控车床的操作规范、维护保养基础

1. 数控车床的操作规范

数控机床的操作是数控加工技术的重要环节。数控车床、数控铣床及加工中心都是通过操作装置来实现操作控制的，即通过机床控制面板 MCP 和手持单元 MPG 直接控制机床的动作或加工过程，如启动、暂停零件程序的运行及手动进给坐标轴、调整进给速度等；通过 NC 键盘完成系统的软件菜单操作，如零件程序的编辑、参数输入、MDI 操作及系统管理等。

数控车床的一般操作步骤如下。

（1）开机，各坐标轴手动回机床参考点。

（2）刀具安装。根据加工要求选择刀具，将其装在回转刀架上。

（3）清洁主轴或工作台，安装夹具和工件。

（4）对刀，并设定工件坐标系。

（5）设置工作参数和刀具偏置值。

（6）加工程序的输入。将加工程序通过数据线传输到数控系统的内存中，或直接通过 MDI 方式由键盘输入。

（7）调试加工程序，确保程序正确无误。

（8）自动加工。按下“循环启动”键运行加工程序，通过选择合适的进给倍率和主轴倍率来调整进给速度和主轴转速，并注意监控加工状态，保证加工正常。

（9）尺寸检测。工序加工完毕，必须对照工件图纸的要求对各项尺寸及公差要求进行检测。在零件尺寸精度、几何精度、表面粗糙度等达到要求后才可卸下工件。否则，一旦工件卸下后再进行二次装夹，就很难保证其几何公差的要求。

（10）清理加工现场。

（11）关机。

以下介绍上述操作步骤中几个具体的操作过程。

① 开机。开机过程主要应完成以下工作：检查机床状态是否正常；检查电源电压是否符合要求、接线是否正确；按下机床控制面板上的“急停”按钮；打开外部电源开关，启动机床电源；接通数控系统电源；检查风扇电动机运转是否正常；检查控制面板上的指示灯是否正常。

开机成功后，显示器显示系统上电屏幕工作方式为“急停”（“急停”按钮按下）。

② 复位。若在开机过程中按下了“急停”按钮，则系统上电进入软件操作界面，系统初始模式显示为“急停”。为使数控系统运行，需将“急停”按钮松开，系统复位，并接通伺服电源。

③ 返回机床参考点。数控机床正确运行的前提是建立机床坐标系。因此，当数控系统接通电源、复位后，紧接着应进行机床各坐标轴手动返回参考点操作，以确保各轴坐标的正确性。此外，数控机床断电后再次接通数控系统电源、超程报警解除，一般也需要进行回参考点操作，以建立正确的机床坐标系。

返回参考点的操作方法如下：

a. 按下控制面板上的“回零”按键，确保数控系统处于“回零”方式；

b. 根据 X 轴机床参数进行“回参考点方向”操作，按下“+X”按键（回参考点方向为

"+"），X 轴回到参考点后，"+X" 按键内的指示灯亮；用同样的方法使 Z 轴回参考点。

数控车床回参考点时，必须先回 X 轴，再回 Z 轴参考点，否则刀架可能与尾座发生碰撞。

回参考点前，应确保回零轴位于参考点的"回参考点方向"相反侧，如 X 轴的"回参考点方向"为正，则回参考点前，应保证 X 轴当前位置在参考点的负向侧，否则应手动移动该轴直到满足此条件。

④ 关机。数控机床使用完毕，可按下述步骤关机：按下控制面板上的"急停"按钮，断开伺服电源；断开数控系统电源；断开数控机床电源。关机时，清扫机床并将各坐标轴停留在中间位置；进给倍率应调到最低。

2. 数控车床的维护保养

数控机床的日常维护和保养是数控机床长期稳定、可靠运行的保证，是延长数控机床使用寿命的必要措施，对数控机床正确使用和日常严格的维护与保养可以避免 80%的意外故障。数控机床的日常维护和保养的项目在机床制造厂提供的使用说明书中一般都有明确的描述。尽管数控机床在设计生产中采取了很多手段和措施，保证其工作的可靠性和稳定性，但是由于数控机床的使用环境复杂，只有坚持做好对机床的日常维护与保养工作，才可以延长元器件的使用寿命，延长机械部件的磨损周期，防止意外恶性事故的发生，争取机床长时间稳定工作；也才能充分发挥数控机床的加工优势，达到数控机床的技术性能，确保数控机床能够正常工作。因此，无论是对数控机床的操作者，还是对数控机床的维修人员，数控机床的维护与保养都显得非常重要，必须高度重视。

数控机床的维护与保养具有重要的意义，故必须明确其基本要求，主要包括以下几个方面。

（1）思想上要高度重视数控机床的维护与保养工作，尤其是对数控机床的操作者更应如此，不能只管操作，而忽视对数控机床的日常维护与保养。

（2）提高操作人员的综合素质。数控机床的使用比普通机床的难度要大，因为数控机床是典型的机电一体化产品，它涉及的知识面较宽，即操作者应具有机、电、液、气等更宽广的专业知识；再者，由于其电气控制系统中的 CNC 系统升级、更新换代比较快，如果不定期参加专业理论培训学习，则不能熟练掌握新的 CNC 系统应用，因此对操作人员提出的素质要求很高。为此，必须对数控操作人员进行培训，使其对机床原理、性能、润滑部位及其方式进行较系统的学习，为更好地使用机床奠定基础。同时，在数控机床的使用与管理方面，制定一系列切合实际、行之有效的措施。

（3）要为数控机床创造一个良好的使用环境。由于数控机床中含有大量的电子元件，它们最怕阳光直接照射，也怕潮湿和粉尘、振动等，这些均会使电子元件受到腐蚀变坏或造成元件间的短路，引起机床运行不正常。为此，对数控机床的使用环境应做到保持清洁、干燥、恒温和无振动；对于电源应保持稳压，一般只允许有±10%的波动。

（4）严格遵循正确的操作规程。无论是什么类型的数控机床，它都有一套自己的操作规程，这既是保证操作人员人身安全的重要措施之一，也是保证设备安全、产品质量等的重要措施。因此，使用者必须按照操作规程正确操作，如果机床为第一次使用或长期没有使用，则应先使其空转几分钟，并要特别注意使用中开机、关机的顺序和注意事项。

（5）在使用中，尽可能提高数控机床的开动率。对于新购置的数控机床，应尽快投入使用，设备在使用初期故障率往往大一些，用户应在保修期内充分利用机床，使其薄弱环节尽早暴露出来，在保修期内得以解决。即使在缺少生产任务时，也不能空闲不用，要定期通电，每次空运行 1 h 左右，利用机床运行时的发热量来去除或降低机床内的湿度。

（6）要冷静对待机床故障，不可盲目处理。机床在使用中不可避免地会出现一些故障，此时操作者要冷静对待，不可盲目处理，以免产生更为严重的后果，要注意保留现场，待维修人员来后如实说明故障前后的情况，共同分析问题，尽早排除故障。故障若属于操作问题，操作人员要及时吸取经验，避免下次犯同样的错误。

（7）制定并严格执行数控机床管理的规章制度。

除了对数控机床的日常维护外，还必须制定并严格执行数控机床管理的规章制度，主要包括：定人、定岗和定责任的“三定”制度，定期检查制度，规范交接班制度等。这也是数控机床管理、维护与保养的主要内容。

以点检为基础的设备维修是日本在引进美国的预防维修制的基础上发展起来的一种点检管理制度。点检就是按有关维护文件的规定，对设备进行定点、定时的检查和维护，其优点是可以把出现的故障和性能的劣化消灭在萌芽状态，防止过修或欠修，缺点是定期点检工作量大。这种在设备运行阶段以点检为核心的现代维修管理体系，能达到降低故障率和维修费用、提高维修效率的目的。

我国自 20 世纪 80 年代初引进日本的设备点检定修制，把设备操作者、维修人员和技术管理人员有机地组织起来，按照规定的检查标准和技术要求，对设备可能出现问题的部位，定人、定点、定量、定期、定法地进行检查、维修和管理，保证了设备持续、稳定地运行，促进了生产发展和经营效益的提高。

数控机床的点检，是开展状态监测和故障诊断工作的基础，主要包括下列内容。

（1）定点。首先要确定一台数控机床有多少个维护点，科学地分析这台设备，找准可能发生故障的部位。只要把这些维护点“看住”，有了故障就会及时发现。

（2）定标。对每个维护点要逐个制定标准，例如间隙、温度、压力、流量、松紧度等，都要有明确的数量标准，只要不超过规定标准就不算故障。

（3）定期。多长时间检查一次，要定出检查周期。有的点可能每班要检查几次，有的点可能一个月或几个月检查一次，要根据具体情况确定。

（4）定项。每个维护点检查哪些项目也要有明确规定。每个点可能检查一项，也可能检查几项。

（5）定人。由谁进行检查，是操作者、维修人员还是技术人员，应根据检查部位和技术精度要求，落实到人。

（6）定法。怎样检查也要有规定，是人工观察还是用仪器测量，是采用普通仪器还是精密仪器。

（7）检查。检查的环境、步骤要有规定，是在生产运行中检查还是停机检查，是解体检查还是不解体检查。

（8）记录。检查要详细做记录并按规定格式填写清楚。要填写检查数据及其与规定标准的差值、判定印象、处理意见，检查者要签名并注明检查时间。

（9）处理。检查中间能处理和调整的要及时处理和调整，并将处理结果记入处理记录。

没有能力或没有条件处理的，要及时报告有关人员安排处理。但任何人、任何时间处理都要填写处理记录。

（10）分析。检查记录和处理记录都要定期进行系统分析，找出薄弱“维护点”，即故障率高的点或损失大的环节，提出意见，交设计人员进行改进设计。

数控机床的点检可分为日常点检和专职点检两个层次。日常点检负责对机床的一般部件进行点检，处理和检查机床在运行过程中出现的故障，由机床操作人员进行。专职点检负责对机床的关键部位和重要部件按周期进行重点点检、设备状态监测与故障诊断，制订点检计划，做好诊断记录，分析维修结果，提出改善设备维护管理的建议，由专职维修人员进行维修。

数控机床的点检作为一项工作制度，必须认真执行并持之以恒，才能保证机床的正常运行。

从点检的要求和内容来看，点检可分为专职点检、日常点检和生产点检三个层次。

（1）专职点检：主要对机床的关键部位与重要部位按周期进行重点点检、设备状态监测及故障诊断定点检计划，做好诊断记录，分析维修结果，提出改善设备维修管理的建议。

（2）日常点检：主要对机床的一般部位进行点检，处理和检查机床在运行过程中出现的故障。

（3）生产点检：主要对生产运行中的数控机床进行点检，并负责润滑、紧固等工作。

3.2　数控车加工常用的刀具

3.2.1　数控车加工常用刀具的种类、结构、特点

1. 车刀和刀片的种类

由于工件材料、生产批量、加工精度以及机床类型、工艺方案的不同，车刀的种类也多种多样。根据与刀体的连接固定方式的不同，车刀主要可分为焊接式与机械夹紧式两大类。

（1）焊接式车刀。所谓焊接式车刀，就是将硬质合金刀片用焊接的方法固定在刀柄上。这种车刀的优点是结构简单、制造方便、刚性较好；缺点是焊接式车刀由于在焊接时存在焊接应力，从而影响了刀具材料的使用性能，甚至会出现裂纹。另外，当刀具报废时，刀杆不能重复使用，硬质合金刀片不能充分回收利用，造成刀具材料的浪费。根据工件加工表面以及用途不同，焊接车刀可分为切断刀、外圆车刀、端面车刀、内孔车刀、螺纹车刀以及成形车刀等。

（2）机夹可转位车刀。机械夹紧式（机夹）可转位车刀是由刀杆、刀片、刀垫以及夹紧元件四部分组成的。刀片每边都有切削刃，当某边的切削刃被磨钝后，只需松开夹紧元件，将刀片换一个位置便可继续使用。机夹可转位车刀的优点是由于刀片标准化而互换性好，故刀具材料可以回收利用，并且减少换刀时间，方便对刀，便于实现机械加工的标准化。

（3）刀片。刀片是机夹可转位车刀的一个最重要组成元件。依照国家标准 GB/T 2076—2007，刀片按结构大致可分为带圆孔、带沉孔以及无孔三大类；按形状有三角形、正方形、五边形、六边形、圆形以及菱形等。

2. 数控车削常用刀具的类型

常用的数控车刀一般分为尖形车刀、圆弧形车刀和成形车刀三类。

(1) 尖形车刀。以直线形为切削刃的车刀一般称为尖形车刀。这类车刀的刀尖（也称为

刀位点）由直线形的主、副切削刃构成，如 90° 内、外圆车刀，左、右端面车刀，切断车刀及刀尖倒棱很小的各种外圆和内孔车刀。所谓刀位点就是在加工程序编制中，用以表示刀具特征的点，也是对刀和加工的特征点。用这类车刀加工零件时，其零件的轮廓形状主要由一个独立的刀尖或一条直线形主切削刃切削后得到，它与后两种车刀加工时所得到零件轮廓形状的原理不同。

（2）圆弧形车刀。圆弧形车刀是一种特殊的数控车刀。其特征是，其主切削刃的形状为一圆度误差或轮廓误差很小的圆弧，该圆弧上的每一点都是圆弧形车刀的刀尖。因此，刀位点不在圆弧上，而在该圆弧的圆心上，车刀刀夹圆弧半径理论上与被加工零件的形状无关，并可按需要灵活确定或经测定后确认。当某些尖形车刀或成形车刀（如螺纹车刀）的刀尖具有一定的圆弧形状时，也可以采用这类车刀。圆弧形车刀可以用于车削内、外表面，特别适宜于车削各种光滑连接（凹形）的成形面。

（3）成形车刀。成形车刀也叫样板车刀，其加工零件的轮廓形状完全由车刀切削刃的形状和尺寸决定。数控车削加工中，常见的成形车刀有小半径圆弧车刀、非矩形切刀和螺纹车刀等。在数控加工中，一般不用成形车刀，这是因为刀具的种类和形状丰富，完全可以利用标准的刀具切削出精确的工件轮廓，而成形车刀的刃磨往往在精度和表面质量上有很大误差，当确有必要选用时，则应在工艺文件或加工程序单上进行详细说明。

3. 机夹可转位车刀的选用

为了减少换刀时间和方便对刀，便于实现机械加工的标准化，数控车削加工时应尽量采用标准的机夹可转位车刀和机夹可转位车刀刀片。

（1）刀片材质的选择。车刀刀片的材料主要有高速钢、硬质合金、涂层硬质合金、陶瓷、立方氮化硼和金刚石等。其中应用最多的是硬质合金和涂层硬质合金刀片。选择刀片材质主要是依据被加工工件的材料、被加工表面的精度、表面质量要求、切削载荷的大小以及切削过程中有无冲击和振动等。

（2）刀片尺寸的选择。刀片尺寸的大小取决于必要的有效切削刃长度 L、有效切削刃长度和背吃刀量 a_p、车刀的主偏角 κ_r 的关系，使用时可查询有关刀具手册选取。

（3）刀片形状的选择 刀片形状主要依据被加工工件的表面形状、切削方法、刀具寿命和刀片的转位次数等因素选择。

3.2.2　刀具参数对加工的影响

刀具切削部分的几何参数对零件的表面质量及切削性能影响极大，应根据零件的形状、刀具的安装位置以及加工方法等，正确选择刀具的几何形状及有关参数。

1. 尖形车刀的几何参数

尖形车刀的几何参数主要指车刀的几何角度，选择方法与使用普通车削时的方法基本相同，但应结合数控加工的特点（如走刀路线及加工干涉等）进行全面考虑。

可用作图或计算的方法确定尖形车刀不发生干涉的几何角度，如副偏角不发生干涉的极限角度值大于作图或计算所得角度的 6° ～8° 即可。当确定几何角度困难，甚至无法确定（如尖形车刀加工接近于半个凹圆弧的轮廓等）时，则应考虑选择其他类型的车刀后，再确定其几何角度。

2. 圆弧形车刀的几何参数

（1）圆弧形车刀的选用。对于某些精度要求较高的凹曲面车削或大外圆弧面的批量车削，以及尖形车刀所不能完成的加工，宜选用圆弧形车刀进行加工。圆弧形车刀具有宽刃切削（修光）性质，能使精车余量保持均匀而改善切削性能，还能一刀车出跨多个象限的圆弧面。

（2）圆弧形车刀的几何参数。圆弧形车刀的几何参数除了前角及后角外，主要几何参数为车刀圆弧切削刃的形状及半径。

选择车刀刀夹圆弧半径的大小时，应考虑两点：

第一，车刀切削刃的刀尖圆弧半径应当小于或等于零件凹形轮廓上的最小半径，以免发生加工干涉；

第二，该半径不宜选择太小，否则既难于制造，还会因其刀头强度太弱或刀体散热能力差，使车刀容易受到损坏。

当车刀刀夹圆弧半径已经选定或通过测量并给予确认之后，应特别注意圆弧切削刃的形状误差对加工精度的影响。

在车削时，车刀的圆弧切削刃与被加工轮廓曲线做相对滚动运动。这时，车刀在不同的切削位置上，其“刀尖”在圆弧切削刃上也有不同位置（即切削刃圆弧与零件轮廓相切的切点），也就是说，切削刃对工件的切削，是以无数个连续变化位置的“刀尖”进行的。

为了使这些不断变化位置的“刀尖”能按加工原理所要求的规律（即“刀尖”所在半径处处等距）运动，并便于编程，故规定圆弧形车刀的刀位点必须在该圆弧刃的圆心位置上。

要满足车刀圆弧刃的半径处处等距，则必须保证该圆弧刃具有很小的圆度误差，即近似为一条理想圆弧，因此需要通过特殊的制造工艺（如光学曲线磨削加工等）才能将其圆弧刃做得准确。

至于圆弧形车刀前、后角的选择，原则上与普通车刀相同，只不过形成其前角（大于0°时）的前刀面一般都为凹球面，形成其后角的后刀面一般为圆锥面。圆弧形车刀前、后刀面的特殊形状，是为满足在切削刃的每一个点上都具有恒定的前角和后角，以保证切削过程的稳定性及加工精度。为了制造车刀的方便，在精车时，其前角多选择为0°。

3.2.3 刀具安装的方法

选择好合适的刀片和刀杆后，首先将刀片安装在刀杆上，再将刀杆依次安装到回转刀架上，之后通过刀具干涉图和加工行程图检查刀具安装尺寸。

在刀具安装过程中应注意以下问题：

（1）安装前保证刀杆及刀片定位面清洁，无损伤；

（2）将刀杆安装在刀架上时，应保证刀杆方向正确；

（3）安装刀具时需注意使刀尖等高于主轴的回转中心。

3.2.4 对刀的方法

对刀一般分为手动对刀和自动对刀两大类。

数控车削加工中，应首先确定零件的加工原点，以建立准确的加工坐标系，即工件坐标系，同时考虑刀具的不同尺寸对加工的影响。这些都需要通过对刀来解决。

1. 常用的对刀方法

（1）一般对刀。一般对刀是指在机床上使用相对位置检测手动对刀。下面以 Z 向对刀为例说明对刀方法。刀具安装后，先移动刀具手动切削工件右端面，再沿 X 向退刀，将右端面与加工原点距离 N 输入数控系统，即完成这把刀具的 Z 向对刀过程。

手动对刀是很基本的对刀方法，但它还是没跳出传统车床“试切—测量—调整”的对刀模式，这种对刀方法占用了较多的辅助时间。

（2）机外对刀。机外对刀的原理是测量出刀具假想刀尖点到刀具台基准之间 X 及 Z 方向的距离。利用机外对刀仪可将刀具预先在机床外校对好，以便装上机床后将对刀长度输入相应刀具补偿号即可以使用。

（3）自动对刀。自动对刀是通过刀尖检测系统实现的，刀尖以设定的速度向接触式传感器接近，当刀尖与传感器接触并发出信号时，数控系统立即记下该瞬间的坐标值，并自动修正刀具补偿值。

2. 对刀的设置

工件装夹位置在数控机床工作台确定后，通过确定工件原点来确定工件坐标系，加工程序中的各运动轴代码控制刀具做相对位移。例如，某程序开始第一个程序段为“N0010 G90 G00 X100 Z20;”，是指刀具在工件坐标中快速移动到 X=100 mm，Z=20 mm 处。究竟刀具从什么位置开始移动到上述位置呢?所以在程序执行的一开始，必须确定刀具在工件坐标系下开始运动的位置，这一位置即为程序执行时刀具相对于工件运动的起点，称程序起始点或起刀点。此起始点一般通过对刀来确定，所以该点又称对刀点。

在编制程序时，要正确选择对刀点的位置。对刀点的设置原则是：

（1）便于数值处理和简化程序编制；

（2）易于找正并在加工过程中便于检查；

（3）引起的加工误差小。

对刀点可以设置在加工零件上，也可以设置在夹具上或机床上，为了提高零件的加工精度，对刀点应尽量设置在零件的设计基准或工艺基准上。例如以外圆或孔定位零件，可以选取外圆或孔的中心与端面的交点作为对刀点。

实际操作机床时，可通过手工对刀操作把刀具的刀位点放到对刀点上，即刀位点与对刀点重合。所谓刀位点是指刀具的定位基准点，车刀的刀位点为刀尖或刀尖圆弧中心。手动对刀操作的对刀精度较低，且效率低。而有些工厂采用光学对刀镜、对刀仪、自动对刀装置等，以减少对刀时间，提高对刀精度。

加工过程中需要换刀时，应规定换刀点。所谓换刀点是指刀架转动换刀时的位置，因此换刀点应设在与工件或夹具有一定距离的位置，以在换刀时不碰到工件及其他部件为准。通常换刀点设置在距离工件或夹具不远的位置，要能满足不和工件或夹具产生干涉的要求，同时还要注意减少机床的空行程以提高加工效率。

3. 手动对刀方法

试切法对刀是实际中应用的最多的一种手动对刀方法。

工件和刀具装夹完毕，让主轴旋转，在手轮模式下移动刀架在工件上试切一段外圆；然后保持 X 坐标不变，移动 Z 轴使刀具离开工件，测量出该段外圆的直径。将其输入到相应刀具参数的刀长中，系统会自动用刀具当前 X 坐标减去试切出的那段外圆直径，即得到工件坐

标系 *X* 原点的位置。再移动刀具试切工件一端端面，在相应刀具参数的刀宽中输入 Z0，系统会自动将此时刀具的 *Z* 坐标减去刚才输入的数值，即得工件坐标系 *Z* 原点的位置。

事实上，找工件原点在机床坐标系中的位置并不是求该点的实际位置，而是找刀尖点到达（0，0）时刀架的位置。采用这种方法对刀一般不使用标准刀，在加工之前需要将所要用到的刀具全部都对好。

3.3 固定循环指令及其应用

3.3.1 数控车床常用固定循环指令

1. G90 内外直径的切削循环

（1）直线切削循环为：

G90 X（U）___Z（W）___F___;

程序中，X（U）、Z（W）为圆柱面切削的终点坐标值；F 为切削进给速度。

如图 3－1 所示，刀具按 1R→2F→3F→4R 的路径循环切削。U 和 W 的正负号在增量坐标程序里是由路径 1R 和 2F 的方向决定的。

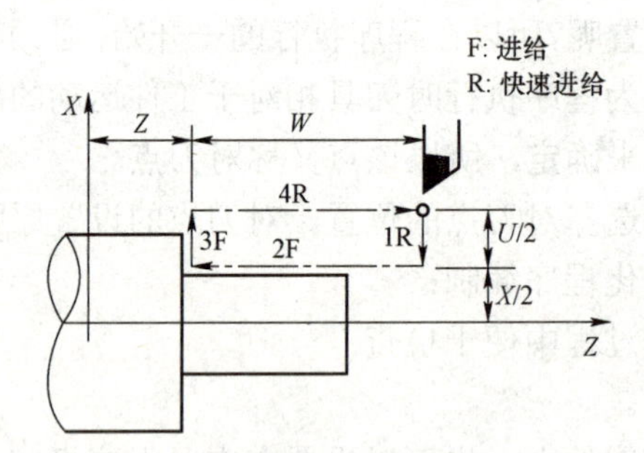

图 3－1　G90 直线切削循环刀具路径

（2）编程实例：图 3－2 中的编程零点在工件右端面。

```
…
G0 X105 Z5   ；快速接近工件
G90 X95 Z－80 F0.3 ；第 1 刀车 5 mm
X90     ；第 2 刀车 5 mm
X85     ；第 3 刀车 5 mm
X80     ；第 4 刀车 5 mm
X75     ；第 5 刀车 5 mm
X70     ；车削到指定尺寸
G00 X150 Z100 ；刀具退到安全位置
M05     ；主轴停止
M30     ；程序结束并返回
```

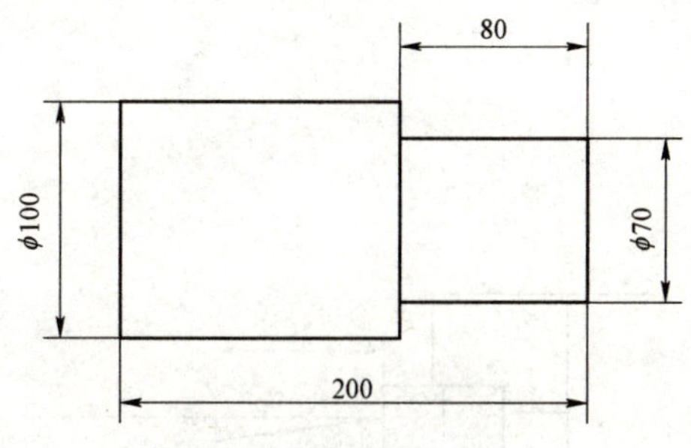

图 3-2　直线切削循环实例

（3）锥体切削循环为：

```
G90 X（U）___Z（W）___R___ F;
```

程序中，X（U）、Z（W）为圆锥面切削的终点坐标值；R 为切削起点与切削终点的半径差。

刀具路径如图 3-3 所示。

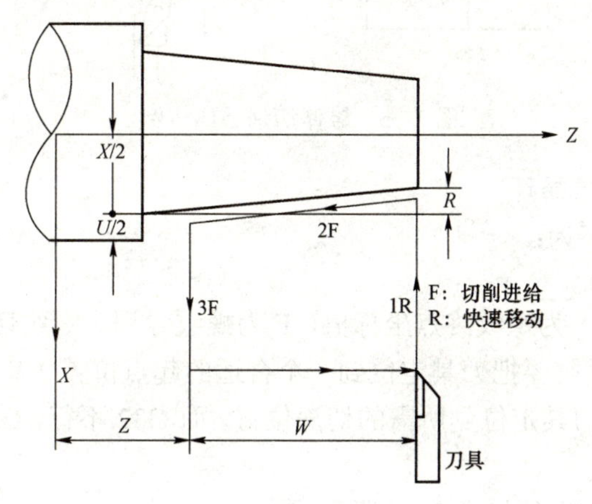

图 3-3　锥体切削循环刀具路径

R 值正负的判断示意图如图 3-4 所示。

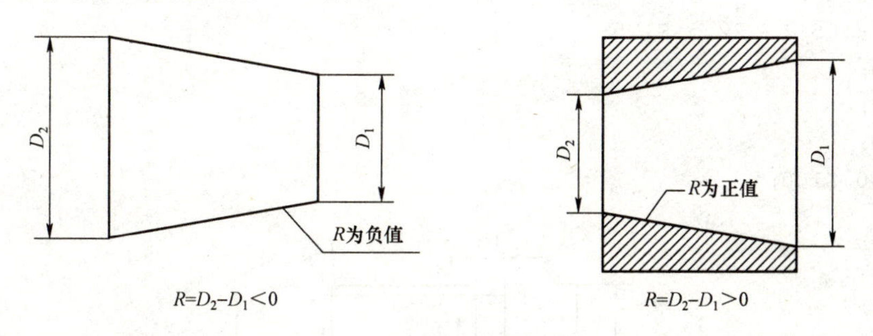

图 3-4　***R*** 值正负的判断示意

如果切削起点的 *X* 向坐标小于终点的 *X* 向坐标，则 *R* 值为负，反之为正。

（4）编程实例：如图 3-5 所示。

```
…
G00 X70 Z5;
G90 X65 Z - 35 R - 5 F0.3;
```

```
X60 ;
X55;
X50;
G00 X100 Z100;
…
```

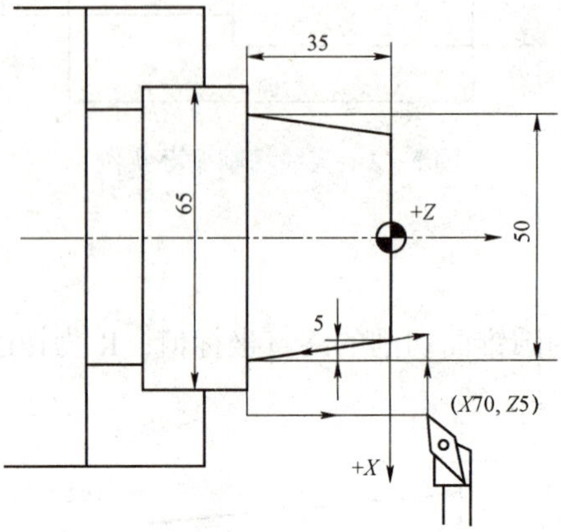

图 3-5 锥体切削循环实例

2. G92 螺纹切削单一循环

（1）直螺纹切削循环为：

```
G92 X（U）___Z（W）___ F__;
```

程序中，X（U）、Z（W）为螺纹终点坐标值，F 为螺纹导程。螺纹切削的导入、导出控制同 G32。在使用 G92 前，只需要把刀具定位到一个合适的起点位置（*X* 方向处于退刀位置），执行 G92 时系统会自动把刀具定位到所需的切深位置。而 G32 不行，G32 起点位置的 *X* 方向必须处于切入位置。

（2）编程实例：加工螺纹如图 3-6 所示。

```
…
G00 X30 Z3;
G92 X26.05 Z-22.5 F1.5;
X25.45;
X25.09;
X24.99;
G00 X50 Z100;
…
```

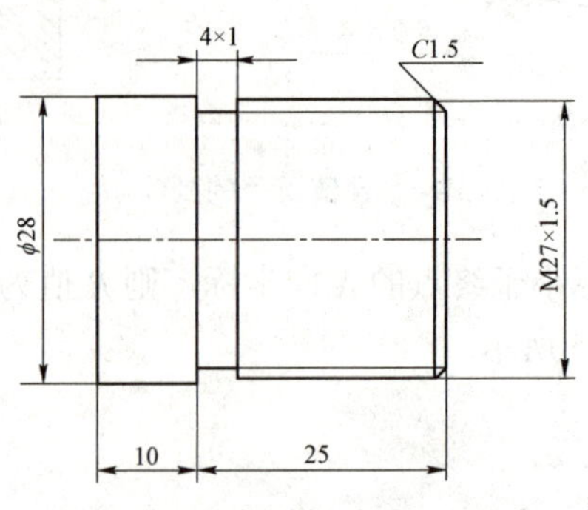

图 3-6 直螺纹切削循环实例图

3.3.2　数控车床复合循环指令

1. 精加工循环 G70

（1）功能：G70 用于 G71、G72、G73 粗车后的精车。

（2）指令格式为：

G70 P（ns） Q（nf）;

2. 外圆/内孔粗车循环 G71

（1）功能及作用：G71 指令的粗车是用多次 *Z* 轴方向走刀切除工件余量，为精车提供一个良好的条件，适用于毛坯是圆棒的工件。

（2）指令格式为：

G71 U（Δd） R（e）;

G71 P（ns）_Q（nf）_U（Δu）_W（Δw） F__ S__ T__;

N（P）…;

…

N（Q）…;

该指令的执行过程如图 3－7 所示。

在图 3－7 中刀具起始点为 *A*，假设在某段程序中指定了由 $A \to A' \to B$ 的精加工路线，只要用 G71 指令，就可以实现切削深度为 Δd、精加工余量为 $\Delta u/2$ 和 Δw 的粗加工循环。首先以切削深度 Δd 在和 *Z* 轴平行的部分进行直线加工，最后刀具执行锥线加工指令完成锥面加工。

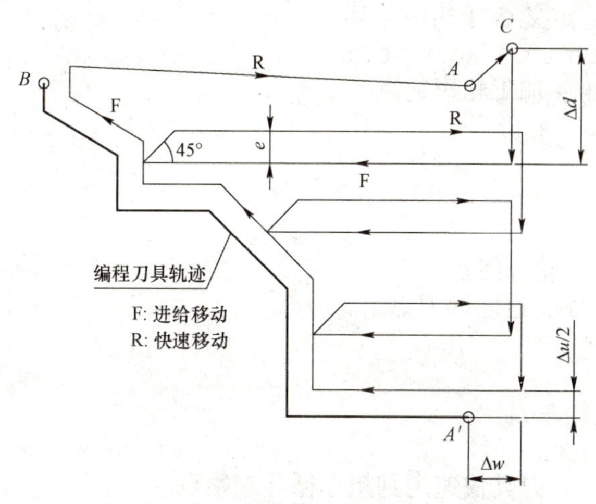

图 3－7　G71 指令执行过程及参数意义

（3）参数说明如下。

① U（Δd）：每刀的切削深度（背吃刀量），为半径值，无正负号。该参数为模态值，直到指定另一个值前保持不变。

② R（e）：每刀退刀量。该参数为模态值，直到指定另一个值前保持不变。

③ P（ns）：指定精加工路线的第一个程序段顺序号。

④ Q（nf）：指定精加工路线的最后一个程序段顺序号。

⑤ U（Δu）：*X* 轴方向精加工预留量的距离及方向（直径值）。

⑥ W（Δw）：*Z* 轴方向精加工预留量的距离及方向。

⑦ F、S、T：粗车过程中从程序段号 P 到 Q 之间包括的任何 F、S、T 功能都被忽略，只有 G71 指令中指定的 F、S、T 功能有效。

⑧ N（P）至 N（Q）：程序段号 P 到 Q 之间的程序段定义 $A \to A' \to B$ 之间的移动轨迹。在 P 和 Q 之间的程序段不能调用子程序。

⑨ 指令中 Q 用于指定循环结束的程序段号。若没有指定 Q，则当执行到 M99 指令时循环也结束。若既无 Q，又无 M99 指令，则执行到程序结束。

（4）G70、G71 编程实例：如图 3－8 所示。

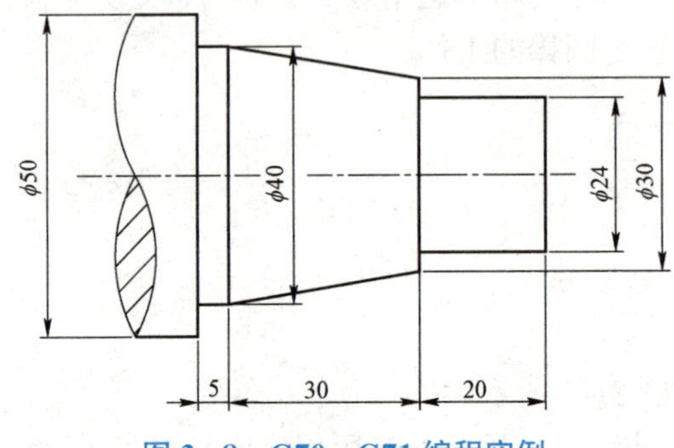

图 3－8　G70、G71 编程实例

```
…
N70 G00 X50 Z2 ；刀具快速走到粗车循环起始点
N80 G71 U2 R1  ；定义 G71 粗车循环
N90 G71 P100 Q150 U0.5 W0.1 F0.3;
N100 G0 X24 F0.1 ；加工轮廓起点
N110 G1 Z0;
N120 Z－20;
N130 X30;
N140 X40 Z－50;
N150 Z－55  ；加工轮廓终点
N160 G00 X60 Z100 ；返回换刀点
N170 M05;
N180 M00;
N190 T0202  ；换精车刀
N200 M03;
N210 G00 X55 Z5  ；刀具快速走到粗车循环起始点
N220 G70 P100 Q150 ；粗车后的精车
N230 G00 X60 Z100 M05；返回换刀点
N240 M30;
```

3. 固定形状循环 G73

（1）功能：G73 指令用于重复切削一个逐渐变换的固定形式，可有效地切削一个用粗加工锻造或铸造等方式已经加工成形的工件。

（2）指令格式为：

G73U（$\underline{\Delta i}$） W（$\underline{\Delta k}$） R（$\underline{d}$）;

G73P（$\underline{ns}$） Q（$\underline{nf}$） U（$\underline{\Delta u}$） W（$\underline{\Delta w}$） F（$\underline{f}$） S（$\underline{s}$） T（$\underline{t}$）;

N（$\underline{ns}$）…;

```
…
N (nf) …;
```

该指令的执行过程如图 3-9 所示。

刀具起始点为 A，假设在某段程序中指定了由 $A \rightarrow A' \rightarrow B$ 的精加工路线，只要用 G73 指令，就可以实现退刀量为Δi、精加工余量为$\Delta u/2$ 和Δw 的粗加工循环。此复合循环每刀都是平行最终轮廓。

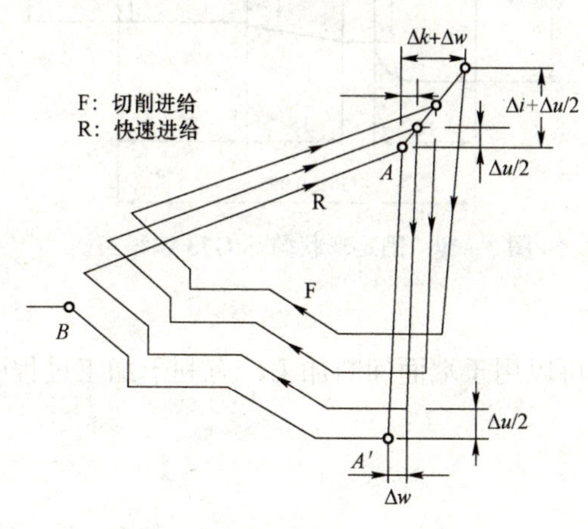

图 3-9　G73 指令执行过程

（3）参数说明如下。

① Δi：X 轴方向退刀距离（半径指定）。

② Δk：Z 轴方向退刀距离。

③ d：分割次数，这个值与粗加工重复次数相同。

④ ns：精加工形状程序的第一个段号。

⑤ nf：精加工形状程序的最后一个段号。

⑥ Δu：X 方向精加工预留量的距离及方向（直径值）。

⑦ Δw：Z 方向精加工预留量的距离及方向。

（4）编程实例：如图 3-10 所示。

```
…
G00 X64 Z2;
G73 U10 W1 R5;
G73 P1 Q2 U0.5 W0.1 F0.25;
N1 GO X18 Z1;
G1 X24 Z - 1 F0.1;
W - 18;
U1;
U5  W - 15;
Z - 40;
G3 X42 W - 6 R6;
N2 Z - 57;
G0 X64 Z100 M05;
…
```

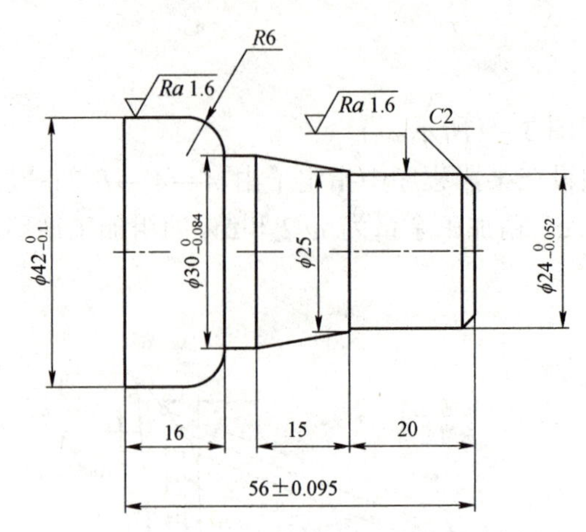

图 3-10　固定形状循环 G73 编程实例

4. 切槽循环 G75

（1）功能：G75 指令可以用于端面间断加工，有利于加工过程中的断屑与排屑。一般用于外圆沟槽的断续加工。

（2）指令格式为：

```
G75  R（e）;
G75  X（U）__  Z（W）__  P（Δi）__  Q（Δk）__  R（Δd） F_;
```

该指令的执行过程如图 3-11 所示。

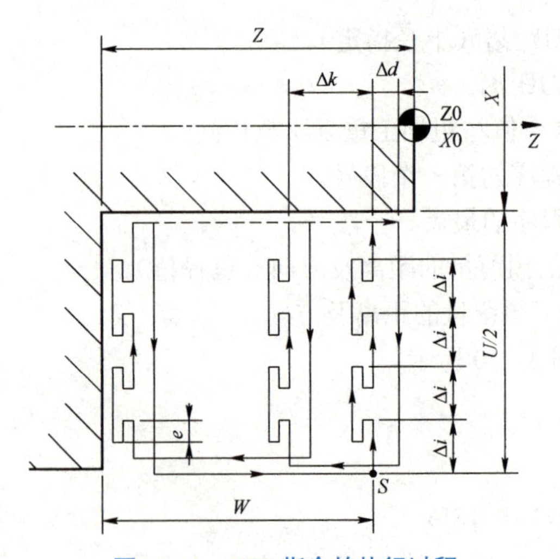

图 3-11　G75 指令的执行过程

（3）参数说明如下。

① R（e）：每刀退刀量。该参数为模态值，直到指定另一个值前保持不变，单位为 mm。

② X（U）：沟槽底径的 *X* 轴终点坐标。*X* 为绝对值；*U* 为增量值，单位为 mm。

③ Z（W）：沟槽底径的 *Z* 轴终点坐标。*Z* 为绝对值；*W* 为增量值，单位为 mm。

④ P（Δi）：每次切槽的深度，为半径值，单位为μm。

⑤ Q（Δk）：切槽刀再一次切入工件时，*Z* 方向车刀的移动量，单位为μm。

⑥ R（Δd）：切深至沟槽底部后，刀具的逃离量，切槽时通常为 0，单位为μm。

⑦ F：指切削进给率或进给速度，单位为 mm/r 或 mm/min，取决于该指令前面程序段的设置。

⑧ 若在该指令中省略 Z（W）、Q 和 R，而仅 X 方向进刀，则可用于窄槽切削循环。

（4）编程实例：如图 3－12 所示。

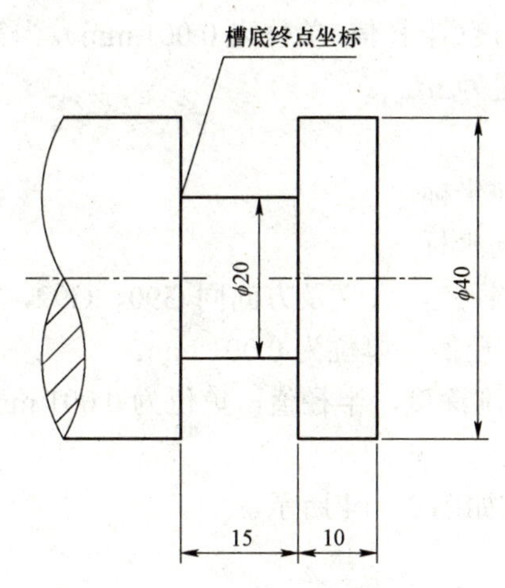

图 3－12　G75 指令编程实例图

设切槽刀刀宽为 4 mm，则有程序为：

```
…
N210  G00  X45  Z－14;
N220  G75  R2;
N230  G75  X20  Z－25  P3000  Q3000  R0  F0.2;
N240  G00  X80  Z100;
…
```

5. 螺纹切削复合循环 G76

（1）功能及作用：该复合循环用于螺纹切削。

（2）指令格式为：

G76 P（$\underline{m}$） R（$\underline{r}$） E（$\underline{\alpha}$） Q（$\underline{\Delta d_{min}}$） R（$\underline{d}$）;

G76 X（$\underline{u}$） Z（$\underline{w}$） R（$\underline{i}$） P（$\underline{k}$） Q（$\underline{\Delta d}$） F（$\underline{L}$）;

该指令的执行过程如图 3－13 所示。

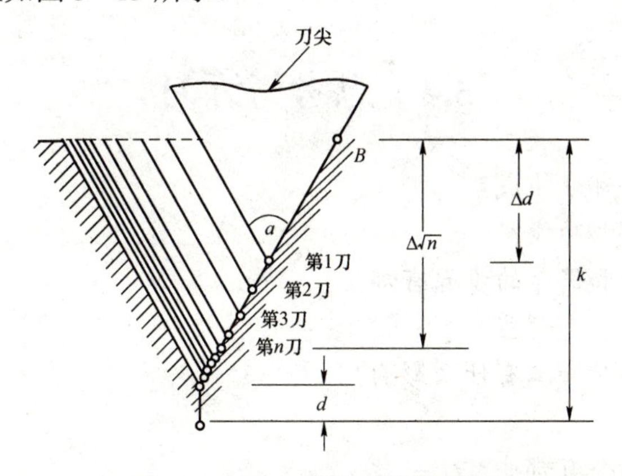

图 3－13　G76 指令的执行过程

（3）参数说明如下。

① P（$\underline{m}$）：精整次数（1～99），为模态值。

② R（$\underline{r}$）：倒角量，为模态值。

③ E（$\underline{\alpha}$）：刀尖角度。

④ Q（$\underline{\Delta d_{min}}$）：最小切削深度（半径值，单位为 0.001 mm）。当第 n 次切削深度（$\Delta d_n - \Delta d_{n-1}$）小于$\Delta d_{min}$时，则切削深度设定为$\Delta d_{min}$。

⑤ R（$\underline{d}$）：精加工余量。

⑥ X（$\underline{u}$）：螺纹终点 X 向坐标。

⑦ Z（$\underline{w}$）：螺纹终点 Z 向坐标。

⑧ R（$\underline{i}$）：螺纹部分的半径差，含义及方向同 G90、G92，当 $i=0$ 时为直螺纹。

⑨ P（$\underline{k}$）：螺纹高度，半径值，单位为 0.001 mm。

⑩ Q（$\underline{\Delta d}$）：第 1 刀的切削深度，半径值，单位为 0.001 mm。

⑪ F（L）：螺纹导程。

（4）编程实例：加工螺纹如图 3－14 所示。

```
…
G00 X50 Z3;
G76 P010060 Q200 R0.1;
G76 X24.99 Z－22.5 P960 Q500 F1.5;
G00 X50 Z100;
…
```

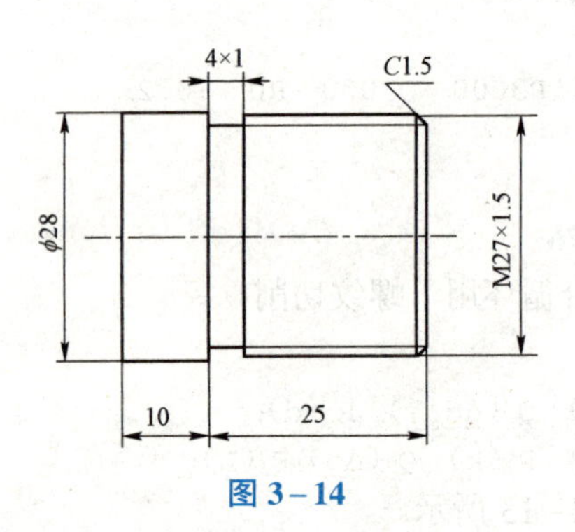

图 3－14

3.4 思考与练习

1. 数控车床由哪些部分组成？
2. 数控车床具有哪些功能？
3. 数控车床的维护和保养的步骤有哪些？
4. 常用数控车床刀具有哪些？
5. 数控车刀的参数对加工有什么影响？
6. 如何对刀？
7. 常用固定循环指令有哪些？

第 4 章

数控系统的插补原理与刀具补偿原理

学习目标

1. 了解插补的概念和常用插补方法。
2. 理解逐点比较插补法的工作原理。
3. 理解刀具补偿原理与加减速控制。

4.1 概　　述

4.1.1 插补的概念

在数控机床中，刀具是一步一步移动的。刀具（或机床的运动部件）的最小移动量称为一个脉冲当量。脉冲当量是刀具所能移动的最小单位。在数控机床的实际加工中，被加工工件的轮廓形状千差万别，各不相同。严格来说，为了满足几何尺寸精度的要求，刀具中心轨迹应该准确地按照工件的轮廓形状来生成。然而，对于简单的曲线，数控装置易于实现，但对于较复杂的形状，若直接生成，势必会使算法变得很复杂，计算机的工作量也相应地大大增加。在实际应用中，常常采用一小段直线或圆弧去进行逼近（或称为拟合）所要加工的曲线。因此，刀具不能严格地按照所加工曲线运动，而只能用折线近似地取代所需加工的零件轮廓。

所谓插补是指数据密化的过程，是数控系统根据给定的数学函数，在理想的轨迹或轮廓上的已知点之间进行数据点的密化，来确定一些中间点的方法。

数控系统中，完成插补运算的装置叫插补器。根据插补器的结构可分为硬件插补器和软件插补器两种类型。

早期的硬件数控（NC）系统中，都采用硬件的数字逻辑电路来完成插补工作，称为硬件插补器。它主要由数字电路构成，其插补运算速度快，但灵活性差，不易更改，结构复杂，成本高。以硬件为基础的数控系统中，数控装置采用了电压脉冲作为插补点坐标增量输出，其中每一脉冲都在相应的坐标轴上产生一个基本长度单位的运动。在这种系统中，一个脉冲对应着一个基本长度单位。这些脉冲可驱动开环控制系统中的步进电动机，也可驱动闭环控制系统中的直流伺服电动机。每发送一个脉冲，工作台相对刀具移动一个基本长度单位（脉冲当量）。脉冲当量的大小决定了加工精度，发送给每一坐标轴的脉冲数目决定了相对运动距离，而脉冲的频率代表了坐标轴的速度。

在计算机数控（CNC）系统中，由软件（程序）完成插补工作的装置，称为软件插补器。软件插补器主要由微处理器组成，通过编程就可以完成不同的插补任务，这种插补器结构简单，灵活多变。现代计算机数控（CNC）系统，为了满足插补速度和插补精度越来越高的要求，采用软件与硬件相结合的方法，由软件完成粗插补，由硬件完成精插补。

4.1.2 常用插补方法

根据输出信号方式的不同，软件插补方法可分为脉冲插补法和数字增量插补法两类。

脉冲插补法是模拟硬件插补的原理，它把每次插补运算产生的指令脉冲输送到伺服系统，以驱动工作台运动。每发出一个脉冲，工作台就移动一个基本长度单位，即脉冲当量。输出脉冲的最大速度取决于执行一次运算所需的时间。该方法虽然插补程序比较简单，但进给速度受到一定的限制，所以常用在进给速度不是很高的数控系统或开环数控系统中。脉冲插补法最常用的是逐点比较插补法和数字积分插补法。

使用数字增量插补法的数控系统，其位置伺服（控制）通过计算机及检测装置构成闭环，插补结果输出的不是脉冲，而是数据。计算机定时地对反馈回路采样，将得到的采样数据与插补程序所产生的指令数据相比较后，用误差信号输出以驱动伺服电动机。采样周期各系统不尽相同，一般取 10 ms 左右。采样周期太短则计算机来不及处理，而周期太长会损失信息从而影响伺服精度。这种方法所产生的最大进给速度不受计算机最大运算速度的限制，但插补程序比较复杂。

另外还有一种硬件和软件相结合的插补方法。把插补功能分别分配给软件和硬件插补器：软件插补器完成粗插补，即把加工轨迹分为大的程序段；硬件插补器完成精插补，进一步密化数据点，完成程序段的加工。该法对计算机的运算速度要求不高，并可余出更多的存储空间以存储零件程序，而且响应速度和分辨率都比较高。

根据被插补曲线的形式进行分类，插补方法可分为直线插补法、圆弧插补法、抛物线插补法、高次曲线插补法等。大多数数控机床只有直线、圆弧插补功能。实际的零件廓形可能既不是直线也不是圆弧。这时，必须先对零件廓形进行直线—圆弧拟合，用多段直线和圆弧近似地替代零件轮廓，然后才能进行加工。

4.2 逐点比较插补法

所谓逐点比较插补法，就是每走一步都要和给定轨迹上的坐标值比较一次，看实际加工点在给定轨迹的什么位置，上方还是下方，或是在给定轨迹的外面还是里面，从而决定下一步的进给方向。走步方向总是向着逼近给定轨迹的方向，如果实际加工点在给定轨迹的上方，下一步就向给定轨迹的下方走；如果实际加工点在给定轨迹的里面，下一步就向给定轨迹的外面走。如此每走一步，算一次偏差，比较一次，决定下一步的走向，以逼近给定轨迹，直至加工结束。

逐点比较插补法是以阶梯折线来逼近直线和圆弧等曲线的。它与规定的加工直线或圆弧之间的最大误差不超过一个脉冲当量，因此只要把脉冲当量取得足够小，就可满足加工精度的要求。

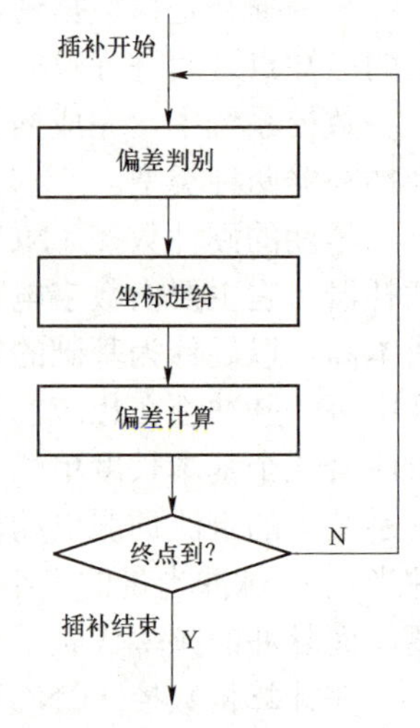

图 4-1 逐点比较法工作循环

在逐点比较插补法中，每进给一步都必须进行偏差判别、坐标进给、偏差计算和终点判断四个节拍。图 4-1 所示为逐点比较法工作循环图。下面分别介绍逐点比较法直线插补和圆弧插补的原理。

4.2.1　逐点比较法直线插补

1. 偏差函数

如图 4−2 所示，以 XY 平面第Ⅰ象限为例，OA 是要插补的直线，加工的起点坐标为原点 O，终点 A 的坐标为 A（x_a，y_a）。直线 OA 的方程为

$$y=\frac{y_a}{x_a}x$$

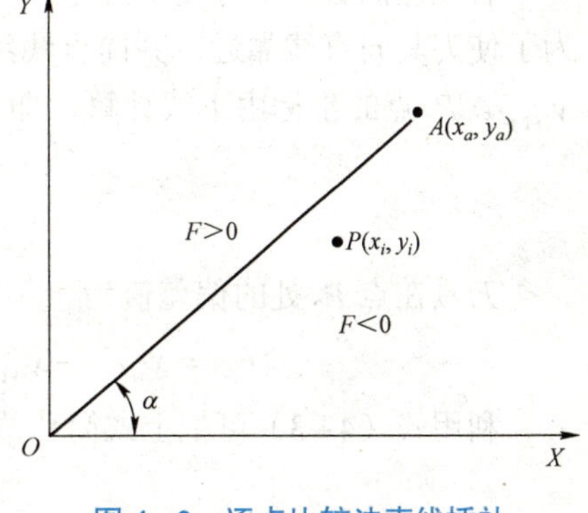

图 4−2　逐点比较法直线插补

设点 P（x_i，y_i）为任一加工点，若点 P 正好位于直线 OA 上，则

$$y_i=\frac{y_a}{x_a}x_i$$

即

$$x_a y_i - x_i y_a = 0$$

若加工点 P 在直线 OA 的上方（严格地说，在直线 OA 与 Y 轴所成夹角区域内），那么下述关系成立，即

$$x_a y_i - x_i y_a > 0$$

若加工点 P 在直线 OA 的下方（严格地说，在直线 OA 与 X 轴所成夹角区域内），那么下述关系成立，即

$$x_a y_i - x_i y_a < 0$$

设偏差函数为

$$F(x,y)=x_a y_i - x_i y_a \tag{4-1}$$

综合以上分析，可把偏差函数与刀具位置的关系归结为表 4−1。

表 4−1　逐点比较直线插补偏差函数与刀具位置的关系

$F(x,y)$	刀具位置
<0	直线上方
$=0$	直线上
<0	直线下方

2. 进给方向与偏差计算

插补前刀具位于直线的起点 O。由于点 O 在直线上，由表 4−1 可知这时的偏差值为零，即

$$F_0=0 \tag{4-2}$$

设某时刻刀具运动到点 P_1（x_i，y_i），该点的偏差函数为

$$F_i=x_a y_i - x_i y_a \tag{4-3}$$

若偏差函数 F_i 大于零，由表 4-1 可知，这时刀具位于直线上方，如图 4-3（a）所示。为了使刀具向直线靠近，并向直线终点进给，刀具应沿 X 轴正向走一步，到达点 P_2（x_{i+1}，y_{i+1}）。P_2 点的坐标由下式计算，即

$$\begin{cases} x_{i+1} = x_i + 1 \\ y_{i+1} = y_i \end{cases}$$

刀具在点 P_2 处的偏差值为

$$F_{i+1} = x_a y_{i+1} - x_{i+1} y_a = x_a y_i - (x_i + 1) y_a = (x_a y_i - x_i y_a) - y_a$$

利用式（4-3）可把上式简化成

$$F_{i+1} = F_i - y_a \tag{4-4}$$

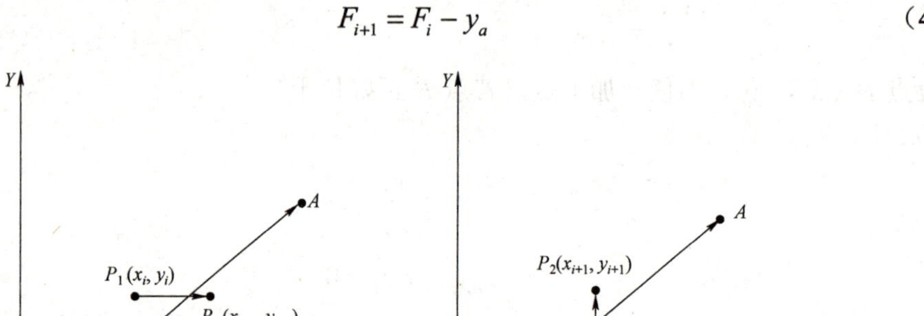

图 4-3　直线插补的进给方向

若偏差函数 F_i 等于零，由表 4-1 可知，这时刀具位于直线上。但刀具仍沿 X 轴正向走一步，到达点 P_2。偏差值的计算过程与 F_i 大于零时的计算过程相同。

若偏差函数 F_i 小于零，由表 4-1 可知，这时刀具位于直线下方，如图 4-3（b）所示。为了使刀具向直线靠近，并向直线终点进给，刀具应沿 Y 轴正向走一步，到达点 P_2（x_{i+1}，y_{i+1}）。P_2 点的坐标由下式计算，即

$$\begin{cases} x_{i+1} = x_i \\ y_{i+1} = y_i + 1 \end{cases}$$

刀具在点 P_2 处的偏差值为

$$F_{i+1} = x_a y_{i+1} - x_{i+1} y_a = x_a (y_i + 1) - x_i y_a = (x_a y_i - x_i y_a) + x_a$$

利用式（4-3）可把上式简化成

$$F_{i+1} = F_i + x_a \tag{4-5}$$

式（4-2）、式（4-4）和式（4-5）组成了偏差值的递推计算公式。与直接计算公式（式 4-1）相比，递推计算公式只用加/减法，不用乘/除法，计算简便，速度快。递推计算公式只用到直线的终点坐标，因而插补过程中不需要计算和保留刀具的瞬时位置，这样减少了计算工作量、缩短了计算时间，且有利于提高插补速度。

直线插补的坐标进给方向与偏差计算方法如表 4-2 所示。

表 4-2 直线插补的坐标进给方向与偏差计算方法

偏差函数	进给方向	偏差计算
$F_i \geqslant 0$	$+X$	$F_{i+1}=F_i-y_a$
$F_i < 0$	$+Y$	$F_{i+1}=F_i+x_a$

3. 终点判断

由于插补误差的存在，刀具的运动轨迹有可能不通过直线的终点 A（x_a，y_a）。因此，不能把刀具坐标与终点坐标相等作为终点判断的依据。

可以根据刀具沿 X、Y 两轴所走的总步数来判断直线是否加工完毕。刀具从直线起点 O（见图 4-2），移动到直线终点 A（x_a，y_a），沿 X 轴应走的总步数为 x_a，沿 Y 轴应走的总步数为 y_a。那么，加工完直线 OA，刀具沿两坐标轴应走的总步数为

$$N=x_a+y_a \tag{4-6}$$

在逐点比较插补法中，每进行一个插补循环，刀具要么沿 X 轴走一步，要么沿 Y 轴走一步。也就是说，插补循环数 i 与刀具沿 X、Y 轴已走的总步数相等。这样，就可根据插补循环数 i 与刀具应走的总步数 N 是否相等来判断终点，即直线加工完毕的条件为

$$i=N \tag{4-7}$$

4. 插补程序

图 4-4 所示为逐点比较法直线插补的流程图。图中 i 是插补循环数，F_i 是第 i 个插补循环中偏差函数的值，（x_a，y_a）是直线的终点坐标，N 是完成直线加工刀具沿 X、Y 轴应走的总步数。插补时钟的频率为 f，它用于控制插补的节奏。

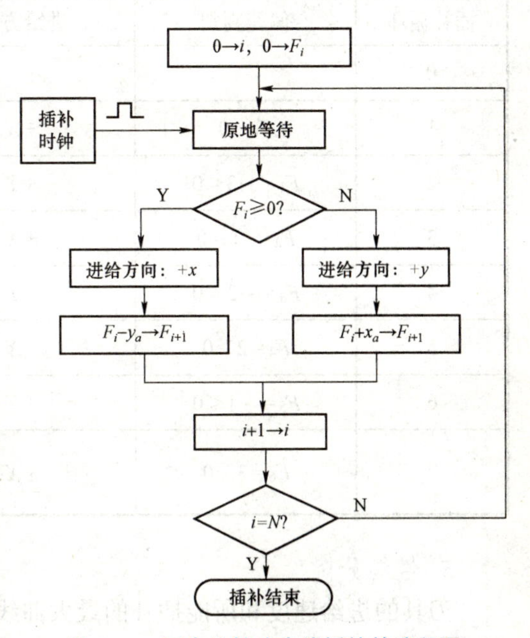

图 4-4 逐点比较法直线插补的流程图

插补前，刀具位于直线的起点，即坐标原点，因此偏差值 F_0 为零。因为还没有开始插补，所以插补循环数 i 也为零。在每一个插补循环的开始，插补器先进入“等待”状态。插补时钟发出一个脉冲后，插补器结束等待状态，向下运行。这样插补时钟每发一个脉冲，就触发插补器进行一个插补循环，从而可用插补时钟控制插补速度，也控制了刀具的进给速度。

插补器结束“等待”状态后，先进行偏差判别。由表 4-2 知，若偏差值 F_i 大于等于零，刀具的进给方向应为 $+X$，进给后偏差值为 F_i-y_a；若偏差值 F_i 小于零，刀具的进给方向应为 $+Y$，进给后的偏差值为 F_i+x_a。

进行了一个插补循环后，插补循环数 i 应增加 1。

最后进行终点判别。由式（4-7）可知，若插补循环数 i 小于 N，说明直线还没插补完毕，应继续进行插补；否则，表明直线已加工完毕，应结束插补工作。

例 4-1 图 4-5 中的 OA 是要加工的直线。直线的起点在坐标原点，终点为 A（4，3）。试用逐点比较法对该直线进行插补，并画出插补轨迹。

解：插补完这段直线刀具沿 X 、Y 轴应走的总步数为

$$N=x_a+y_a=4+3=7$$

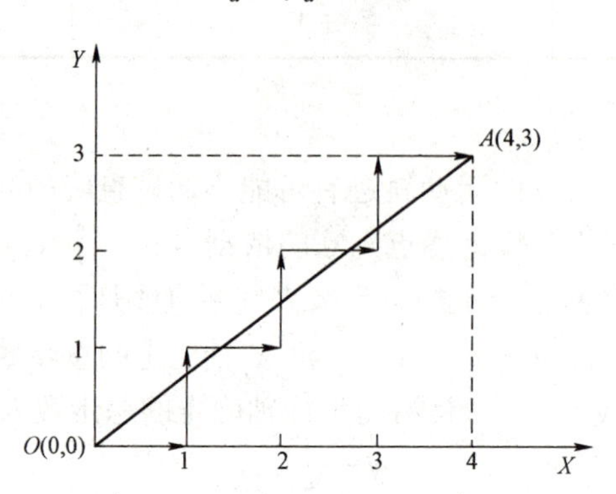

图 4-5　逐点比较法直线插补轨迹

逐点比较法直线插补运算过程见表 4-3。

表 4-3　逐点比较法直线插补运算过程

插补循环	偏差判别	进给方向	偏差计算	终点判别
0			$F_0=0$，$x_a=4$，$y_a=3$	$i=0$，$N=7$
1	$F_0=0$	$+X$	$F_1=F_0-y_a=0-3=-3$	$i=0+1=1<N$
2	$F_1=-3<0$	$+Y$	$F_2=F_1+x_a=-3+4=1$	$i=1+1=2<N$
3	$F_2=1>0$	$+X$	$F_3=F_2-y_a=1-3=-2$	$i=2+1=3<N$
4	$F_3=-2<0$	$+Y$	$F_4=F_3+x_a=-2+4=2$	$i=3+1=4<N$
5	$F_4=2>0$	$+X$	$F_5=F_4-y_a=2-3=-1$	$i=4+1=5<N$
6	$F_5=-1<0$	$+Y$	$F_6=F_5+x_a=-1+4=3$	$i=5+1=6<N$
7	$F_6=3>0$	$+X$	$F_7=F_6-y_a=3-3=0$	$i=6+1=7=N$ 到达终点

5. 性能分析

刀具的进给速度和所能插补的最大曲线尺寸，是评定插补方法的两个重要指标，也是选择插补方法的依据。下面介绍逐点比较法直线插补的这两个指标。

（1）进给速度。设直线 OA（见图 4-2）与 x 轴的夹角为 α，长度为 l 。加工该段直线时，刀具的进给速度为 v ，插补时钟频率为 f 。加工完直线 OA 所需的插补循环总数目为 N。那么，刀具从直线起点进给到直线终点所需的时间为 l/v 。完成 N 个插补循环所需的时间为 N/f 。由于插补与加工是同步进行的，因此，以上两个时间应相等，即

$$\frac{l}{v}=\frac{N}{f}$$

由此得到刀具的进给速度 v 为

$$v=\frac{l}{N}f \tag{4-8}$$

插补完成直线 OA 所需的总循环数与刀具沿 X 、Y 轴应走的总步数可用式（4-6）计算，即

$$N=x_a+y_a=l\cos\alpha+l\sin\alpha$$

代入式（4-8），得到刀具速度的计算公式，即

$$v=\frac{f}{\cos\alpha+\sin\alpha} \tag{4-9}$$

从式（4-9）可知，刀具的进给速度 v 与插补时钟频率 f 成正比，其与 α 的关系如图 4-6 所示。在保持插补时钟频率不变的前提下，刀具的进给速度会随着直线倾角的不同而变化：加工 0° 或 90° 倾角的直线时，刀具的进给速度最大为 f；加工 45° 倾角的直线时，刀具的进给速度最小，约为 $0.7f$。

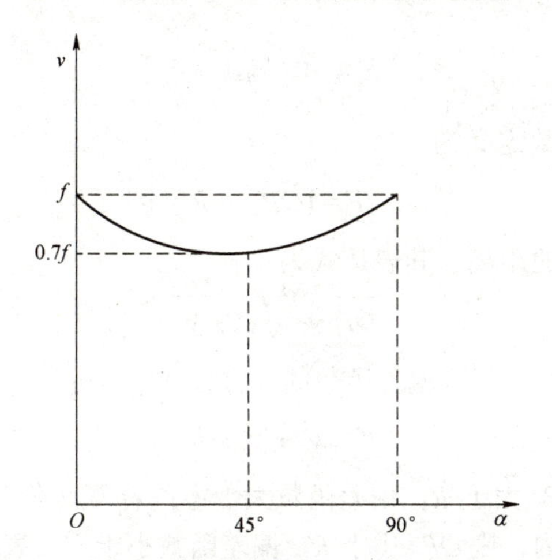

图 4-6　逐点比较法中刀具的进给速度与 α 的关系

（2）能插补的最大直线尺寸。设插补器所用寄存器的长度为 n 位。把其中的一位用于寄存偏差值的±号，则偏差函数的最大绝对值应满足

$$|F_{\max}|\leqslant 2^{n-1}-1$$

由偏差函数的递推计算过程（见表 4-2）可知，偏差函数的最大绝对值为 x_a 或 y_a。因而，直线的终点坐标（x_a，y_a）应满足

$$\begin{cases}x_a\leqslant 2^{n-1}-1\\ y_a\leqslant 2^{n-1}-1\end{cases}$$

若寄存器的长度为 8 位，则直线的纵、横终点坐标最大值为 127。若寄存器长度为 16 位，则直线终点坐标最大值为 32 767。

4.2.2 圆弧插补

1. 偏差函数

如图 4–7 所示，$\overset{\frown}{AB}$ 是要插补的圆弧，圆弧的圆心在坐标原点，半径为 R，起点为 A（x_a，y_a），终点为 B（x_b，y_b）。点 P（x，y）表示某时刻刀具的位置。

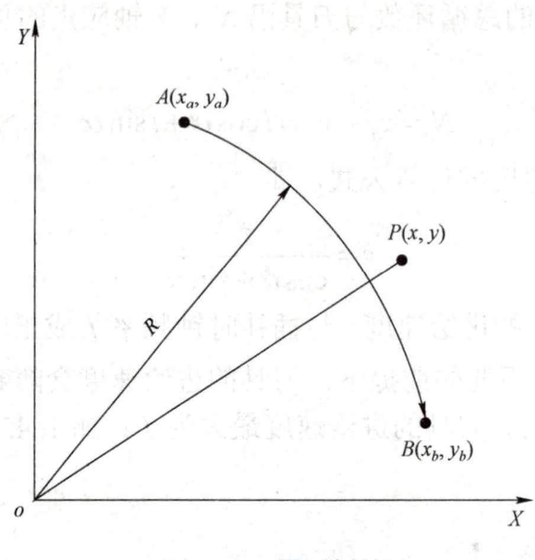

图 4–7 圆弧插补

圆弧插补时，偏差函数定义为

$$F=(\overline{OP})^2-R^2 \tag{4-10}$$

$\overline{OP}$ 表示 O、P 两点的距离，其表达式为

$$\overline{OP}=\sqrt{x^2+y^2}$$

将上式代入式（4–10），得到偏差函数的计算公式

$$F=x^2+y^2-R^2 \tag{4-11}$$

若刀具在圆外，则 $\overline{OP}$ 大于 R，偏差函数大于零；若刀具在圆上，则 $\overline{OP}$ 等于 R，偏差函数等于零；若刀具在圆内，则 $\overline{OP}$ 小于 R，偏差函数小于零。表 4–4 所示为圆弧插补中偏差函数与刀具位置的关系。

表 4–4 圆弧插补中偏差函数与刀具位置的关系

偏差函数	刀具位置
>0	在圆外
=0	在圆上
<0	在圆内

2. 进给方向与偏差计算

圆弧可分为顺圆与逆圆两种。与时钟指针走向一致的圆弧称为顺圆，反之称为逆圆。加工这两种圆弧时，刀具的走向不同，偏差计算的过程也不同。下面分别介绍这两种圆弧的插补。

（1）顺圆插补。开始插补时，刀具位于圆弧的起点 A，由式（4-11）计算偏差值为

$$F_0 = x_a^2 + y_a^2 - R^2$$

因 A 是圆弧上一点，由表4-4可知

$$F_0 = 0 \tag{4-12}$$

设某时刻刀具运动到点 P_1（x_i，y_i），由式（4-11）知，这时的偏差值为

$$F_i = x_i^2 + y_i^2 - R^2 \tag{4-13}$$

若 $F_i \geqslant 0$，由表4-4可知，这时刀具位于圆外或圆上，如图4-8（a）所示。为让刀具向终点 B 进给并靠近圆弧，应让刀具沿 y 轴负向走一步，到达点 P_2（x_{i+1}，y_{i+1}）。点 P_2 的坐标由下式计算，即

$$\begin{cases} x_{i+1} = x_i \\ y_{i+1} = y_i - 1 \end{cases}$$

刀具在点 P_2 的偏差值为

$$\begin{aligned} F_{i+1} &= x_{i+1}^2 + y_{i+1}^2 - R^2 = x_i^2 + (y_i - 1)^2 - R^2 \\ &= (x_i^2 + y_i^2 - R^2) - 2y_i + 1 \end{aligned}$$

把式（4-13）代入上式，简化为

$$F_{i+1} = F_i - 2y_i + 1 \tag{4-14}$$

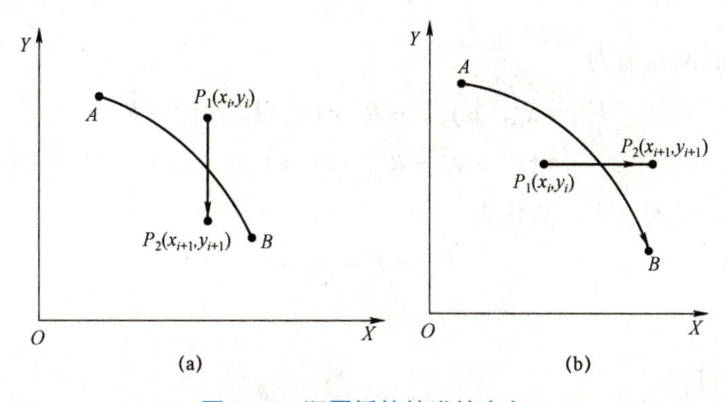

图4-8 顺圆插补的进给方向

若 $F_i < 0$，由表4-4可知，这时刀具位于圆内，如图4-8（b）所示。为让刀具向终点 B 进给并靠近圆弧，应让刀具沿 x 轴正向走一步，到达点 P_2（x_{i+1}，y_{i+1}）。点 P_2 的坐标由下式计算，即

$$\begin{cases} x_{i+1} = x_i + 1 \\ y_{i+1} = y_i \end{cases}$$

刀具在点 P_2 的偏差值为

$$\begin{aligned} F_{i+1} &= x_{i+1}^2 + y_{i+1}^2 - R^2 = (x_i + 1)^2 + y_i^2 - R^2 \\ &= (x_i^2 + y_i^2 - R^2) + 2x_i + 1 \end{aligned}$$

把式（4-13）代入上式，简化为

$$F_{i+1}=F_i+2x_i+1 \tag{4-15}$$

式（4－12）、式（4－14）和式（4－15）组成了顺圆插补偏差值的递推计算公式。与偏差函数的直接计算式（4－11）相比，递推计算公式只用加减法（乘 2 可用两次加来实现），不用乘法或乘方，计算简单，运算速度快。

顺圆插补的计算过程如表 4－5 所示。

表 4－5　顺圆插补的计算过程

偏差情况	进给方向	偏差计算	坐标计算
$F_i \geqslant 0$	$-Y$	$F_{i+1}=F_i-2y_i+1$	$x_{i+1}=x_i$， $y_{i+1}=y_i-1$
$F_i<0$	$+X$	$F_{i+1}=F_i+2x_i+1$	$x_{i+1}=x_i+1$， $y_{i+1}=y_i$

（2）逆圆插补。设某时刻刀具运动到点 P_1（x_i， y_i），这时的偏差函数为

$$F_i=x_i^2+y_i^2-R^2 \tag{4-16}$$

若 $F_i \geqslant 0$，这时刀具位于圆外或圆上，如图 4－9（a）所示。为让刀具向终点 B 进给并靠近圆弧，应让刀具沿 X 轴负方向走一步，到达点 P_2（x_{i+1}，y_{i+1}）。点 P_2 的坐标由下式计算：

$$\begin{cases}x_{i+1}=x_i-1\\ y_{i+1}=y_i\end{cases}$$

刀具在点 P_2 的偏差值为

$$\begin{aligned}F_{i+1}&=x_{i+1}^2+y_{i+1}^2-R^2=(x_i-1)^2+y_i^2-R^2\\&=(x_i^2+y_i^2-R^2)-2x_i+1\end{aligned}$$

把式（4－16）代入上式，简化为

$$F_{i+1}=F_i-2x_i+1 \tag{4-17}$$

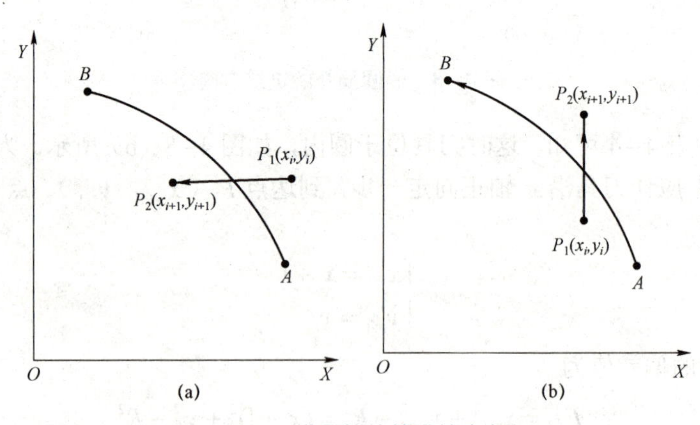

图 4－9　逆圆插补的进给方向

若 $F_i<0$，这时刀具位于圆内，如图 4－9（b）所示。为让刀具向终点 B 进给并靠近圆弧，应让刀具沿 Y 轴正向走一步，到达点 P_2（x_{i+1}，y_{i+1}）。点 P_2 的坐标由下式计算，即

$$\begin{cases} x_{i+1} = x_i \\ y_{i+1} = y_i + 1 \end{cases}$$

刀具在点 P_2 的偏差值为

$$F_{i+1} = x_{i+1}^2 + y_{i+1}^2 - R^2 = x_i^2 + (y_i + 1)^2 - R^2$$
$$= (x_i^2 + y_i^2 - R^2) + 2y_i + 1$$

把式（4−16）代入上式，简化为

$$F_{i+1} = F_i + 2y_i + 1 \tag{4-18}$$

式（4−12）、式（4−17）和式（4−18）组成了逆圆插补偏差值的递推计算公式。

逆圆插补的计算过程如表 4−6 所示。

表 4−6　逆圆插补的计算过程

偏差情况	进给方向	偏差计算	坐标计算
$F_i \geqslant 0$	$-X$	$F_{i+1} = F_i - 2x_i + 1$	$x_{i+1} = x_i - 1$，$y_{i+1} = y_i$
$F_i < 0$	$+Y$	$F_{i+1} = F_i + 2y_i + 1$	$x_{i+1} = x_i$，$y_{i+1} = y_i + 1$

3. 终点判别

如图 4−7 所示，圆弧 $\overset{\frown}{AB}$ 是要加工的曲线，它的起点为 $A(x_a，y_a)$，终点为 $B(x_b，y_b)$。加工完这段圆弧，刀具沿 X 轴应走$|x_b - x_a|$步，沿 Y 轴应走$|y_b - y_a|$步，沿两个坐标轴应走的总步数为

$$N = |x_b - x_a| + |y_b - y_a| \tag{4-19}$$

该公式对逆圆插补和顺圆插补都是适用的。

当插补循环数 i 与 N 相等时，即

$$i = N \tag{4-20}$$

说明圆弧已加工完毕。

4. 插补程序

（1）顺圆插补。逐点比较法顺圆插补的流程图如图 4−10 所示。图中 i 是插补循环数，F_i 是偏差函数，（x_i，y_i）是刀具坐标，N 是加工完圆弧刀具沿 X 、Y 轴应走的总步数。

开始插补时，插补循环数 i 等于 0，刀具位于圆弧的起点 A（x_a，y_a）。由于刀具位于圆弧上，因此偏差值 F_0 为零。N 由式（4−19）确定。

经过初始化后，程序进入“等待”状态。插补时钟发出的脉冲，使程序结束“等待”状态，继续向下运行。

接着，进行偏差判别。由表 4−5 可知，若偏差函数 F_i 大于或等于零，刀具应沿 $-Y$ 方向走一步；若偏差函数 F_i 小于零，应让刀具沿 $+X$ 方向走一步。

进给后，应计算出刀具在新位置的偏差值 F_{i+1} 及新坐标（x_{i+1}，y_{i+1}）。进行一个插补循环后，插补循环数应加 1。

最后进行终点判别。若插补循环数 i 小于 N，表明圆弧还没有加工完，应继续进行插补；若插补循环数 i 等于 N，说明圆弧已加工完毕，插补工作结束。

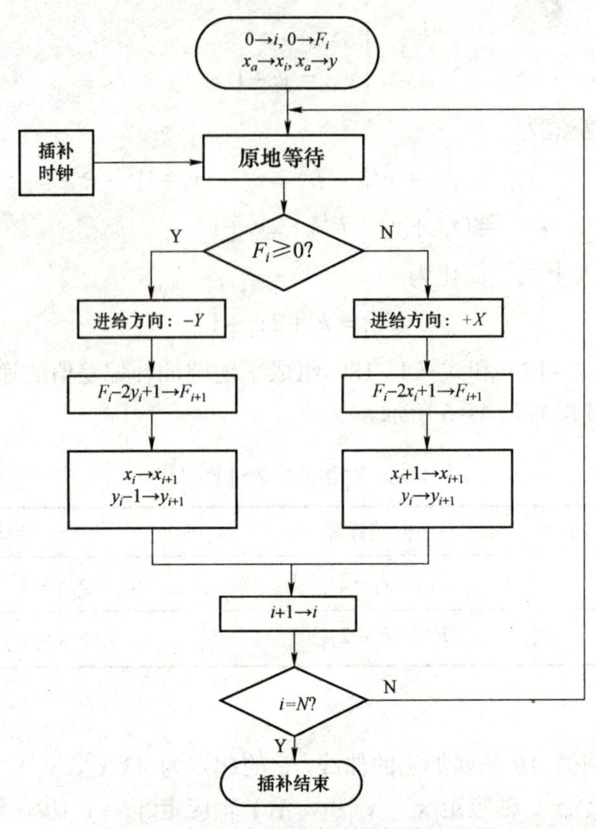

图 4-10　逐点比较法顺圆插补流程图

例 4-2　如图 4-11 所示的 $\overset{\frown}{AB}$ 是要加工的圆弧。圆弧的起点为 A（3，4），终点为 B（5，0）。试对该段圆弧进行插补，并画出插补轨迹。

解：加工完这段圆弧，刀具沿 X、Y 轴应走的总步数为

$$N=\left|x_b-x_a\right|+\left|y_b-y_a\right|=|5-3|+|0-4|=6$$

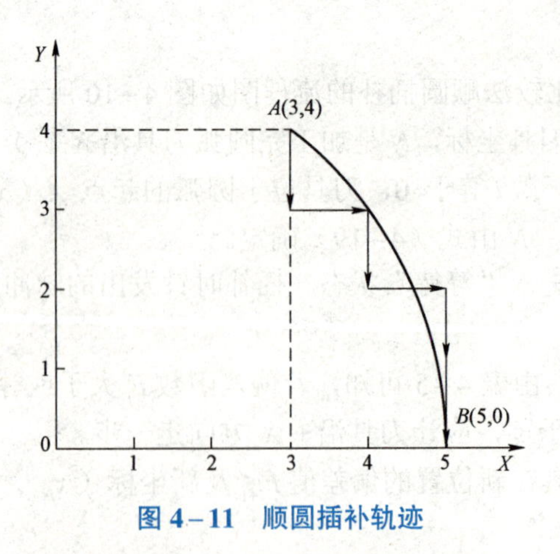

图 4-11　顺圆插补轨迹

AB 为顺圆插补，插补过程见表 4-7。

表 4-7　逐点比较法圆弧插补过程

插补循环	偏差情况	进给方向	偏差计算	坐标计算	终点判别
0	—	—	$F_0=0$	$x_0=x_a=3$ $y_0=y_a=4$	$i=0$
1	$F_0=0$	$-Y$	$F_1=F_0-2y_0+1$ $=0-2\times4+1=-7$	$x_1=x_0=3$ $y_1=y_0-1=3$	$i=0+1<N$
2	$F_1=-7<0$	$+X$	$F_2=F_1+2x_1+1$ $=-7+2\times3+1=0$	$x_2=x_1+1=4$ $y_2=y_1=3$	$i=1+1<N$
3	$F_2=0$	$-Y$	$F_3=F_2-2y_2+1$ $=0-2\times3+1=-5$	$x_3=x_2=4$ $y_3=y_2-1=2$	$i=2+1<N$
4	$F_3=-5<0$	$+X$	$F_4=F_3+2x_3+1$ $=-5+2\times4+1=4$	$x_4=x_3+1=5$ $y_4=y_3=2$	$i=3+1<N$
5	$F_4=4>0$	$-Y$	$F_5=F_4-2y_4+1$ $=4-2\times2+1=1$	$x_5=x_4=5$ $y_5=y_4-1=1$	$i=4+1<N$
6	$F_5=1>0$	$-Y$	$F_6=F_5-2y_5+1$ $=1-2\times1+1=0$	$x_6=x_5=5$ $y_6=y_5-1=0$	$i=5+1=N$ 到达终点

插补轨迹如图 4-11 所示。

（2）逆圆插补。逐点比较法逆圆插补的流程图如图 4-12 所示。图中的符号与图 4-10 中符号的意义完全相同。

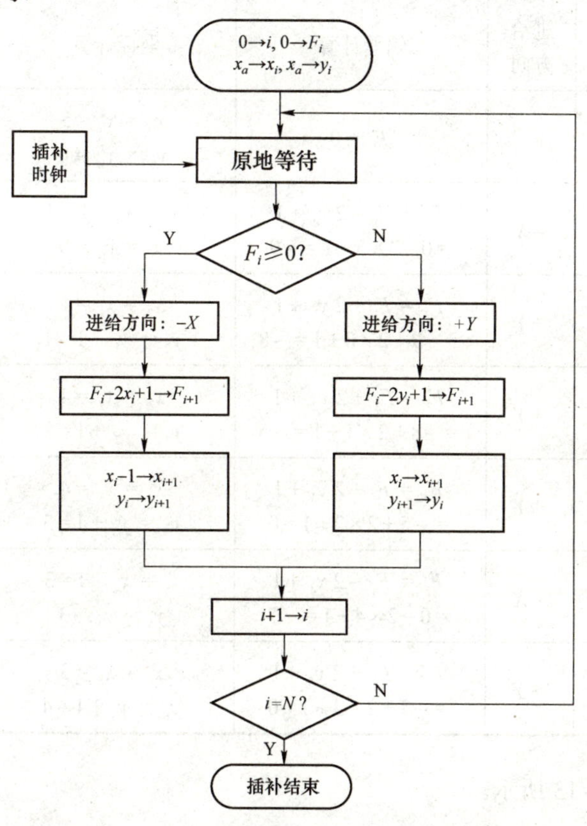

图 4-12　逆圆插补流程图

例 4-3 如图 4-13 所示的 $\overset{\frown}{AB}$ 要加工的圆弧。圆弧的起点为 A（5，0），终点为 B（3，4）。试对该段圆弧进行插补，并画出插补轨迹。

解：加工完这段圆弧，刀具沿 X 、Y 轴应走的总步数为

$$N=|x_b-x_a|+|y_b-y_a|=|3-5|+|4-0|=6$$

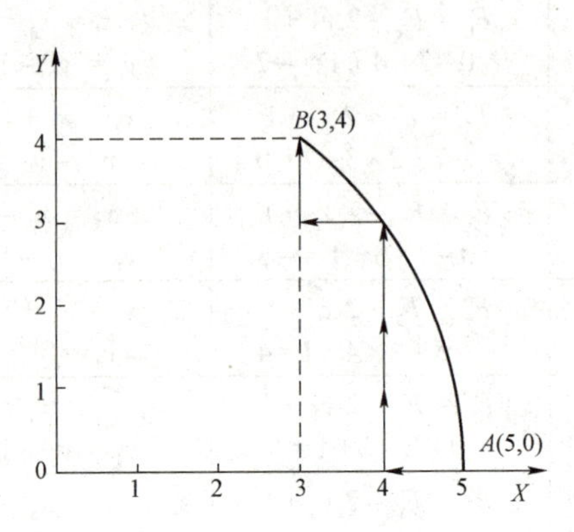

图 4-13　逆圆插补轨迹

AB 为逆圆插补，插补过程见表 4-8。

表 4-8　逐点比较法圆弧插补过程

插补循环	偏差情况	进给方向	偏差计算	坐标计算	终点判别
0	—	—	$F_0=0$	$x_0=x_a=5$ $y_0=y_a=0$	$i=0$
1	$F_0=0$	$-X$	$F_1=F_0-2x_0+1$ $=0-2\times5+1=-9$	$x_1=x_0-1=4$ $y_1=y_0=0$	$i=0+1<N$
2	$F_1=-9<0$	$+Y$	$F_2=F_1+2y_1+1$ $=-9+2\times0+1=-8$	$x_2=x_1=4$ $y_2=y_1+1=1$	$i=1+1<N$
3	$F_2=-8<0$	$+Y$	$F_3=F_2+2y_2+1$ $=-8+2\times1+1=-5$	$x_3=x_2=4$ $y_3=y_2+1=2$	$i=2+1<N$
4	$F_3=-5<0$	$+Y$	$F_4=F_3+2y_3+1$ $=-5+2\times2+1=0$	$x_4=x_3=4$ $y_4=y_3+1=3$	$i=3+1<N$
5	$F_4=0$	$-X$	$F_5=F_4-2x_4+1$ $=0-2\times4+1=-7$	$x_5=x_4-1=3$ $y_5=y_4=3$	$i=4+1<N$
6	$F_5=-7<0$	$+Y$	$F_6=F_5+2y_5+1$ $=-7+2\times3+1=0$	$x_6=x_5=3$ $y_6=y_5+1=4$	$i=5+1=N$ 到达终点

插补轨迹如图 4-13 所示。

5. 性能分析

（1）进给速度。如图 4-14 所示，P 是圆弧 AB 上的一点，l 是圆弧在 P 点处的切线，切线 l 与 X 轴的夹角为 α。在 P 点附近的很小范围内，切线 l 与圆弧非常接近。在这个范围内，对圆弧的插补和对切线的插补，刀具速度基本相等。因此，对圆弧进行插补时，刀具在 P 点的速度也可用式(4-9)计算，如图 4-6 所示。在图 4-14 中，α 是圆弧上 P 点的切线与 x 轴的夹角，也是连线 OP 与 Y 轴的夹角。

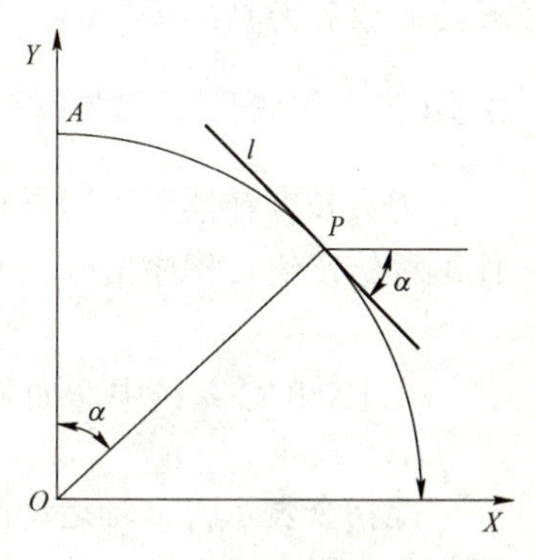

图 4-14　圆弧插补的速度分析

以上分析说明：圆弧插补中，在插补时钟保持不变的情况下，刀具的进给速度是变化的，在坐标轴附近（$\alpha \approx 0°$ 或 $\alpha \approx 90°$），刀具速度最大，约为 f。在第一象限的中部（$\alpha \approx 45°$），刀具的进给速度最小，约为 $0.7f$。刀具的进给速度的这种变化，可能对零件的加工质量产生不利的影响，加工时应注意到这个问题。

（2）加工的最大圆弧尺寸。由偏差函数的递推计算过程（表 4-5 和表 4-6）可知，偏差函数的最大值为

$$F_{max}=2x_i+1 \text{ 或 } F_{max}=2y_i+1$$

设 Z 等于圆弧起点 A（x_a，y_a）和终点 B（x_b，y_b）坐标中最大的一个值，即

$$Z=\max(x_a, y_a, x_b, y_b)$$

因为刀具坐标（x_i，y_i）总是在圆弧起点和终点坐标之间变化，所以偏差函数的最大值为

$$F_{max}=2Z+1$$

若偏差函数寄存器的长度有 n 位，把其中的最高位用于“±”号位，则偏差函数的最大允许值为

$$F_{max}=2Z+1\leqslant 2^{n-1}-1$$

由此得

$$Z=\max(x_a, y_a, x_b, y_b)\leqslant 2^{n-2}-1$$

即圆弧起点和终点坐标的最大值为 $2^{n-2}-1$。

由于圆弧的起点和终点坐标总小于或等于圆弧半径 R，因此，在实际工作中为了方便，可按下式确定圆弧半径，即

$$R\leqslant 2^{n-2}-1$$

4.3　刀具补偿原理与加减速控制

数控系统对刀具的控制是以刀架参考点为基准的，编程的轨迹为零件轮廓轨迹，如不做处理，则数控系统仅能控制刀架的参考点实现加工轨迹，但实际上是用刀具的“刀尖”来加工的，这样需要在刀架的参考点和加工刀具的“刀尖”之间进行位置偏置，这种位置偏置由两部分组成：刀具长度补偿和刀具半径补偿。不同类型的机床与刀具，需要考虑的刀具补偿

参数也不同。对于车刀，需要两个坐标刀具长度补偿和刀具半径补偿；对于铣刀，需要刀具长度补偿和刀具半径补偿；对于钻头，只有一个刀具长度补偿。

4.3.1 刀具长度补偿原理

刀具长度补偿用于刀具轴向的进给补偿，它可以使刀具在轴向的实际进刀量（实际位置）比编程给定值（程序指令值）增加或减少一个长度补偿值，即

实际位置=程序指令值±长度补偿值

在 FANUC 系统中，如果编程使用的指令为：

```
G43 G00 Z__ H__;
```

此指令表示将 Z 轴运动的终点向正向偏移一个刀具长度补偿值，也就是说 Z 轴到达的实际位置为程序指令值与长度补偿值相加的位置。刀具长度补偿值等于 H 指令补偿号存储的补偿值。

如果编程使用的指令为：

```
G44 G00 Z__ H__;
```

此指令表示将 Z 轴运动的终点向负向偏移一个刀具长度补偿值，也就是说 Z 轴到达的实际位置为程序指令值与长度补偿值相减的位置。

刀具磨损或损坏后更换新的刀具时也不需要更改加工程序，可以直接修改刀具补偿值。取消刀具长度补偿指令用 G49 表示，并使 Z 轴运动到不加补偿值的指令位置。

在 SIEMENS 系统中，只要调用刀具号（T__），刀具长度补偿立即生效。刀具长度补偿值等于刀具号（T__）参数中长度 l_1 的补偿值。

在加工中心上加工零件时，必须预先把每把刀具的长度补偿值存储在相应的长度补偿号中，加工时执行换刀指令后，根据 H 指令的补偿号，相应地增加或减少一个长度补偿值，加工出所要求的轨迹。

4.3.2 刀具半径补偿原理

1. 刀具半径补偿的作用

在轮廓加工过程中，由于刀具总有一定的半径，故刀具中心的运动轨迹并不等于所需加工零件的实际轮廓。在进行内轮廓加工时，刀具中心偏移零件的内轮廓表面一个刀具半径值；在进行外轮廓加工时，刀具中心又偏移零件的外轮廓表面一个刀具半径值，这种自动偏移计算称为刀具半径补偿。刀具半径补偿方法主要分为 B 功能刀具半径补偿和 C 功能刀具半径补偿。

现代 CNC 系统都具备完善的刀具半径补偿功能，刀具半径补偿通常不是程序编制人员完成的，编程人员只是按零件的加工轮廓编制程序，同时使用 G41/G42 指令，使刀具向左侧补偿或向右侧补偿，实际的刀具半径补偿是在 CNC 系统内部由计算机自动完成的。

准备功能 G 代码中的 G40、G41 和 G42 是刀具半径补偿功能指令。G40 用于取消刀具半径补偿，G41 和 G42 用于建立刀具半径补偿。沿着刀具前进方向看，G41 是刀具位于被加工工件轮廓左侧，称为刀具半径左补偿；G42 是刀具位于被加工工件轮廓右侧，称为刀具半径右补偿。图 4-15 所示为刀具半径左补偿 G41、右补偿 G42 方向的判别。

在实际零件轮廓加工过程中，刀具半径补偿的执行过程一般分为以下三步。

（1）建立刀具半径补偿。即刀具从起刀点接近工件，由 G41/G42 决定刀具半径补偿方向，刀具中心位于编程轮廓起始点，与轨迹切向垂直且偏离了一个刀具半径值的位置，如图 4–16 所示。

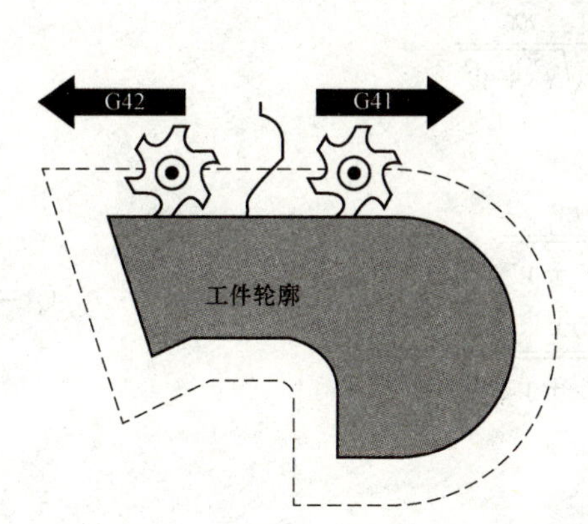

图 4–15　刀具半径左补偿 G41、右补偿 G42 方向的判别

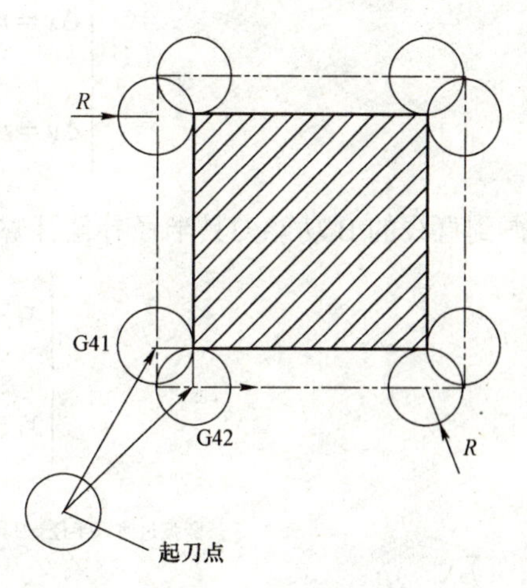

图 4–16　建立刀具半径补偿

（2）进行刀具半径补偿。一旦建立了刀具半径补偿则一直维持该状态，直至被撤销。在刀具半径补偿生效时，刀具中心轨迹始终偏离程序轨迹一个刀具半径值的距离。在转接处，采用圆弧或直线过渡。

（3）撤销刀具半径补偿。刀具撤离工件，刀具中心到达编程终点。刀具半径补偿撤销用 G40 指令，在该程序段中的编程坐标值为刀具中心坐标。

刀具半径补偿仅在指定的二维平面内进行。而平面的选择由 G17（*XY* 平面）、G18（*ZX* 平面）和 G19（*YZ* 平面）指令确定。刀具半径值存储在相应刀具的补偿号（D__）中。

2. B 功能刀具半径补偿

B 功能刀具半径补偿为基本的刀具半径补偿，它根据程序段中零件轮廓尺寸和刀具半径计算出刀具中心的运动轨迹。对于一般的 CNC 系统，所能实现的轮廓控制仅限于直线和圆弧。对直线而言，刀具半径补偿后的刀具中心轨迹是与原直线相平行的直线，因此，对直线的刀具半径补偿只需计算出刀具中心轨迹的起点和终点坐标值。对于圆弧而言，刀具半径补偿后的刀具中心轨迹是与原圆弧同心的一段圆弧，因此，对圆弧的刀具半径补偿只需要计算出刀具半径补偿后圆弧的起点和终点坐标值，以及刀具半径补偿后的圆弧半径值。

B 功能刀具半径补偿要求编程轮廓的过渡方式为圆弧过渡，即轮廓线之间以圆弧连接，并且连接处轮廓线必须相切，圆弧过渡必须用专用指令编程，如图 4–17 所示。切削内轮廓角时，刀具半径应不大于过渡圆弧的半径。

（1）直线的 B 功能刀具半径补偿。如图 4–18 所示，被加工直线段的起点为原点 O（0, 0），终点 A 的坐标为（x, y），假定上一程序段加工完后，刀具中心在点 O_1 且坐标值已知，刀具半径为 r，现计算刀具半径补偿后直线 O_1A_1 的终点坐标为（x_1, y_1）。设刀具半径补偿量 AA_1 的投影坐标为 Δx 和 Δy，则

$$\begin{cases} x_1 = x + \Delta x \\ y_1 = y - \Delta y \end{cases} \tag{4-21}$$

由于$\angle A_1AK = \alpha$，则

$$\begin{cases} \Delta x = r\sin\alpha = \dfrac{ry}{\sqrt{x^2+y^2}} \\ \Delta y = r\cos\alpha = \dfrac{rx}{\sqrt{x^2+y^2}} \end{cases}$$

得到直线的B功能刀具半径补偿计算公式为

$$\begin{cases} x_1 = x + \dfrac{ry}{\sqrt{x^2+y^2}} \\ y_1 = y - \dfrac{rx}{\sqrt{x^2+y^2}} \end{cases} \tag{4-22}$$

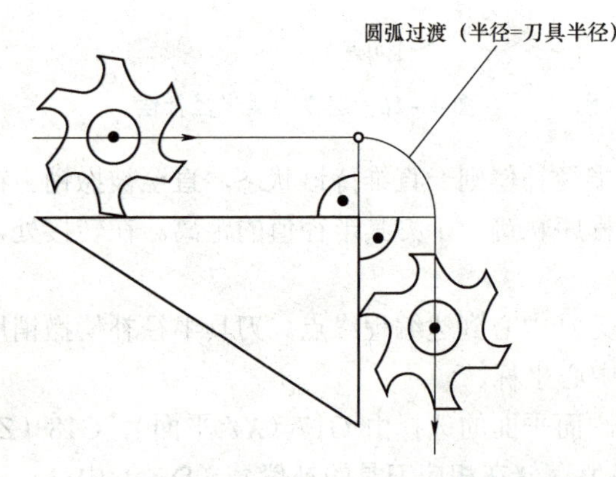

图 4-17　B功能刀具半径补偿的圆弧过渡

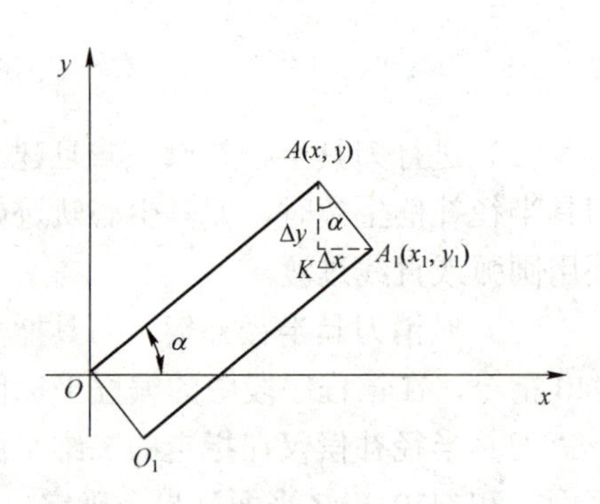

图 4-18　直线的B功能刀具半径补偿

（2）圆弧的B功能刀具半径补偿。如图4-19所示，设被加工圆弧的圆心坐标为（0，0），圆弧半径为R，圆弧起点为A（x_0，y_0），终点为B（x_e，y_e），刀具半径为r，A_1（x_{01}，y_{01}）为前一程序段刀具中心轨迹的终点，且坐标值已知。因为是圆角过渡，A_1点一定在半径OA的延长线上，与A点的距离为r，A_1点即为本程序段刀具中心轨迹的起点。现在要计算刀具中心轨迹的终点坐标B_1（x_{e1}，y_{e1}）和半径R_1。

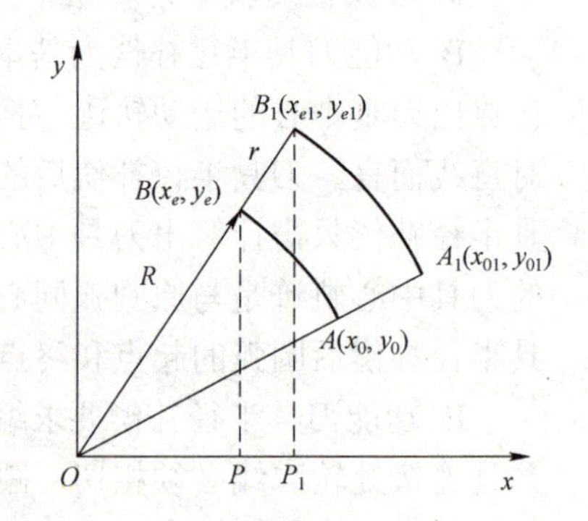

图 4-19　圆弧的B功能刀具半径补偿

因为B_1在半径OB的延长线上，△OBP与△OB_1P_1相似，则

$$\frac{x_{e1}}{x_e} = \frac{y_{e1}}{y_e} = \frac{R+r}{R}$$

得到圆弧的B功能刀具半径补偿计算公式为

$$x_{e1}=\frac{x_e(R+r)}{R}$$
$$y_{e1}=\frac{y_e(R+r)}{R} \quad (4-23)$$

$$R_1=R+r \quad (4-24)$$

3. C 功能刀具半径补偿

B 功能刀具半径补偿只能根据本程序段进行刀具半径补偿计算，不能解决程序段之间的过渡问题，编程人员必须将工件轮廓处理为圆弧过渡，显然很不方便。

C 功能刀具半径补偿则能自动处理两个相邻程序段之间连接（即尖角过渡）的各种情况，并直接求出刀具中心轨迹的转接交点，然后再对原来的刀具中心轨迹做伸长或缩短修正，编程人员可完全按工件实际轮廓编程。现代数控机床普遍采用 C 功能刀具半径补偿。

数控系统中 C 功能刀具半径补偿原理如图 4-20 所示。在数控系统内，设置有工作寄存器 AS 存放正在加工的程序段信息；刀具半径补偿（刀补）寄存器 CS 存放下一个加工程序段信息；缓冲寄存器 BS 存放着再下一个加工程序段的信息；输出寄存器 OS 存放运算结果，作为伺服系统的控制信号。因此，数控系统在工作时，总是同时存储有连续三个程序段的信息。

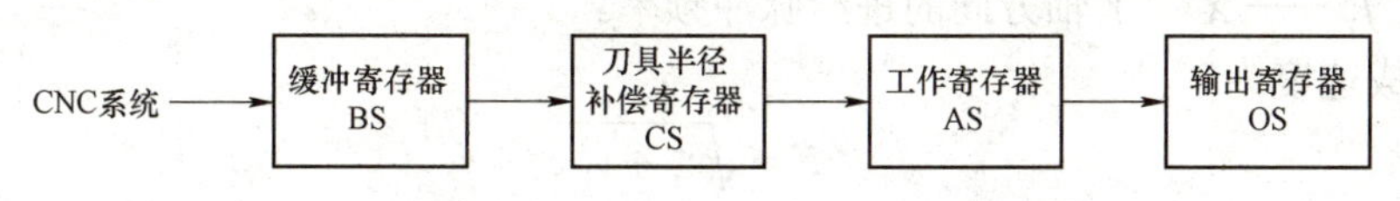

图 4-20 C 功能刀具半径补偿原理

当 CNC 系统启动后，第一段程序首先被读入 BS，在 BS 中算得的第一段编程轨迹被送到 CS 暂存，又将第二段程序读入 BS，算出第二段的编程轨迹。接着，对第一、二段编程轨迹的连接方式进行判别，根据判别结果再对 CS 中的第一段编程轨迹做相应的修正，修正结束后，顺序地将修正后的第一段编程轨迹由 CS 送到 AS，第二段编程轨迹由 BS 送入 CS。随后，由 CPU 将 AS 中的内容送到 OS 进行插补运算，运算结果送往伺服机构以完成驱动动作。当修正了的第一段编程轨迹开始被执行后，利用插补间隙，CPU 又命令第三段程序读入 BS，随后又根据 BS、CS 中的第三、第二段编程轨迹的连接方式，对 CS 中的第二段编程轨迹进行修正。如此往复，可见 C 功能刀具半径补偿工作状态下，CNC 系统内总是同时存有三个程序段的信息，以保证刀补的实现。

在具体实现时，为了便于交点的计算，需对各种编程情况进行综合分析，从中找出规律。可以将 C 功能刀具半径补偿方法中所有的输入轨迹当作矢量进行分析。显然，直线段本身就是一个矢量，而将圆弧的起点、终点、半径及起点到终点的弦长都作为矢量。刀具半径也作为矢量，在加工过程中，它始终垂直于编程轨迹，大小等于刀具半径，方向指向刀具圆心。在直线加工时，刀具半径矢量始终垂直于刀具的移动方向；在圆弧加工时，刀具半径矢量始终垂直于编程圆弧瞬时切点的切线，方向始终在改变。

4.3.3 进给速度计算

1. 开环系统的进给速度计算

在开环系统中，坐标轴运动速度是通过控制输出给步进电动机脉冲的频率来实现的。每输出一个脉冲，步进电动机就转过一定角度，驱动坐标轴就进给一个脉冲相应的距离即脉冲当量（δ，mm/脉冲）。插补程序根据零件轮廓尺寸和进给速度 F 的编程值向各个坐标轴分配脉冲序列，其中脉冲数提供了位置指令值，而脉冲的频率则确定了坐标轴的进给速度。因此，速度计算根据编程指令中的 F 来确定这个频率值。

若进给速度 F（单位为 mm/min）与脉冲频率 f（单位为 Hz）有如下关系，即

$$F = \delta f \times 60$$

得到

$$f = \frac{F}{60\delta} = FK$$

式中

$$K = \frac{1}{60\delta}$$

两轴联动时各坐标轴进给速度为

$$\begin{cases} v_X = 60\delta \cdot f_X \\ v_Y = 60\delta \cdot f_Y \end{cases} \tag{4-25}$$

式中 f_X，f_Y——X、Y 轴方向的进给脉冲频率。

进给合成速度为

$$F = \sqrt{v_X^2 + v_Y^2} \tag{4-26}$$

要想进给速度稳定，则要选择合适的插补算法，以及采取稳速措施。

2. 闭环和半闭环系统的进给速度计算

在闭环和半闭环系统中采用数据采样插补方法（也就是时间分割法）时，根据编程给出的合成速度 F，将轮廓曲线分割为插补周期，即迭代周期的进给量——轮廓子步长的方法。进给速度计算的任务是：当直线时，计算出各坐标轴的插补周期的步长；当圆弧时，计算步长分配系数（角步距）。

1）直线插补的进给速度计算

直线插补的进给速度计算是为插补程序提供各坐标轴在同一插补周期中的运动步长。一个插补周期的步长为

$$\Delta L = \frac{FT}{60} \tag{4-27}$$

式中 F——编程给出的合成速度，单位为 mm/min；

T——插补周期，单位为 ms；

ΔL——每个插补周期子线段的长度，单位为μm。

图 4-21 所示为直线插补的进给速度计算图。

若 X、Y 轴在一个插补周期中的步长分别为 Δx、Δy，则

$$\begin{cases} \Delta x = \Delta L \cos\alpha = \dfrac{FT\cos\alpha}{60} \\ \Delta y = \Delta L \sin\alpha = \dfrac{FT\sin\alpha}{60} \end{cases} \tag{4-28}$$

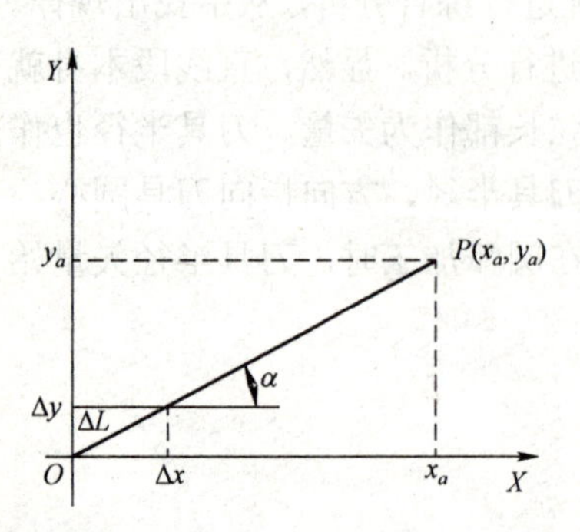

图 4-21 直线插补的进给速度计算

式中，α——直线与 X 轴的夹角。

2）圆弧插补的进给速度计算

圆弧插补时，由于采用的插补方法不同，把速度计算方法的步骤安排在速度计算中还是插补计算中也不相同，故在圆弧插补时，速度计算任务是计算步长分配系数。

图 4-22 所示为圆弧插补进给速度的计算图。坐标轴在一个插补周期内的步长为

$$\begin{cases} \Delta x_i = \Delta L \cos\alpha_i = \dfrac{FT}{60} \cdot \dfrac{j_{i-1}}{R} = \lambda j_{i-1} \\ \Delta y_i = \Delta L \sin\alpha_i = \dfrac{FT}{60} \cdot \dfrac{i_{i-1}}{R} = \lambda i_{i-1} \end{cases} \tag{4-29}$$

式中　R——圆弧半径，单位为 mm；

i_{i-1}，j_{i-1}——圆心 C 相对于第 $i-1$ 点的坐标值，单位为 mm；

α_i——第 i 点与第 $i-1$ 点连线与 X 轴的夹角（确切地说是圆弧上某点切线方向，即进给速度方向与 x 轴的夹角），单位为（°）；

λ——步长分配系数，$\lambda = \dfrac{FT}{60R}$。

数据处理阶段的任务就是计算步长分配系数 λ，它与圆弧上一点的 i、j 值的乘积可以确定下一插补周期的进给步长。

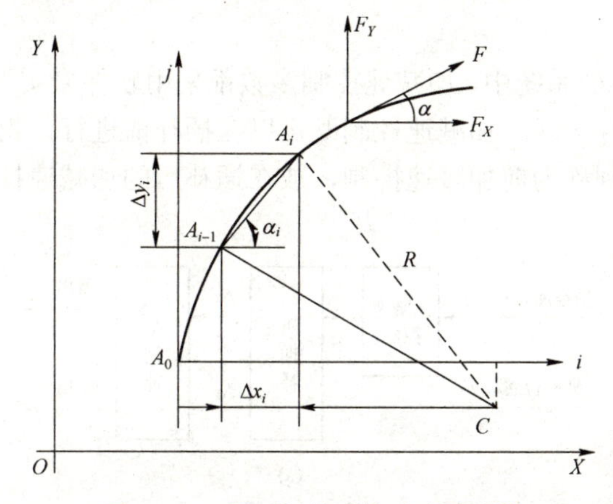

图 4-22　圆弧插补进给速度的计算

4.3.4　进给速度控制

在 CNC 系统中，进给速度控制就是用软件或软件与接口来实现上述进给速度计算式。用软件实现的方法是采用程序计时法，而用软件与接口相配合实现的方法是时钟中断法和 $\dfrac{v}{\Delta L}$ 积分器法（此法适于采用 DDA 或扩展 DDA 插补中的稳速控制）。

1. 程序计时法

程序计时法也称软件延时法，用它来对进给速度进行控制，需计算出每次插补运算所占用的时间，同时由给定指令中的 F 计算出相应的进给脉冲间隔时间，然后由进给脉冲间隔时间减去插补运算时间，得到每次插补运算后的等待时间，这可由软件实现计时等待。为使进

给速度可调，延时子程序按基本计时单位设计，并在调用此子程序前，先计算等待时间对基本时间单位的倍数，这样可用不同的循环次数实现不同速度的控制。

一般来说，软件延时会降低 CPU 的利用率。但对于开环控制的单微处理器 CNC 系统而言，一次插补结束，必须在向伺服系统送出脉冲后才能进行下一次插补计算。而延时就是安排在一次插补计算及相关处理完成后至向伺服系统送出脉冲这段时间，因此对 CPU 的利用率不会产生影响。

2. 时钟中断法

时钟中断法的一种方法是采用一变频振荡器，根据编程速度经译码控制变频振荡器发出一定频率 f 的脉冲，作为中断请求信号，在中断服务程序中完成插补和输出。CPU 每接收一次中断信号，就进行一次插补运算并送出一个进给脉冲，这类似硬件插补那样，每次中断要经过常规的中断处理后，再调用一次插补子程序转入插补运算。

可以用可编程定时器、计数器代替变频振荡器。通过编程进给速度改变可编程定时器、计数器的定时时间，即可产生不同频率的脉冲。以此脉冲作为中断请求信号，产生定时中断，在中断服务程序中完成插补和进给脉冲的输出，以达到对进给速度的控制。

由于采用软件延时的方法进行速度控制并不影响 CPU 的利用率，而且具有比较大的灵活性，因此常常为人们所使用。

4.3.5 加减速度控制

在闭环和半闭环 CNC 系统中，加减速控制多数都采用软件来实现，这样给系统带来了较大的灵活性。这种用软件实现的加减速控制既可以在插补前进行，也可以放在插补后进行。放在插补前的加减速控制称为前加减速控制，放在插补后的加减速控制称为后加减速控制，如图 4－23 所示。

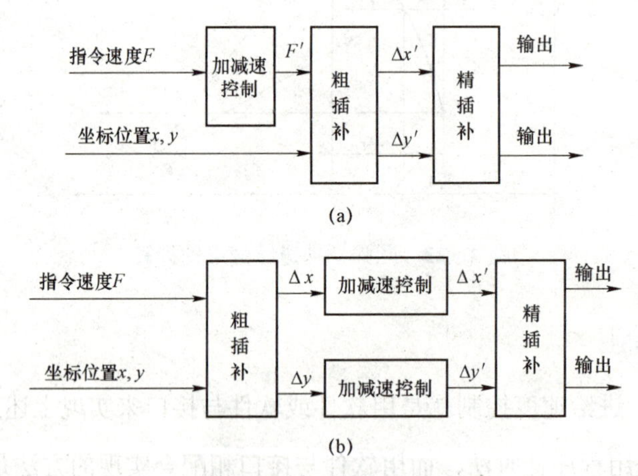

图 4－23 加减速控制

（a）前加减速控制；（b）后加减速控制

前加减速控制的优点是仅对合成速度——编程指令速度 F 进行控制，所以它不会影响实际插补输出的位置精度。前加减速控制的缺点是需要预测减速点，而这个减速点要根据实际刀具位置与程序段终点之间的距离来确定。这种预测工作需要完成的计算量较大。

后加减速控制与前加减速相反，它是对各运动分别进行加减速控制，这种加减速控制不

需要专门预测减速点，而是在插补输出为零时开始减速，并通过一定的时间延迟，逐渐靠近程序段终点。后加减速的缺点是，由于它对各运动坐标轴分别进行控制，所以在加减速控制以后，实际的各坐标轴的合成位置就可能不准确。但是这种影响仅在加速或减速过程中才会有，当系统进入匀速状态时，这种影响不存在。

1. 前加减速控制

1）稳定速度和瞬时速度

所谓稳定速度是指系统处于稳定进给状态时，在一个插补周期内每插补一次的进给量，实际上就是指令速度 F（单位为 mm/min）需要转换成每个插补周期 T（单位为 ms）的进给量。另外，为了调速方便，设置了快速进给倍率开关、切削进给倍率开关，这样在计算稳定速度时，还需要将这些因素考虑在内。

稳定速度的计算公式为

$$F_s = \frac{TKF}{60 \times 1\,000} \tag{4-30}$$

式中　F_s——稳定速度，单位为 mm/min；

T——插补周期，单位为 ms；

F——指令速度，单位为 mm/min；

K——速度系数，包括快速进给倍率、切削进给倍率等。

除此之外，稳定速度计算完后，进行速度限制检查。如果稳定速度超过由参数设定的最大速度，则取限制的最大速度为稳定速度。

所谓瞬时速度，就是系统在每个插补周期的实际进给量。当系统处于稳定进给状态时，瞬时速度 F_i 等于稳定速度 F_s，当系统处于加速状态时，$F_i < F_s$；而当系统处于减速状态时，$F_i > F_s$。

2）线性加减速控制

当机床启动、停止或在切削加工过程中改变进给速度时，系统自动进行线性加减速控制。加减速速率分为快速进给和切削进给两种，它们必须作为机床参数预先设置好。设进给速度为 F（单位为 mm/min），加速到 F 所需的时间为 t（单位为 ms），则加减速度 a 为

$$a = \frac{1}{60} \cdot \frac{F}{t} = 1.67 \times 10^{-2} \frac{F}{t} \tag{4-31}$$

（1）加速处理。系统每插补一次都要进行稳定速度、瞬时速度和加减速处理。若给定稳定速度要作改变，当计算出的稳定速度 F_s' 大于原来的稳定速度 F_s 时，则要加速；或者，给定的稳定速度 F_s 不变，而计算出的瞬时速度 $F_i < F_s$，则也要加速。每加速一次，瞬时速度为

$$F_{i+1} = F_i + at \tag{4-32}$$

新的瞬时速度 F_{i+1} 参加插补计算，对各坐标轴进行进给增量的分配。这样，一直加速到新的或给定的稳定速度为止。其加速处理程序流程图如图 4-24 所示。

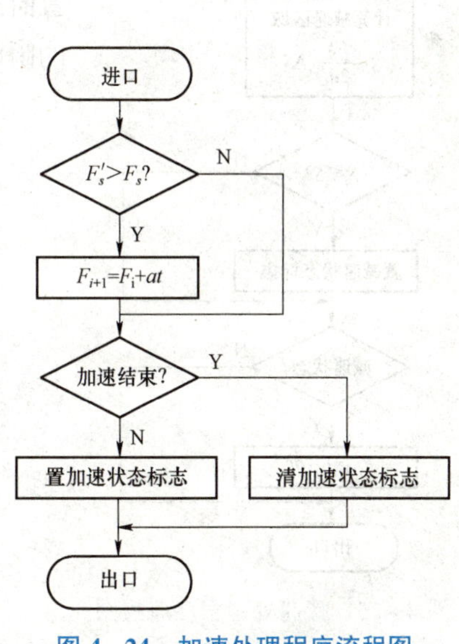

图 4-24　加速处理程序流程图

（2）减速处理。系统每进行一次插补运算后，都要进行终点判断，也就是要计算出离终点的瞬时距离 S_i，并按本程序段的减速标志，判别是否已到达减速区，若已到

达，则要进行减速。如果稳定速度 F_s 和设定的加减速度 a 已确定，可用下式计算出减速区域 S。

因为

$$S=\frac{1}{2}at^2,\quad t=\frac{F_s}{a}$$

所以

$$S=\frac{F_s^2}{2a}$$

若本程序段要减速，即 $S_i\leqslant S$，则设置减速状态标志，并进行减速处理。每减速一次，瞬时速度为

$$F_{i+1}=F_i-at$$

新的瞬时速度 F_{i+1} 参加插补运算，对各坐标轴进行进给增量的分配，一直减速到新的稳定速度或减到零。如要提前一段距离开始减速，则可按需要，把提前量 ΔS 作为参数预先设置好，这样，减速区域 S 的计算式为

$$S=\frac{F_s^2}{2a}+\Delta S \tag{4-33}$$

其减速处理程序流程图如图 4-25 所示。

（3）终点判别处理。在前加减速处理中，每次插补运算后，系统都要按求出的各轴插补进给量来计算刀具中心离开本程序段终点的距离 S_i，并以此进行终点判别和检查本程序段是否已到达减速区并开始减速。

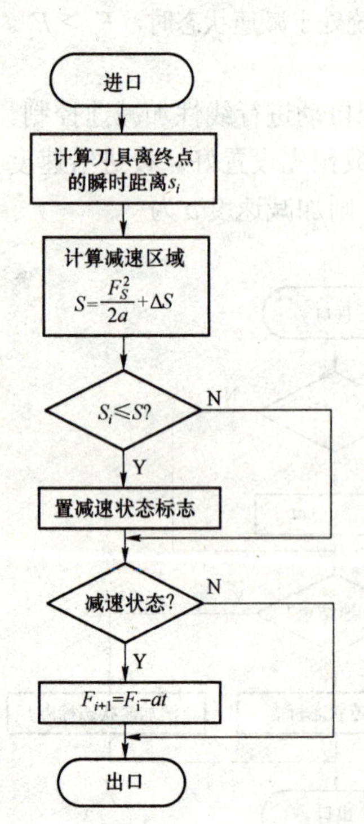

图 4-25　减速处理程序流程图

① 直线插补时 S_i 的计算。如图 4-26 所示，直线的起点在原点 O，终点坐标为 $P(x_a,y_a)$，其加工瞬时点 $A(x_i,y_i)$，插补计算时求得 X、Y 轴的插补进给增量 Δx、Δy 后，即可得到 A 点的瞬时坐标值为

$$\begin{cases}x_i=x_{i-1}+\Delta x\\ y_i=y_{i-1}+\Delta y\end{cases} \tag{4-34}$$

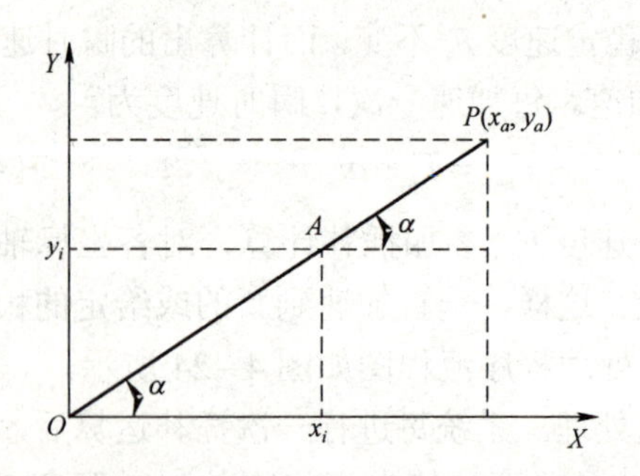

图 4-26　直线插补终点判别

设 x 轴为长轴，该轴与直线的夹角为 α，则瞬时加工点 A 离终点 $P(x_a, y_a)$ 的距离 S_i 为

$$S_i = \frac{|x_a - x_i|}{\cos\alpha} \tag{4-35}$$

② 圆弧插补时 S_i 的计算。应按圆弧所对应的圆心角小于及大于 π 两种情况分别进行处理，如图 4-27 所示。

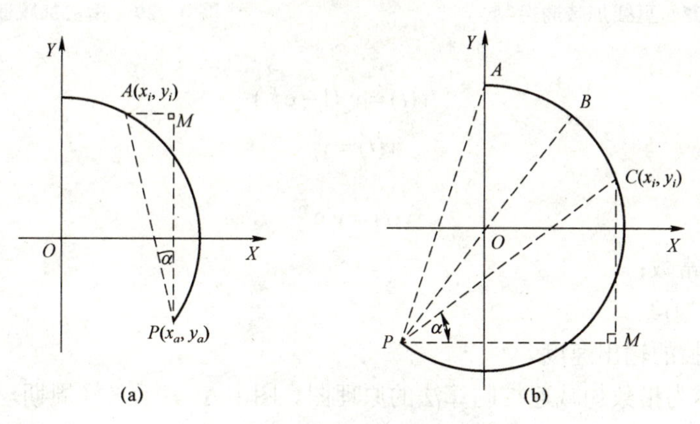

图 4-27　圆弧插补终点判别

（a）圆心角小于 π；（b）圆心角大于 π

如图 4-27（a）所示，圆心角小于 π 时 P 为圆弧终点，A 为顺圆插补过程中的某一瞬时点，则 A 点离终点的距离为

$$S_i = \frac{|MP|}{\cos\alpha} = \frac{|y_a - y_i|}{\cos\alpha} \tag{4-36}$$

如图 4-27（b）所示，圆心角大于 π 时圆弧 AP 的起点为 A，终点为 P，B 点为临界点，从 B 点到圆弧终点的圆弧段对应的圆心角等于 π。C 点为顺圆插补过程中的某一瞬时点。显然，瞬时点离圆弧终点的距离 S_i 的变化规律是：当瞬时加工点由 A 到 B 点时，S_i 越来越大，直到它等于直径；当瞬时加工点越过临界点 B 后，S_i 越来越小。在这种情况下的终点判别，首先应判别的 S_i 变化趋势，即若 S_i 变大，则不进行终点判别处理，直到越过临界点；若 S_i 变小再进行终点判别处理。

2. 后加减速控制

放在插补后各坐标轴的加减速控制称后加减速控制。后加减速控制的规律实际上与前加减速控制一样，通常有直线加减速控制和指数加减速控制。

1）直线加减速控制

直线加减速控制使机床起动时，速度按一定斜率的直线上升，而要停止时，速度沿一定斜率的直线下降，如图 4-28 所示。这与前加减速控制的线性加减速控制规律完全相同。

2）指数加减速控制

进行指数加减速控制的目的是将启动或停止时的速度突变，变成随时间按指数规律上升或下降，如图 4-29 所示。指数加减速度与时间的关系可用下式表示：

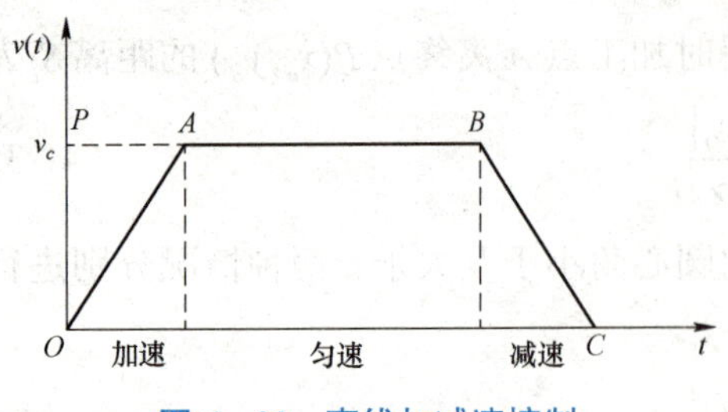

图 4-28　直线加减速控制

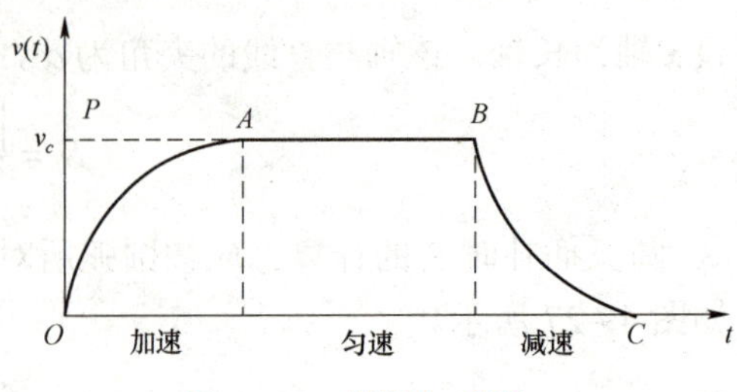

图 4-29　指数加减速

加速时　　$v(t)=v_c(1-\mathrm{e}^{\frac{-t}{T}})$

匀速时　　$v(t)=v_c$

减速时　　$v(t)=v_c\mathrm{e}^{\frac{-t}{T}}$

式中　T——时间常数；

v_c——稳定速度；

$v(t)$——被控的输出速度。

图 4-30 所示为指数加减速控制算法的原理图。图中 Δt 表示采样周期，其作用是每个采样周期进行一次加减速运算，对输出速度进行控制。误差寄存器 E 将每个采样周期的输入速度 v_c 与输出速度 v 之差（v_c-v）进行累加，累加结果一方面保存在误差寄存器中，另一方面与 $1/T$ 相乘，乘积作为当前采样周期加减速控制的输出 v。同时 v 又反馈到输入端，准备下一个采样周期，重复以上过程。

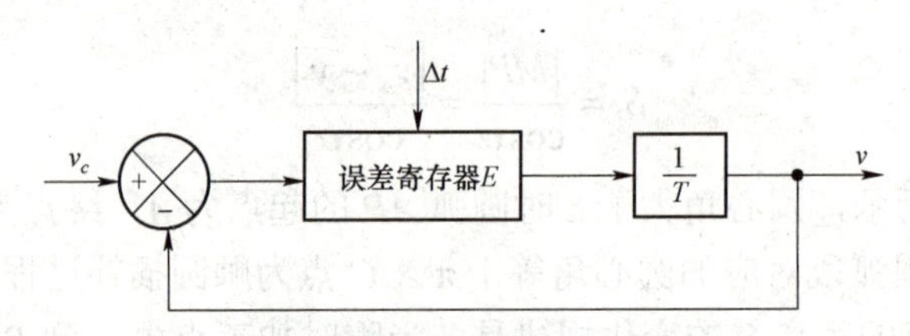

图 4-30　指数加减速控制的原理图

上述过程可以用迭代公式来描述，即

$$e_i=\sum_{k=0}^{i-1}(v_c-v_k)\Delta t \tag{4-37}$$

$$v_i=e_i\cdot\frac{1}{T} \tag{4-38}$$

式中　e_i，v_i——第 i 个采样周期误差寄存器 E 中的值和输出速度值，且其迭代初值 v_0、e_0 为零。

经过数学推导和处理，实用的数字增量式指数加减速迭代公式为

$$e_i=\sum_{k=0}^{i-1}(\Delta S_c-\Delta S_i)=E_{i-1}+(\Delta S_c-\Delta S_{i-1}) \tag{4-39}$$

$$\Delta S_i=e_i\frac{1}{T} \tag{4-40}$$

式中　ΔS_c——每个采样周期加减速的输入位置增量值，即每个插补周期粗插补运算输出的坐标位置数字增量值；

ΔS_i——第 i 个插补周期加减速输出的位置增量值。

由前述的前加减速控制和后加减速控制的原理可知，前加减速控制的优点是不会影响实际插补输出的位置精度，但需要进行预测减速点的计算，花费 CPU 的时间；后加减速控制的优点则是无须预测减速点，简化了计算，但在加减速过程中会产生实际的位置误差。

4.4　思考与练习

1. 什么叫逐点比较插补法？
2. 刀具的进给速度与脉冲频率有何关系？
3. 直线的起点在原点，终点坐标为 A（5，3）。试用逐点比较法对该直线段进行插补，并画出插补轨迹。
4. 顺时针加工圆弧，圆弧的起点为 A（4，3），终点为 B（5，0）。试对该段圆弧进行插补，并画出插补轨迹。
5. 刀具半径补偿的执行过程分为哪三步？
6. 采用脉冲增量插补算法的 CNC 系统是如何进行进给速度和加减速控制的？
7. 何谓前加减速控制和后加减速控制？各有什么优缺点？

第 5 章

数控机床的计算机数控系统

学习目标

1. 了解典型数控系统的简介。
2. 熟悉经济型数控系统、标准型数控系统和开放式数控系统。
3. 掌握数控系统的通信接口组成、功能。

5.1 典型数控系统介绍

数控系统是数控机床的控制核心。数控系统是数字控制系统（Numerical Control System）的简称，早期是由硬件电路构成的称为硬件数控（Hard NC），19 世纪 70 年代以后，硬件电路元件逐步由专用的计算机代替称为计算机数控系统。

计算机数控（Computerized Numerical Control，CNC）系统是用计算机控制加工功能，实现数值控制的系统。它是根据计算机存储器中存储的控制程序，执行部分或全部数值控制功能，并配有接口电路和伺服驱动装置的专用计算机系统。

数控系统从 1952 年的开始，经历了电子管、晶体管、小规模集成电路、计算机数字控制、软件和微处理器时代的发展过程。目前世界上数控系统种类繁多，形式各异，组成结构也各有特点。但是无论哪种系统，它们的基本原理和构成是相似的。

典型的数控系统有：国外以日本的发那科（FANUC）、德国的西门子（SINUMERIK）为主，国内以华中（HNC）为代表。

5.1.1 发那科（FANUC）系统

FANUC 公司创建于 1956 年，1959 年在市面上率先推出了电液步进电动机，在后来的若干年中逐步发展并完善了以硬件为主的开环数控系统。进入 20 世纪 70 年代，微电子技术、功率电子技术，尤其是计算技术得到了飞速发展，FANUC 公司一方面毅然舍弃了使其发家的电液步进电动机数控产品，另一方面从 GETTES 公司引进直流伺服电动机制造技术。1976 年 FANUC 公司研制成功数控系统 5，随后又与 SIEMENS 公司联合研制了具有先进水平的数控系统 7，从这时起，FANUC 公司逐步发展成为世界上最大的专业数控系统生产厂家，产品日新月异，年年翻新。进入 20 世纪 90 年代后，其生产的大量数控机床以极高的性价比进入中国市场。此外，FANUC 还和 GE 公司建立了合资子公司 GE-FANUC 公司，主要生产工业机器人。

1979 年研制出的数控系统 6，它是具备一般功能和部分高级功能的中档 CNC 系统，其中 6M 适合于铣床和加工中心，6T 适合于车床。与过去机型比较，该数控系统使用了大容量磁泡存储器，专用于大规模集成电路，元件总数减少了 30%。它还备有用户自己制作的特有变量型子程序的用户宏程序。

1980 年 FANUC 公司在数控系统 6 的基础上同时向低档和高档两个方向发展，研制了数控系统 3 和数控系统 9。数控系统 3 是在数控系统 6 的基础上简化而成的，体积小，成本低，容易组成机电一体化系统，适用于小型、廉价的机床。数控系统 9 是在数控系统 6 的基础上强化而成的，具有高级性能的可变软件型 CNC 系统，通过变换软件可适应任何不同用途，尤其适合于加工复杂而昂贵的航空部件、要求高度可靠的多轴联动重型数控机床。

1984 年 FANUC 公司又推出新型系列产品数控系统 10、11 和 12。该系列产品在硬件方面做了较大改进，凡是能够集成的都做成大规模集成电路，其中包含了 8 000 个门电路的专用大规模集成电路芯片有 3 种，其引出脚竟多达 179 个，另外，专用大规模集成电路芯片有 4 种，厚膜电路芯片 22 种；还有 32 位的高速处理器、4 Mb 的磁泡存储器等，元件数比前期同类产品又减少 30%。由于该系列采用了光导纤维技术，使过去在数控装置与机床以及控制面板之间的几百根电缆大幅度减少，提高了抗干扰性和可靠性。该系统在分布式数控（Distributed Numerical Control，DNC）方面能够实现主计算机与机床、工作台、机械手、搬运车等之间各类数据的双向传送。它的 PLC 装置使用了独特的无触点、无极性输出和大电流、高电压输出电路，能促使强电柜的半导体化。此外 PLC 的编程不仅可以使用梯形图语言，还可以使用 PASCAL 语言，便于用户自己开发软件。数控系统 10、11、12 还充实了专用宏功能、自动计划功能、自动刀具补偿功能、刀具寿命管理和彩色图形显示 CRT 等。

1985 年 FANUC 公司又推出了数控系统 0，它的目标是体积小、价格低，适用于机电一体化的小型机床，因此它与适用于中、大型的系统 10、11、12 一起组成了这一时期的全新系列产品。在硬件组成方面以最少的元件数量发挥最高的效能为宗旨，采用了最新型高速高集成度处理器，共有专用大规模集成电路芯片 6 种，其中 4 种为低功耗 CMOS 专用大规模集成电路；专用的厚膜电路 3 种。三轴控制系统的主控制电路包括输入、输出接口、PMC（Programmable Machine Control）和 CRT 电路等都在一块大型印制电路板上，与操作面板 CRT 组成一体。数控系统 0 的主要特点有：彩色图形显示、会话菜单式编程、专用宏功能、多种语言（汉语、德语、法语）显示、目录返回功能等。FANUC 公司推出数控系统 0 以来，得到了各国用户的高度评价，成为世界范围内用户最多的数控系统之一。

1987 年 FANUC 公司又成功研制出数控系统 15，其被称为划时代的人工智能型数控系统，它应用了 MMC（Man Machine Control）、CNC、PMC 的新概念。数控系统 15 采用了高速度、高精度、高效率加工的数字伺服单元，数字主轴单元和纯电子式绝对位置检出器，还增加了 MAP（Manufacturing Automatic Protocol）、窗口功能等。FANUC 公司是生产数控系统和工业机器人的著名厂家，该公司自 20 世纪 60 年代生产数控系统以来，已经开发出 40 多种系列产品。

1. FANUC 主要产品的介绍

FANUC 现有产品分为两类，具体情况如下。

CNC 产品系列主要有：16i/18i/21i 系列；FANUC PowerMate i。

伺服产品系列有：FANUC 交流伺服电动机 βi 系列；FANUC 直线电动机 LiS 系列；

FANUC 直线电动机 LiS 系列；FANUC 同步内装伺服电动机 DiS 系列；FANUC 内装主轴电动机 Bi 系列；FANUC-NSK 主轴单元系列。

2. 系统分类

FANUC 数控系统主要分类如下。

FANUC 系统早期有 3 系列系统及 6 系列系统，现有 0 系列、10/11/12 系列、15、16、18、21 系列等，而应用最广的是 FANUC 0 系列系统。

FANUC 系统的 0 系列型号划分及适用范围：

0D 系列：0—TD 用于车床；0—MD 用于铣床及小型加工中心；0—GCD 用于圆柱磨床；0—GSD 用于平面磨床；0—PD 用于冲床。

0C 系列：0—TC 用于普通车床、自动车床；0—MC 用于铣床、钻床、加工中心；0—GCC 用于内、外磨床；0—GSC 用于平面磨床；0—TTC 用于双刀架、4 轴车床；POWER MATE 0：用于 2 轴小型车床。

0i 系列：0i—MA 用于加工中心、铣床；0i—TA 用于车床，可控制 4 轴；16i 用于最大 8 轴，6 轴联动；18i 用于最大 6 轴，4 轴联动；160/18MC 用于加工中心、铣床、平面磨床；160/18TC 用于车床、磨床；160/18DMC 用于加工中心、铣床、平面磨床的开放式 CNC 系统；160/180TC 用于车床、圆柱磨床的开放式 CNC 系统。

FANUC 系统在设计中大量采用模块化结构。这种结构易于拆装，各个控制板高度集成，使可靠性有很大提高，而且便于维修、更换。FANUC 系统设计了比较健全的自我保护电路，且其性能稳定，操作界面友好，系统各系列总体结构非常类似，具有基本统一的操作界面，可以在较为宽泛的环境中使用，对于电压、温度等外界条件的要求不是特别高，因此适应性很强。

5.1.2 西门子（SINUMERIK）数控系统

SIEMENS 公司的数控装置采用模块化结构设计，经济性好，在一种标准硬件上配置多种软件，使它具有多种工艺类型，满足各种机床的需要，并成为系列产品。随着微电子技术的发展，SIEMENS 公司越来越多地采用大规模集成电路（LSI），表面安装器件（SMC）及应用先进加工工艺，所以新的系统结构更为紧凑，性能更强，价格更低；采用 SIMATICS 系列可编程控制器或集成式可编程控制器，用 SYEP 编程语言，具有丰富的人机对话功能，具有多种语言的显示。

SIEMENS 公司的数控系统不仅提供先进的技术，其灵活的二次开发能力使之非常适合于教学应用。学习者通过在一般教学环境下的培训就能掌握到包括用在高端系统上的数控技术与过程。SIEMENS 公司还为数控领域的职业教育设计了专门的以教学仿真软件（SINUTRAIN）为核心的数控教育培训体系，通过由浅入深的操作编程培训及真实的模拟环境提高学习者的全面技术水平和能力。

SIEMENS 公司的系统是一个集成所有数控系统元件（数字控制器，可编程控制器，人机操作界面）于一体的操作面板安装形式的控制系统。所配套的驱动系统接口采用 SIEMENS 公司全新设计的可分布式安装，以简化系统结构的驱动技术，这种新的驱动技术所提供的接口可以连接多达 6 轴数字驱动。外部设备通过现场控制总线 PROFIBUS、MPI 连接。这种新的驱动接口连接技术只需要最少数量的几根连线就可以进行非常简单而容易的安装。其中，SINUMERIK 系统为标准的数控车床和数控铣床提供了完备的功能，其配套的模块化结构的驱动系统为各种应用提供了极大的灵活性。性能方面，经过改进的工程设计软件可以帮助用户完成从项目开始阶段的设计选型。接口实现的最新数字式驱动技术提供了统一的数字式接口标准，各种驱动功能按照模块化设计，可以根据性能要求和智能化要求灵活安排，各种模块不需要电池及风扇，因而无须任何维护。使用的标准闪存卡（CF）可以方便地备份全部调试数据文件和子程序，通过闪存卡（CF）可以对加工程序进行快速处理，通过连接端子使用两个电子手轮。

1. 数控系统产品种类

SIEMENS 公司的数控系统是 SIEMENS 集团旗下自动化与驱动集团的产品，SIEMENS 公司的数控系统 SINUMERIK 发展了很多代，主要有 SINUMERIK 3/8/810/820/850/880/805/802/840 系列。目前在广泛使用的主要有 802、810、840 等几种类型。

用一个简要的图表对 SIEMENS 公司各系统的性价比较作描述，如图 5－1 所示。

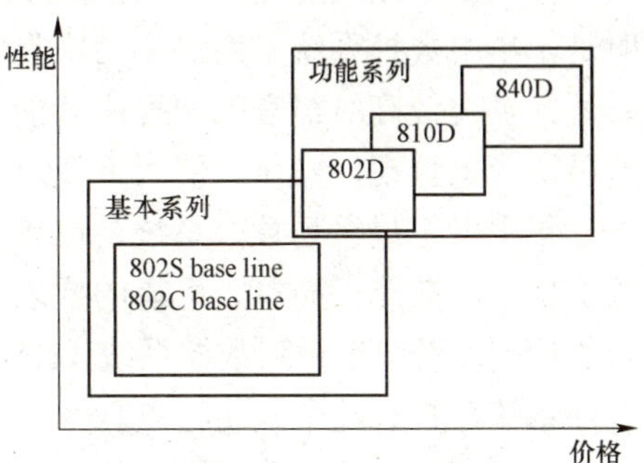

图 5－1　SIEMENS 公司各系统的性价比较

1）SINUMERIK 802D

具有免维护性能的 SINUMERIK 802D，其核心部件 PCU（面板控制单元）将 CNC、PLC、人机界面和通信等功能集成于一体，可靠性高，易于安装。

SINUMERIK 802D 可控制 4 个进给轴和一个数字或模拟主轴。通过生产现场总线 PROFIBUS 将驱动器、输入输出模块连接起来。

模块化的驱动装置 SIMODRIVE 611Ue 配套 1FK6 系列伺服电动机，为机床提供了全数字化的动力。

通过视窗化的调试工具软件，可以便捷地设置驱动参数，并对驱动器的控制参数进行动态优化。

SINUMERIK 802D 集成了内置 PLC 系统，对机床进行逻辑控制，采用标准的 PLC 编程语言 Micro/WIN 进行控制逻辑设计，并且随机提供标准的 PLC 子程序库和实例程序，简化了制造厂设计过程，缩短了设计周期。

2）SINUMERIK 810D

在数字化控制的领域中，SINUMERIK 810D 第一次将 CNC 和驱动控制集成在一块面板上。快速的循环处理能力，使其在模块加工中发挥很大优势。

SINUMERIK 810D NC 软件拥有选件的一系列突出优势。例如，提前预测功能，可以在集成控制系统上实现快速控制；还有坐标变换功能，固定点停止可以用来卡紧工件或定义简单参考点，模拟量控制控制模拟信号输出。

在 SINUMERIK 810D 中样条插补功能（A，B，C 样条）用来产生平滑过渡，压缩功能用来压缩 NC 记录，多项式插补功能可以提高 810D/810DE 运行速度。温度补偿功能保证数控系统在这种高技术、高速度运行状态下保持正常温度。此外，系统还提供钻、铣、车等加工循环。

3）SINUMERIK 840D

SINUMERIK 840D 系统用于各种复杂加工，它在复杂的系统平台上，通过系统设定而适于各种控制技术。840D 与 SINUMERIK_611 数字驱动系统、SIMATIC7 可编程控制器一起构成全数字控制系统，它适于各种复杂加工任务的控制，具有优于其他系统的动态品质和控制精度的特点。

5.1.3 华中（HNC）数控系统

华中数控系统采用了以工业 PC 机为硬件平台，DOS、Windows 及其丰富的支持软件为软件平台的技术路线，使主控制系统具有质量好、性能价格比高、新产品开发周期短、系统维护方便、系统更新换代和升级快、系统配套能力强、系统开放性好、便于用户二次开发和集成等许多优点。华中数控系统在其操作界面、操作习惯和编程语言上按国际通用的数控系统设计。国外系统所运行的 G 代码数控程序，基本不需要修改，可在华中数控系统上使用。但是，华中数控系统采用汉字用户界面，提供完善的在线帮助功能，便于用户学习和使用。系统提供类似高级语言的宏程序功能，具有三维仿真校验和加工过程图形动态跟踪功能，图形显示形象直观，操作、使用方便。

华中世纪星系列数控系统是在华中 I 型、华中 2000 系列数控系统的基础上，满足用户对低价格、高性能、简单、可靠的要求而开发的数控系统，适用于各种车、铣、加工中心等机床的控制。世纪星系列数控系统（HNC－21T、HNC－21M/22M）相对于国内外其他同等档次数控系统，具有几个鲜明特点。

（1）高可靠性。选用嵌入式工业 PC，全密封防静电面板结构，超强的抗干扰能力。

（2）高性能。最多控制轴数为 4 个进给轴和 1 个主轴，支持 4 轴联动；拥有全汉字操作界面、故障诊断与报警、多种形式的图形加工轨迹显示和仿真等功能，操作简便，易于掌握和使用。

（3）低价位。与其他国内外同等档次的普及型数控系统产品相比，世纪星系列数控系统性价比较高。如果配套选用华中数控的全数字交流伺服驱动和交流永磁同步电动机、伺服主轴系统等，数控系统的整体价格只有国外同档次产品的 1/2～1/3。

（4）配置灵活。可自由选配各种类型的脉冲接口、模拟接口、交流伺服驱动单元或步进电动机驱动单元；除标准机床控制面板外，配置 40 路光电隔离开关量输入和 32 路功率放大开关量输出接口、手持单元接口、主轴控制接口与编码器接口，还可扩展远程 128 路输入/128 路输出端子板。

（5）真正的闭环控制。世纪星系列数控系统配置交流伺服驱动器和伺服电动机时，伺服驱动器和伺服电动机的位置信号是实时反馈到数控单元，由数控单元对它们的实际运行全过程进行精确的闭环控制。

华中世纪星系列数控系统目前已广泛用于车、铣、磨、锻、齿轮、仿形、激光加工、纺织、医疗等设备，适用的领域有数控机床配套、传统产业改造和数控技术教学等。

华中世纪星系列数控装置采用先进的开放式体系结构，内置嵌入式工业 PC 机，配置彩色液晶显示屏和通用工程面板，拥有全汉字操作界面、故障诊断与报警、多种形式的图形加工轨迹显示和仿真等功能，操作简便，易于掌握和使用；集成进给轴接口、主轴接口、手持单元接口、内嵌式 PLC 接口于一体；可自由选配各种类型的脉冲接口、模拟接口的交流伺服单元或步进电动机驱动器；内部已提供标准车床控制的 PLC 程序，用户也可自行编制 PLC 程序；采用国际标准 G 代码编程，与各种流行的 CAD/CAM 自动编程系统兼容，具有直线、

圆弧、螺纹切削、刀具补偿、宏程序等功能；支持硬盘、电子盘等程序存储方式以及软驱、DNC、以太网等程序交换功能；具有低价格、高性能、配置灵活、结构紧凑、易于使用、可靠性高的特点。

5.1.4　三菱（MITSUBISHI）数控系统

MITSUBISHI 数控系统针对大型加工中心、复合加工中心、龙门式机床等产品。对应 SINUMERIK 810 系统、FANUC 16i 系统，MITSUBISHI 推荐 CNC 型号为 M70A。M70A 为 M64S 换代升级的最新产品型号，M64S 为近几年 MITSUBISHI 主流产品，广泛应用于磨床、铣床、加工中心等。M70A 的全面上市，完成了对 M64 产品的切换。M700、M730 与 840D、32i 功能类似，可用于龙门五面体加工中心、龙门式落地镗铣加工中心等。针对数控车床、数控磨床、加工中心对应 FANUC 0i–mate–MD、0i–MD、SINUMERIK 802C，MITSUBISHI 推荐 CNC 型号为 E60/M70B 系列，该系列产品在实现数控化的同时兼顾经济性，M70B 为 E68 升级后的最新产品型号，在硬件规格及功能方面相比 E68 有了很大的改进。

1. 数控系统产品种类

MITSUBISHI 系统拥有的产品种类为：M60S 系列、E60 系列、C6 系列、C64 系列、M70 系列、M700 系列、C70 系列。

2. E60、E68、M64 系统简介

1）E60、E68 系统简介

（1）E60、E68 系统内含 64 位 CPU 的高性能数控系统，采用控制器与显示器一体化设计，实现了超小型化；

（2）伺服系统采用薄型伺服电动机和高分辨率编码器，增量/绝对式对应；

（3）含有 4 种文字操作界面：简体/繁体中文、日文/英文；

（4）由参数选择车床或铣床的控制软件，简化维修与库存；

（5）全部软件功能为标准配置，无可选项，功能与 M50 系列相当；

（6）具备 1 点模拟输出接口，用以控制变频器主轴；

（7）可使用 MITSUBISHI 电动机 MELSEC 开发软件 GX–Developer，简化 PLC 梯形图的开发，可采用新型 2 轴一体的伺服驱动器 MDS–R 系列，减少安装空间；

（8）开发伺服自动调整软件，节省调试时间及技术支援之人力。

2）M64 系统简介

（1）所有 M60S 系列控制器都标准配备了 RISC 64 位 CPU，具备目前世界上最高水准的硬件性能（与 M64 相比，整体性能提高了 1.5 倍）；

（2）高速高精度机能对应，尤为适合模具加工；

（3）内含对应全世界主要通用的 12 种多国语言操作界面（包括繁体/简体中文）；

（4）可对应内含以太网络和 IC 卡界面；

（5）坐标显示值转换可自由切换（程序值显示或手动插入量显示切换）；

（6）内含波形显示功能及工件位置坐标及中心点测量功能；

（7）缓冲区修正机能扩展：可对应 IC 卡/计算机链接 B/DNC/记忆/MDI 等模式；

（8）编辑画面中的编辑模式，可自行切换成整页编辑或整句编辑；

（9）图形显示机能改进：可含有道具路径资料，以充分显示工件坐标及道具补偿的实际

位置；

（10）拥有简易式对话程序软件（使用 APLC 所开发之 Magicpro－NAVI MILL 对话程序）；

（11）可对应 Windows95/98/2000/NT4.0/Me 的 PLC 开发软件；

（12）内含特殊 G 代码和固定循环程序，如 G12/13、G34/35/36、G37.1 等。

5.1.5 广数（GSK）数控系统

1. 产品介绍

广数数控系统 GSK980TDa 是在 GSK980TD 基础上改进设计的新产品，在保持外形尺寸、接口不变的同时，显示器升级为彩色宽屏 LCD，并增加了 PLC 轴控制、*Y* 轴控制、抛物线/椭圆插补、语句式宏指令、自动倒角、刀具寿命管理和刀具磨损补偿等功能；新增 G31/G36/G37 代码，可实现跳转和自动刀具补偿；增加了系统时钟，可显示报警日志；在支持中文、英文显示的基础上增加了西班牙文显示。作为 GSK980TD 的升级换代产品，GSK980TDa 是普及型数控车床的最佳选择。

2. 产品特点

GSK980TDa 的产品特点为：

（1）*X*、*Y*、*Z* 三轴控制，*X*、*Z* 两轴联动，0.001 mm 插补精度，最高速度为 30 000 mm/min，支持直线、圆弧、椭圆、抛物线插补；

（2）最小指令单位为 0.001 mm，指令电子齿轮比为（1～32 767）/（1～32 767）；

（3）具有螺距误差补偿、反向间隙补偿、刀具长度补偿、刀具磨损补偿、刀尖半径补偿功能；

（4）内置式 PLC，梯形图在 PC 机上编辑后下载至 CNC，支持 PLC 警告功能；

（5）采用 S 型、指数型加减速控制，适应高速、高精度加工；

（6）具有攻丝功能，可车削公英制单头/多头直螺纹、锥螺纹、端面螺纹、变螺距螺纹，螺纹退尾长度、角度和速度特性可设定，高速退尾处理；

（7）支持公制/英制编程，具有自动对刀、自动倒角、刀具寿命管理功能；

（8）支持语句式宏指令编程，支持带参数的宏程序调用；

（9）支持中文、英文、西班牙文显示，由参数选择；

（10）零件程序全屏幕编辑，可存储 6 144 KB、384 个零件程序；

（11）提供系统时钟，日期、时间掉电保持；

（12）提供多级操作权限管理功能；

（13）支持 CNC 与 CNC、PC 双向通信，CNC 软件、PLC 程序可通信升级；

（14）安装尺寸、电气接口、指令与 GSK980TD 完全兼容。

5.2 常见数控系统的组成

5.2.1 经济型数控系统的组成

经济型数控系统从控制方法来看，一般是指开环数控系统。其具有结构简单、造价低、维修调试方便、运行维护费用低等优点，但受步进电动机矩频特性及精度、进给速度、力矩

三者之间相互制约，性能的提高受到限制。所以，经济型数控系统常用于数控电火花线切割机床及一些速度和精度要求不高的经济型数控车床、铣床等。同时，在普通机床的数控化改造中也得到了较广泛的应用。

1. 数控系统结构及功能

经济型数控系统根据其应用场合不同，功能有所区别，但就总体结构而言大致相同。图 5－2 所示为经济型数控系统的一般结构，主要由以下几个部分结构。

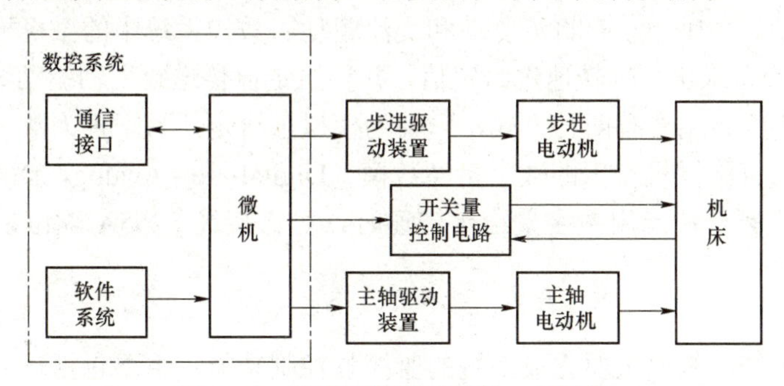

图 5－2　经济型数控系统的一般结构

（1）微机。微机主要包括中央处理器（Central Processing Unit，CPU）、可擦除可编程只读存储器（Erasable Programmable Read－Only Memory，EPROM）、随机存储器（Random Access Memory，RAM）和输入/输出接口（Input/Output Interface，I/O）等。

（2）驱动。驱动由步进驱动装置与步进电动机构成。在经济型数控系统中步进电动机一般为功率式步进电动机。

（3）开关量控制电路。开关量控制电路负责机床侧输入/输出开关及机床操作面板与微机的连接，涉及 M、S、T 指令的执行。

（4）主轴控制。主轴控制由主轴电动机及主轴驱动装置组成。

（5）通信接口。通信接口一般指 RS－232C 接口，完成数控系统与微机的通信。

（6）软件系统。软件系统由系统软件与应用软件构成。

2. 微机系统

微机是 CNC 系统的核心部件，可采用单微机系统或多微机系统，其主要职责是完成 CNC 的控制与计算，在硬件方面主要包含以下几方面内容。

（1）微机机型的选择。经济型数控系统常采用单片机为主控微机，如 Intel 公司的 8031、8098 等。就当前情况来看，经济型数控系统选择 8098 较为经济合理，因其运算速度是 8031 的 5～6 倍；但 8031 位处理功能很强，很适合于开关量控制。

（2）存储器的扩充。存储器可分为数据存储器与程序存储器，一般程序存储器主要存放系统的监控程序与控制程序，用户无须修改，常采用 EPROM 的存储器，如 2764 或 27256 芯片。数据存储器用来存放用户程序、中间参数、运算结构等，常采用 6264 或 62256 芯片。

（3）I/O 接口电路。常用并行接口芯片 8255A 来扩展系统 I/O 接口的点数，用 8279 来控制键盘/显示，至于定时器、计数器与中断系统，一般 I/O 接口电路由单片机本身的资源提供。

（4）辅助电路。辅助电路主要包括驱动电路、译码电路、复位电路等。驱动电路主要采用单向驱动芯片 244 与双向驱动芯片 245；译码电路主要包括三一八译码器 138；复位电路主要有上电复位电路与按钮复位电路，或二者的组合复位电路。

3. 外围电路

外围电路主要包括输入/输出通道、步进电动机的驱动与主轴驱动等。

（1）输入/输出通道。输入/输出通道要充分考虑电平匹配、缓冲/锁存、信号隔离等因素，以防止信号的丢失及干扰的引入。一般对信号的隔离常采用光电隔离，该隔离方式设计简单，成本较低，而且信号隔离也较为可靠。

（2）步进电动机的驱动。步进电动机的驱动主要有高低压驱动、恒流斩波驱动等。

（3）主轴驱动。主轴驱动有直流驱动和交流驱动。数控系统中的微机根据数控程序中的S（主轴转速）指令，求出主轴转速进给定值，并将给定值传送给主轴驱动装置。当采用交流交频方式时，频率给定主要有两种方式，一种为模拟量给定，另一种为数字量给定。当用模拟量给定转速时，可将微机输出的数字量经数模（Digital－to－Analog，D/A）转换、隔离及放大滤波后送到变频器；当用数字量给定转速时，可直接经 8255A 输出，经隔离后送至变频器。

4. 软件结构

经济型数控系统的软件主要完成系统的监控与控制功能，主要包括输入数据处理程序、插补运算程序、速度控制程序及系统管理诊断程序。

（1）输入数据处理程序。输入数据处理程序的处理内容如下。

① 输入。输入主要是指由用户从操作面板上输入控制参数、补偿数据及加工程序，一般均采用键盘直接输入，故软件的作用主要是字符的读取与存取。

② 译码。在输入的加工程序中，含有零件的轮廓信息、要求的加工速度及一些辅助信息（如主轴正、反转、停、换刀，切削液开、关等），这些信息在微机进行插补运算与控制操作之前必须翻译成机器所能识别的代码，即译码，在软件设计时常采用编译方式来完成译码。

③ 数据处理。数据处理主要包括刀具补偿、速度计算及辅助功能的处理等。刀具补偿可以采用 B 刀补（刀具半径补偿）或 C 刀补，从工艺角度来看 C 刀补较好。C 刀补由于计算机复杂，运算时间较长，因此将刀补计算一次完成，得出刀具中心轨迹，运行时就可以不再进行刀具补偿运算了。对于要求不高的场合，可舍去刀补计算。速度计算主要是决定该加工数据段应采用什么样的速度来加工。

（2）插补运算程序。插补运算程序是实时性很强的程序，而且算法较多，应根据系统的需要选择合适的算法，力争最优化地实现各坐标轴脉冲的分配。经济型数控系统通常采用基准脉冲插补的方式。

（3）速度控制程序。速度控制是和插补运算紧密相关的，在输入指令中所给的速度一般指各坐标轴的合成速度，速度处理首先要将合成速度分解成各运动坐标方向的分速度，然后再利用软件延时或定时器实现速度的控制。速度控制程序决定着插补运算的时间间隔，插补运算的输出结构控制着各坐标轴的进给。

（4）系统管理诊断程序。系统管理诊断程序分为管理程序和诊断程序，具体说明如下。

① 管理程序。管理程序实质是系统监控程序，它主要负责键盘/显示的监控、中断信号的处理及各功能模块的协调。如能实现程序并行处理，则可在插补运算与速度控制的空闲时刻完成数据的输入处理，从而大大提高程序的实时性。

② 诊断程序。诊断程序主要包括系统的自诊断（如开机运行前，检查系统上各种部件的

功能正常与否）和运行诊断，并能在故障发生后给出相应的报警信息，以帮助维修人员较快地找出故障原因，以利于故障诊断和维修。

5.2.2　标准型数控系统

标准型数控系统又称为全功能数控系统，这是相对于经济型数控系统而言的。标准型数控系统功能较为齐全，其控制精度与速度都比较高，所以基本上均是闭环系统。

随着计算机技术的不断发展，现在 CNC 的结构一般均采用柔性程度较高的总线模块化开放系统结构，其特点是将微处理器、存储器、输入/输出控制分别做成插件板，每一块插件板均有一个特定的功能，所以又称为功能模块。各功能模块间有明确的接口定义，以便相互交换信息。

1. 标准型数控系统的基本组成

标准型数控系统一般是由程序的输入/输出设备、通信设备、微机系统、可编程控制主轴驱动、进给驱动及位置检测等组成，如图 5-3 所示。

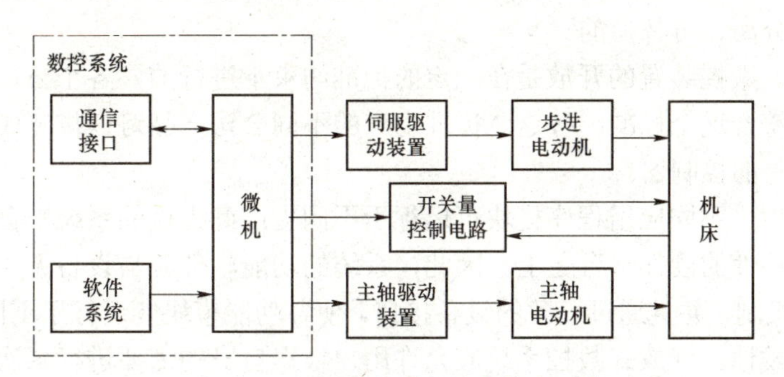

图 5-3　标准型数控系统的基本组成

2. 标准型数控系统的模块功能

（1）微机控制系统：微机控制系统是 CNC 的核心，数控系统的主要信息均由它进行实时控制。随着计算机技术的不断发展，微机控制系统的 CPU 芯片也逐步由 8086 发展到 80586、PII等，而且由单微处理器系统向多微处理器系统方向发展。

（2）可编程控制器（PLC）：可编程控制器主要是用来实现辅助功能，如 M、S、T 等，其控制方式主要是开关量控制。按数控系统中 PLC 的配置方式，PLC 可分为内装型 PLC 和外装型 PLC，现代 CNC 系统一般均采用内装型 PLC。

（3）主轴控制模块：主要任务就是控制主轴转速和主轴定位。现代数控机床主轴电动机大多采用交流电动机，相应的驱动装置为变频器。CNC 只需要输出相应的控制信号到变频器，就能实现主轴转速、定位的控制。

（4）进给伺服控制模块：数控机床对进给轴的控制要求很高，进给伺服控制模块直接关系到机床的位置控制精度。进给伺服控制模块一般由速度控制与位置控制两个控制环节组成，CNC 根据位置控制单元的信息，处理并输出控制信号，通过速度控制单元完成速度控制。

（5）检测模块：检测模块完成主轴和进给轴的位置检测。检测装置主要有光电编码器及光栅尺等，其作用就是配合主轴控制模块、进给轴控制模块完成位置的控制。

（6）输入、输出及通信模块：完成程序的输入与输出，传递人机界面所需的各种信息。

5.2.3 开放式数控系统

研究开放式数控系统的目的是建立一个统一的可重构系统平台，增强数控系统的柔性，并能给用户提供一种统一风格的交互方式。通俗地讲，开放的目的就是使 NC 控制器与当今的 PC 机类似，其系统构筑于一个开放的平台之上，具有模块化组织结构，允许用户根据需要进行选配和集成，更改或扩展系统的功能，以迅速适应不同的应用需要，而且组成系统的各功能模块可以来源于不同的部件供应商并互相兼容。

什么是开放式数控系统？目前尚未形成统一的定义，美国电气电子工程师协会给出的开放式数控系统的定义是：能够在多种平台上运行，可以和其他系统相互操作，并能给用户提供一种统一风格的交互方式。

1. 开放式数控系统的基本特点

（1）模块化。模块化是数控系统开放的基础，包括数控功能模块化和系统体系结构模块化。前者是指用户可以根据自己的要求选装所需的数控功能；后者是指数控系统内实现各个功能的算法是可分离、可替换的。

（2）标准化。数控装置的开放是在一定的标准约束下进行的，各个公司开发的各种部件和功能模块必须符合这个标准。按这个标准生产的不同公司产品可以拼装成一台集多家公司智慧的、功能完整的控制器。

（3）可移植性。不同应用程序模块可运行于不同生产商提供的系统平台，同时系统软件也可运行于不同特性的硬件平台之上。因此，系统的功能软件应与设备无关，即应用统一的数据格式、控制机制，并且通过一致的设备接口，使各功能模块能运行于不同的硬件平台上。

（4）二次开发性。开放式数控系统应允许用户根据自身的需要进行二次开发。比较简单的二次开发包括用户界面的重新设计、参数设置等。深层的二次开发允许用户将自己设计的标准功能模块集成到开放式数控系统中。所以系统应当提供接口标准，包括访问和修改系统参数的方法以及开放式系统提供的 API（应用程序接口）和其他工具。

（5）网络化。现代意义上的网络化数控系统以通信和资源共享为手段，以车间乃至企业内制造设备的有机集成为目标，支持 ISO－OSI 网络互联规范，能支持 Internet/Intranet 标准，具有很强的开放性，它的联网功能通过标准网络设备来实现，而不需要其他的接口部件或者上位机。

2. 开放式数控系统的体系结构

开放体系结构是从软件到硬件、从人机操作界面到底层控制内核的全方位开放。基于 PC 的开放式数控系统能充分地利用计算机的软硬件资源，可使用通用的高级语言方便地编制程序，用户可将标准化的外设、应用软件进行灵活地组合和使用。使用计算机同时也便于实现网络化。基于 PC 的开放式数控系统大致可分为以下三种类型。

（1）PC 嵌入 NC 型。这是目前采用较多的一种结构形式，这种结构形式采用“PC＋运动控制器”形式建造数控系统的硬件平台，其中以工控机（Industrial Personal Computer，IPC）为主控计算机，组件采用商用标准化模块，总线采用 PC 总线形式，同时以多轴运动控制器作为系统从机，进而构成主从分布式的结构体系。运动控制器通常以 PC 硬件插件的形式构成系统，完成机床运动控制、逻辑控制等功能。PC 作为系统的主处理器，主要完成系统管理、运动学计算等任务。

（2）NC 嵌入 PC 型。该类型系统就是将运动控制板或整个 CNC 单元（包括集成的 PLC）插入到个人计算机的扩展槽中。PC 将实现用户接口、文件管理以及通信功能等，NC 卡将负责机床的运动控制和开关量控制。PC 机做非实时处理，实时控制由 CNC 单元或运动控制板来承担，这种方法能够方便地实现人机界面的开放化和个性化。

（3）全软件型 NC。该类型系统是指 CNC 的全部功能均由 PC 实现，并通过装在 PC 机上扩展槽的伺服接口卡对伺服驱动等进行控制。其软件的通用性好，编程处理灵活。这种 CNC 装置的主体是 PC 机，充分利用 PC 机不断提高的计算速度、不断扩大的存储量和性能不断优化的操作系统，实现机床控制中的运动轨迹控制和开关量的逻辑控制。

5.3　数控系统中的通信接口

数控装置的接口是数控装置与数控系统的功能部件（主轴模块、进给伺服模块、PLC 模块等）和机床进行信息传递、交换和控制的窗口，称为接口。接口在数控系统中占有重要的位置。不同功能模块与数控系统相连接，采用与其相应的输入/输出（I/O）接口。

数控装置与数控系统各个功能模块和机床之间的来往信息和控制信息，不能直接连接，而要通过 I/O 接口电路连接起来，该接口电路的主要任务如下。

① 进行电平转换和功率放大。因为一般数控装置的信号是 TTL 逻辑电路产生的电平，而控制机床的信号则不一定是 TTL 电平，且负载较大，因此，要进行必要的信号电平转换和功率放大。

② 提高数控装置的抗干扰功能，防止外界的电磁干扰噪声而引起误动作。接口采用光电耦合器件或继电器，避免信号的直接连接。

③ 输入接口接收机床控制面板的各开关信号、按钮信号、机床上的各种限位开关信号及数控系统各个功能模块的运行状态信号，若输入的是触点输入信号，要消除其振动。

④ 输出接口是各种机床工作状态灯的信息送至机床操作面板上显示，将控制机床辅助动作信号送至可控电柜，从而控制机床主轴单元、刀库单元、液压单元、冷却单元等的继电器和接触器。

5.3.1　典型数控系统 CNC 简介

世界主要 CNC 系统包括 FANUC、SIEMENS、A－B、FAGOR、HEIDENHAIN（海德汉）、三菱、NUM 等。

西门子各数控系统的简单介绍如下。

（1）SINUMERIK 802S base line 集成了所有的 CNC、PLC、HMI，I/O 于一身。

（2）SINUMERIK 802C base line 集成了所有的 CNC、PLC、HMI，I/O 于一身。

（3）具有免维护性能的 SINUMERIK802D，其核心部件 PCU（面板控制单元）将 CNC、PLC、人机界面和通信等功能集成于一体，可靠性高，易于安装。

（4）高度集成的 SINUMERIK 810D（专利产品）。在数字化控制的领域中，SINUMERIK 810D 第一次将 CNC 和驱动控制集成在一块板子上，可以控制 5 或 6 个轴，适用于车、铣、磨削机床。

由上述介绍可知数控机床的数字控制系统由 CNC、PLC、（I/O、HMI）及驱动系统组成。

CNC 和 PLC 可以综合设计成为内装型 PLC（Built－in Type）或集成式、内含式，内装型 PLC 是 CNC 装置的一部分，一般不能独立工作，与 CNC 中 CPU 的信息交换是在 CNC 内部进行的，可与 CNC 装置共用一个 CPU，如 SINUMERIK 802S/810D/802C 等数控系统；也可以是单独 CPU，如 FANUC 的 0 系统和 15 系统、美国 A－B 公司的 8400 系统和 8600 系统等。CNC 装置和 PLC 功能在设计时就统一考虑，因而这种类型的 PLC 在硬件和软件的整体结构上合理、实用，可靠性高，性价比高，适用于类型变化不大的数控机床。对于开放式数控系统，某些板卡支持 PLC 软件编程，如 PMAC。另外一类是专业化生产厂家生产的 PLC 产品来实现顺序控制，称为独立型（Stand－alone Type）PLC，或称为“通用型 PLC”。其具有完备的软硬件功能，能独立完成规定的控制任务，通过输入/输出接口与 CNC 装置连接。独立型 PLC 有西门子 SIMATIC S5、S7 及 FANUC 公司的 PMC－J 系列产品等。SINUMERIK 802S 和 840Di 外观分别如图 5－4 和图 5－5 所示。

图 5－4　SINUMERIK 802S 外观图

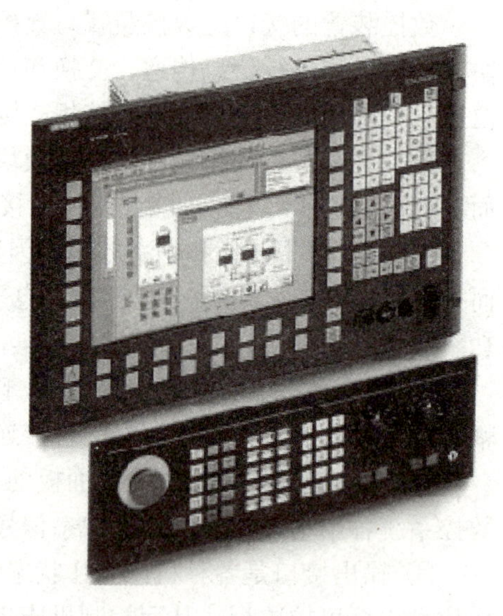

图 5－5　SINUMERIK 840Di 外观图

5.3.2　CNC 装置的组成

1. CNC 装置基本硬件构成

CNC 装置由 CPU、BUS、存储器、HMI、I/O 接口组成。

1）中央处理单元（CPU）

CPU 是 CNC 系统的核心与“头脑”，主要具备的功能有：

（1）可进行算术、逻辑运算；

（2）可保存少量数据；

（3）能对指令进行译码并执行规定动作；

（4）能和存储器、外设交换数据；

（5）提供整个系统所需的定时和控制；

（6）可响应其他部件发来的脉冲请求。

CPU 包括的部件有算术和逻辑部件、累加器和通用寄存器组、程序计数器、指令寄存器、译码器、时序和控制部件。

CNC 装置中常用的 CPU 数据宽度为 8 位、16 位、32 位和 64 位。CPU 满足软件执行的实时性要求，主要体现在 CPU 的字长、运算速度、寻址能力和中断服务等方面。

2）总线（BUS）

总线是传送数据或交换信息的公共通道。CPU 板与其他模板如存储器板、I/O 接口板等之间的连接采用标准总线，标准总线按用途分为内部总线和外部总线。数控系统中常用的内部标准总线有 S－100、MULTI BUS、STD 及 VME 等，外部总线有串行（如 EIARS－232C）和并行（如 IEEE－488）总线两种。

按信息线的性质总线分以下三种：

数据总线 DB（Data Bus）：CPU 与外界传送数据的通道；

地址总线 AB（Address Bus）：确定传输数据的存放地址；

控制总线 CB（Control Bus）：管理、控制信号的传送。

STD 总线，STD 总线在 1978 年最早是由 Pro－Log 公司作为工业标准发明的，由 STDGM 制定为 STD－80 规范，随后被批准为国际标准 IEE961。STD－80/MPX 作为 STD－80 追加标准，支持多主（MultiMaster）系统。STD 总线工控机是工业型计算机，STD 总线的 16 位总线性能满足嵌入式和实时性应用要求，特别是它的小板尺寸、垂直放置无源背板的直插式结构、丰富的工业 I/O OEM 模板、低成本、低功耗、扩展的温度范围、良好的可维护性设计，使其在空间和功耗受到严格限制的、可靠性要求较高的工业自动化领域得到了广泛应用。STD 总线产品其实就是一种板卡（包括 CPU 卡）和无源母板结构。

Profibus－DP 总线（PROFIBUS 是世界上第一个开放式现场总线标准，从 1991 年德国颁布 FMS 标准（DIN19245）至今已经历了 20 余年，现在已为全世界所接受。其应用领域覆盖了从机械加工、过程控制、电力、交通到楼宇自动化的各个领域。PROFIBUS 于 1995 年成为欧洲工业标准（EN50170），1999 年成为国际标准（IEC61158－3），2001 年被批准成为中华人民共和国工业自动化领域唯一的现场总线标准。PROFIBUS 在众多的现场总线中以其超过 40% 的市场占有率稳居榜首。著名的西门子公司提供上千种 PROFIBUS 产品，并已经把他们应用在中国的许多自动控制系统中。

PROFIBUS 现场总线的优越性如下。

（1）符合国际标准，系统扩容与升级无障碍。

（2）信号采集和系统控制模块均就近安装在采集点和控制点附近，模块之间以及模块和主控计算机之间仅使用一条通信线路连接，系统运行可靠性高，系统造价低，扩充和维修便利。

（3）充分发挥计算机网络技术的优越性，整个系统实现计算机三级网络管理，即实现现场终端设备—运行管理网络—自动化管理软件系统三部分有机结合；任意网络计算机节点上均可查询系统信息并进行相应操作。

（4）系统状态灵活，人机界面友好，菜单式操作便于使用，易于掌握。

3）存储器（ROM、RAM）

存储器存放 CNC 系统控制软件、零件程序、原始数据、参数、运算中间结果和处理后的结果的器件和设备。ROM 用于固化数控系统的系统控制软件；RAM 存放可能改写的信息。

4）HMI

HMI 包括纸带阅读机、纸带穿孔机（很少见）、键盘、操作控制面板、显示器、外部存储设备。

5）I/O 接口

CNC 装置与被控设备之间要交换的信息有三类：开关量信号、模拟量信号、数字信号，然而这些信号一般不能直接与 CNC 装置相连，需要一个接口（即设备辅助控制接口、I/O 接口）对这些信号进行交换处理，其目的如下。

（1）对上述信号进行相应的转换，输入时必须将被控设备有关的状态信息转换成数字形式，以满足计算机对输入输出信号的要求；输出时，应满足各种有关执行元件的输入要求。信号转换主要包括电平转换、数字量与模拟量的相互转换、数字量与脉冲量的相互转换以及功率匹配等。

（2）阻断外部的干扰信号进入计算机，在电气上将 CNC 装置与外部信号进行隔离，以提高 CNC 装置运行的可靠性。

综上所述，设备辅助控制接口的功能必须能完成：电平转换、功率放大、电气隔离。

微机中 I/O 接口包括硬件电路和软件两大部分。由于选用的 I/O 设备或接口芯片不同，I/O 接口的操作方式也不同，因而其应用程度也不同。I/O 接口硬件电路主要由地址译码、I/O 读写译码和 I/O 接口芯片（如数据缓冲器和数据锁存器等）组成。在 CNC 系统中，I/O 的扩展是为控制对象或外部设备提供输入/输出通道，实现机床的控制和管理功能，如开关量控制、逻辑状态监测、键盘、显示器接口等。I/O 接口电路与其相连的外设硬件电路特性密切相关，如驱动功率、电平匹配、干扰抑制等。

I/O 接口包括人机界面接口、通信接口、进给轴位置控制接口、主轴控制接口、辅助功能控制接口等，具体介绍如下。

（1）人机界面接口。人机界面接口包括键盘（MDI，即 Manual Data Input）、显示器（CRT）、操作面板（OPERATOR PANEL）、手摇脉冲发生器（MPG）。

（2）通信接口。通常数控系统均具有标准的 RS232 串行通信接口（DNC），高档数控系统还具有 RS485、MAP 以及其他网络接口。

（3）进给轴的位置控制接口。进给轴的位置控制接口实现的功能有：进给速度的控制、插补运算（基准脉冲法、采样数据法）、位置闭环控制。

（4）主轴控制接口。

主轴控制接口主要实现两个功能：主轴的功能、主轴的位置反馈功能。

（5）辅助功能控制接口。

CNC 装置对设备的控制分为两类：一类是对各坐标轴的速度和位置的“轨迹控制”；另一类是对设备动作的“顺序控制”。“顺序控制”是指在数控机床运行过程中，以 CNC 内部和机床各行程开关、传感器、按钮、继电器等开关量信号状态为条件，并按预先规定的逻辑顺序对诸如主轴的起停、换向，刀具的更换，工件的夹紧、松开，液压、冷却、润滑系统的运行等进行控制。辅助功能控制接口主要接收来自操作面板、机床上的各行程开关、传感器、按钮、强电柜里的继电器以及主轴控制、刀库控制的有关信号，经处理后输出去控制相应器件的运行。

2. CNC 装置的硬件结构（单微处理机与多微处理机结构）

CNC 装置的硬件结构一般分为单微处理机和多微处理机两大类。早期的 CNC 和现在一些经济型 CNC 系统都采用单微处理机结构；随着数控系统功能的增加、机床切削速度的提高，

为适应机床向高精度、高速度、智能化的发展，以及适应更高层次自动化（FMS 和 CIMS）的要求，多微处理机结构得到了迅速发展。

1）单微处理机结构

这种结构只有一个微处理机，集中控制、分时处理数控的各个任务。有的 CNC 装置虽然有两个以上的微处理机，但其中只有一个微处理机能够控制系统总线，占有总线资源，而其他微处理机则为专用的智能部件，不能访问主存储器，它们组成主从结构，这类结构也属于单微处理机结构。

单微处理机结构的框图如图 5-6 所示。从图中可看到，它主要由中央处理单元（CPU）、存储器、总线、外设、输入接口电路、输出接口电路等组成，这一点与普通计算机系统基本相同；不同的是，输出各坐标轴的数据信息，在位置控制环节中经过转换、放大后，需去推动机床工作台或刀架（负载）的运动；更为重要的是由计算机输出位置信息后，运动部件应尽可能不滞后地到达指令要求的位置。

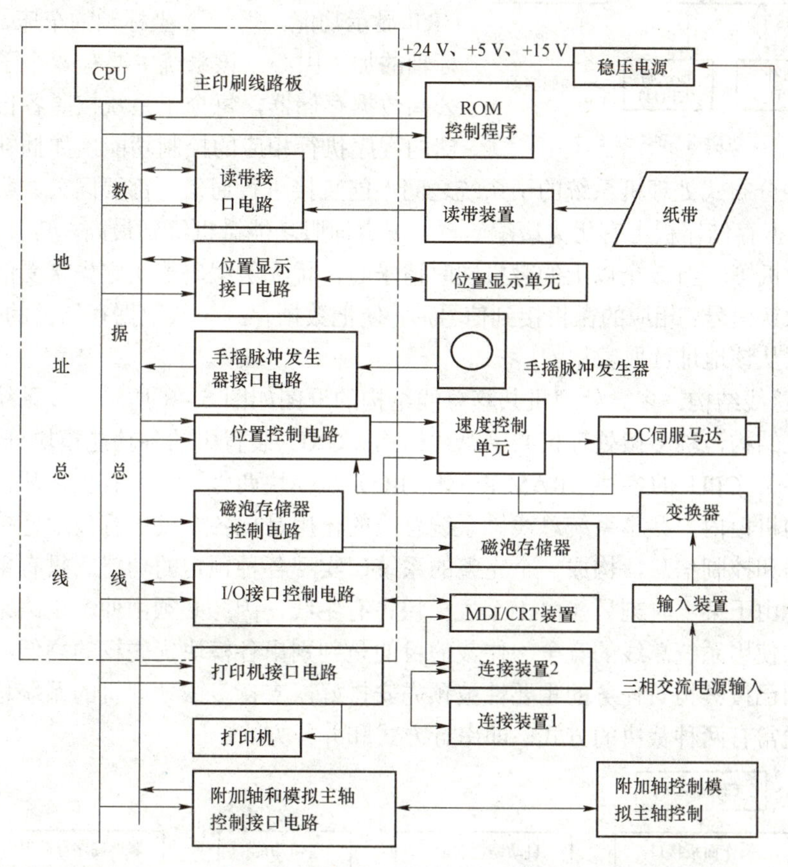

图 5-6 单微处理机结构的框图

单微处理机结构特点有：

（1）CNC 系统中只有一个微处理机，数据存储、插补运算、输入输出处理、CRT 显示等功能都由它集中控制、分时处理；

（2）微处理机通过总线与存储器、输入输出控制、伺服控制及显示控制等构成 CNC 装置；

（3）单微处理机系统结构简单，各种标准电路模板可很方便组成所需系统；

（4）单微处理机系统是由一个微处理机集中控制，其功能受字符宽度、寻址能力和运算速度等指标限制，特别是用软件实现插补功能，其处理速度较慢，实时性很差，为解决这一不足，可以采用增加浮点处理器或增加硬件插补器等方法来解决，也可以采用多微处理器。

2）多微处理机结构

多微处理机结构是由两个或两个以上的微处理机来构成处理部件。各处理部件之间通过一组公用地址和数据总线进行连接，每个微处理机共享系统公用存储器或 I/O 接口，每个微处理机分担系统的一部分工作，从而将在单微处理机 CNC 装置中顺序完成的工作转为多微处理机并行、同时完成的工作，因而大大提高了整个系统的处理速度。

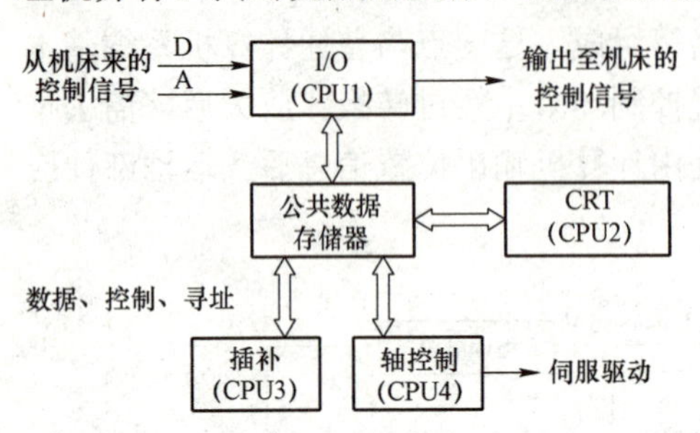

图 5-7　多微处理机共享存储器结构的框图

（1）多微处理机 CNC 装置的结构分类。

① 共享存储器结构。多微处理机共享存储器结构的框图如图 5-7 所示，其中包括 4 个微处理机，分别承担 I/O、插补、伺服功能、零件程序编辑和 CRT 显示功能，适于 2 坐标轴的车床，3、4、5 坐标轴的加工中心。该系统主要有 4 个子系统和 1 个公共数据存储器，每个子系统按照各自存储器所存储的程序执行相应的控制功能（如插补、轴控制、I/O 等）。这种分布式处理机系统的子系统之间不能直接进行通信，都要同公共数据存储器通信。在公共数据存储器板上有优先级编码器，规定伺服功能微机级别最高，其次是插补微机，再次是 I/O 微机等。当 2 个以上的微机同时请求时，优先级编码器决定先接受的请求，并对该请求发出承认信号；相应的微机接到信号后，便把数据存到公共数据存储器的规定地址中，其他子系统则从该地址读取数据。

② 共享总线结构。多微处理机共享总线结构的框图如图 5-8 所示。以系统总线为中心的多微处理机结构，称多微处理机共享总线结构。CNC 装置中的各功能模块分为带有 CPU 的主模块和不带 CPU 的各种（RAM/ROM，I/O）从模块两大类。所有主、从模块都插在配有总线插座的机柜内，共享系统总线。系统总线的作用是把各个模块有效地连接在一起，按要求交换数据和控制信息，构成一个完整的系统，实现各种预定的功能。只有主模块有权控制使用总线。由于某一时刻只能由 1 个主模块占有主线，因此必须由仲裁电路来裁决多个主模块同时请求使用系统总线的竞争。仲裁的目的是判别出各模块优先权的高低，而每个主模块的优先级别已按其担负任务的重要性被预先安排好。支持多微处理机的系统总线都有总线仲裁机构，通常有两种裁决的方式，即串行方式和并行方式。

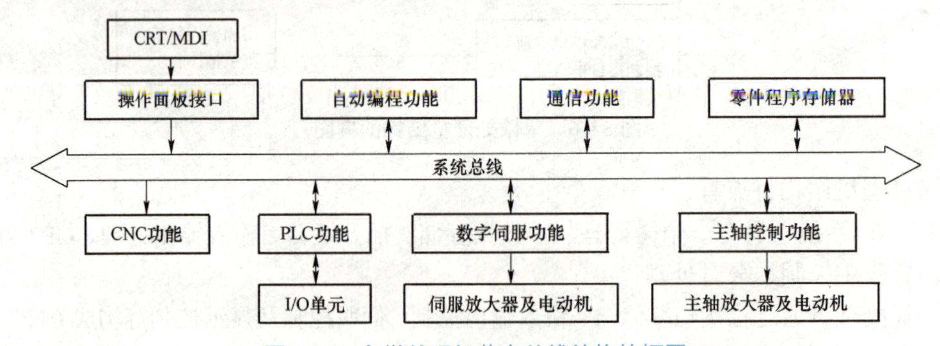

图 5-8　多微处理机共享总线结构的框图

（2）多微处理机的结构特点。多微处理机的结构特点如下。

① 性能价格比高。多微机结构中的每个微机完成系统中指定的一部分功能，独立执行程序。与单微处理机相比，其提高了计算的处理速度，适于多轴控制、高进给速度、高精度、高效率的控制要求。由于系统采用共享资源，而单个微处理机的价格又比较便宜，故使 CNC 装置的性能价格比大为提高。

② 采用模块化结构，具有良好的适应性和扩展性。多微处理机的 CNC 装置大多采用模块化结构，可将微处理机、存储器、I/O 控制组成独立微机级的硬件模块，相应的软件也采用模块结构，固化在硬件模块中。硬软件模块形成特定的功能单元，称为功能模块。功能模块间有明确定义的接口，接口是固定的，符合工厂标准或工业标准，彼此可以进行信息交换。这样可以积木式地组成 CNC 装置，使 CNC 装置设计简单、适应性和扩展性好、调整维修方便、结构紧凑、效率高。

③ 硬件易于组织规模生产。由于硬件是通用的，容易配置，只要开发新的软件就可构成不同的 CNC 装置，因此多微处理机结构便于组织规模生产，且保证质量。

④ 有很高的可靠性。多微处理机 CNC 装置的每个微机分管各自的任务，形成若干模块。如果某个模块出了故障，其他模块仍能照常工作；而单微处理机的 CNC 装置一旦出故障，就会造成整个系统瘫痪。另外，多微处理机的 CNC 装置可进行资源共享，省去了一些重复机构，不但降低了成本，也提高了系统的可靠性。

5.3.3　软件组成

硬件是基础，软件是灵魂。CNC 装置软件是一个典型而又复杂的专用实时控制系统，CNC 系统软件的主要任务之一就是如何将由零件加工程序表达的加工信息，变换成各进给轴的位移指令、主轴速度指令和辅助动作指令，控制加工设备的轨迹运动和逻辑动作，加工出符合要求的零件。

CNC 系统中的软件由两部分组成，即管理和控制，如图 5-9 所示。

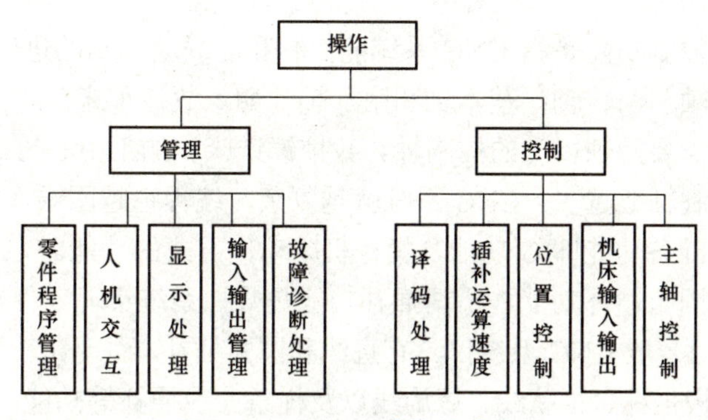

图 5-9　CNC 系统软件功能图

CNC 系统的许多控制任务，如零件程序的输入与译码、刀具半径的补偿、插补运算、位置控制以及精度补偿等都是由软件实现的。从逻辑上讲，这些任务可看成一个个功能模块，模块之间存在着耦合关系；从时间上讲，各功能模块之间存在着一个时序配合问题。在设计 CNC 装置软件时，要考虑如何组织和协调这些功能模块，使之满足一定的时序和逻辑关系。

CNC 系统有两种类型的实时系统：软实时系统和硬实时系统。在软实时系统中系统的宗旨是使各个任务运行得越快越好，并不要求限定某一任务必须在多长时间内完成。在硬实时系统中，各任务不仅要执行无误而且要做到准时。大多数实时系统是二者的结合。实时系统的应用涵盖广泛的领域，而多数实时系统又是嵌入式的。这意味着计算机建在系统内部，用户看不到计算机。

目前，CNC 装置软件的结构模式有以下几种。

（1）前后台型或超循环系统（Super－Loops）的结构模式。

前后台型系统无操作系统支持，采用 C 语言编程，前台主要完成插补运算、位置控制、故障诊断等实时性强的任务；后台（也称背景程序）完成运行显示、零件加工程序的编辑管理、系统的输入输出、插补预处理（译码、刀补处理、速度预处理）等弱实时性任务。应用程序是一个无限的循环程序，在前台和后台程序内无优先等级，也无抢占机制，因而，实时性差。例如，当系统出现故障时，有时可能要延迟整整一个循环周期（最坏的情况）才能做出反应。早期的 CNC 装置都采用这种结构，仅适用于控制功能较简单的系统。

（2）中断型结构模式。

（3）基于实时操作系统的结构模式。

5.3.4 CNC 装置的功能

从外部特征来看，CNC 装置是由硬件（通用硬件和专用硬件）和软件（专用）两大部分组成的。CNC 装置的功能包括基本功能和辅助功能。

（1）基本功能：数控系统基本配置的功能，即必备的功能，包括插补功能、控制功能、准备功能、进给功能、刀具功能、主轴功能、辅助功能和字符显示功能。

（2）辅助功能：用户可以根据实际要求选择的功能，包括补偿功能、固定循环功能、图形显示功能、通信功能和人机对话编程功能。

具体介绍如下：

（1）控制功能。控制功能是指 CNC 系统能控制和能联动控制的进给轴数。CNC 系统的控制进给轴有：移动轴和回转轴；基本轴和附加轴。如，数控车床至少需要两轴联动，在具有多刀架的车床上则需要两轴以上的控制轴。数控镗铣床、加工中心等需要有 3 根或 3 根以上的控制轴。联动控制轴数越多，CNC 系统就越复杂，编程也越困难。

（2）准备功能。准备功能即 G 功能，指令机床动作方式的功能。

（3）插补功能和固定循环功能。所谓插补功能是数控系统实现零件轮廓（平面或空间）加工轨迹运算的功能。一般 CNC 系统仅具有直线和圆弧插补，而现在较为高档的数控系统还具有抛物线、椭圆、极坐标、正弦线、螺旋线以及样条曲线插补等功能。在数控加工过程中，有些加工工序如钻孔、攻丝、镗孔、深孔钻削和切螺纹等，所需完成的动作循环十分典型，而且多次重复进行，数控系统事先将这些典型的固定循环用 C 代码进行定义，在加工时可直接使用这类 C 代码完成这些典型的动作循环，可大大简化编程工作。

（4）进给功能。数控系统进给速度的控制功能，主要有以下三种：

① 进给速度：控制刀具相对工件的运动速度，单位为 mm/min；

② 同步进给速度：实现切削速度和进给速度的同步，单位为 mm/r，用于加工螺纹；

③ 进给倍率（进给修调率）：人工实时修调进给速度，即以手动方式通过面板的倍率波段开关在 0%～200%之间对预先设定的进给速度实现实时修调。

（5）主轴功能。数控装置的主轴控制功能，主要有以下几种：

① 切削速度（主轴转速）：刀具切削点切削速度的控制功能，单位为 m/min（r/min）；

② 恒线速度控制：控制刀具切削点的切削速度为恒速的功能，如端面车削的恒速控制；

③ 主轴定向控制：主轴周向定位控制于特定位置的功能；

④ C 轴控制：主轴周向任意位置控制的功能；

⑤ 切削倍率（主轴修调率）：人工实时修调切削速度，即以手动方式通过面板的倍率波段开关在 0%～200%之间对预先设定的主轴速度实现实时修调。

（6）辅助功能。辅助功能即 M 功能，用于指令机床辅助操作的功能。

（7）刀具管理功能。刀具管理功能是指实现对刀具几何尺寸和刀具寿命的管理功能。

加工中心都应具有此功能，刀具几何尺寸是指刀具的半径和长度，这些参数供刀具补偿功能使用；刀具寿命一般是指时间寿命，当某刀具的时间寿命到期时，CNC 系统将提示用户更换刀具。另外，CNC 机床都具有 T 功能，即刀具号管理功能，它用于标识刀库中的刀具以及自动选择加工刀具。

（8）补偿功能。补偿功能具体包括以下几个方面。

① 刀具半径和长度补偿功能：该功能按零件轮廓编制的程序去控制刀具中心的轨迹，并且在刀具磨损或更换时（刀具半径和长度变化）可对刀具半径或长度做相应的补偿。该功能由 G 指令实现。

② 传动链误差：包括螺距误差补偿和反向间隙误差补偿功能，即事先测量出螺距误差和反向间隙，并按要求输入到 CNC 装置相应的储存单元内，在坐标轴运行时，对螺距误差进行补偿；在坐标轴反向时，对反向间隙进行补偿。

③ 智能补偿功能：对诸如机床几何误差造成的综合加工误差、热变形引起的误差、静态弹性变形误差以及由刀具磨损所带来的加工误差等，都可采用现代先进的人工智能、专家系统等技术建立模型，利用模型实施在线智能补偿。

（9）人机对话功能。在 CNC 装置中配有单色或彩色 CRT，通过软件可实现字符和图形的显示，以方便用户的操作和使用。在 CNC 装置中这类功能主要有：菜单结构的操作界面；零件加工程序的编辑环境；系统和机床参数、状态、故障信息的显示、查询或修改画面等。

（10）自诊断功能。一般的 CNC 装置或多或少都具有自诊断功能，尤其是现代的 CNC 装置，这些自诊断功能主要是用软件来实现的。具有此功能的 CNC 装置可以在故障出现后迅速查明故障的类型及部位，便于及时排除故障，减少故障停机时间。

通常不同的 CNC 装置所设置的诊断程序不同，可以包含在系统程序之中，在系统运行过程中进行检查，也可以作为服务性程序，在系统运行前或故障停机后进行诊断，查找故障的部位。有的 CNC 装置还可以进行远程通信诊断。

（11）通信功能。CNC 装置与外界进行信息和数据交换的功能。通常 CNC 装置都具有 RS232C 接口，可与上级计算机进行通信，传送零件加工程序，有的还备有 DNC 接口，以利于实现直接数控，更高档的系统还可与 MAP（制造自动化协议）相连，以适应 FMS、CIMS、IMS 等大制造系统集成的要求。

5.4 思考与练习

1. 典型的数控系统有哪些?
2. 经济型数控机床包含哪些结构?
3. 数控机床软件结构包含哪些内容?
4. 开放式数控系统有哪些特点?
5. CNC 装置硬件由哪些结构组成?
6. 多微处理器有哪些特点?
7. CNC 装置的功能有哪些?

第 6 章

数控机床的结构与维护

学习目标

1. 了解数控机床机械结构。
2. 理解数控机床开机调试的方法。
3. 了解数控机床常见的维护方法。

6.1 数控机床的主传动系统和主轴部件、进给传动系统

数控机床是高精度和高生产率的自动化机床，其加工过程中的动作顺序、运动部件的坐标位置及辅助功能，都是通过数字信息自动控制的，操作者在加工过程中无法干预，不能像在普通机床上加工零件那样，对机床本身的结构和装配的薄弱环节进行人为补偿，所以数控机床几乎在任何方面均要求比普通机床设计得更为完善，制造得更为精密。为满足高精度、高效率、高自动化程度的要求，数控机床的结构设计已形成自己的独立体系，在这一结构的完善过程中，数控机床出现了不少新颖的结构及元件。与普通机床相比，数控机床机械结构有许多特点。

在主传动系统方面，数控机床具有的特点如下。

（1）目前数控机床的主传动电动机已不再采用普通的交流异步电动机或传统的直流调速电动机，它们已逐步被新型的交流调速电动机和直流调速电动机所代替。

（2）转速高，功率大。该特点能使数控机床进行大功率切削和高速切削，实现高效率加工。

（3）变速范围大。数控机床的主传动系统要求有较大的调速范围，一般 $R_n>100$，以保证加工时能选用合理的切削用量，从而获得最佳的生产率、加工精度和表面质量。

（4）主轴速度的变换迅速可靠。数控机床的变速是按照控制指令自动进行的，因此变速机构必须适应自动操作的要求。由于直流和交流主轴电动机的调速系统日趋完善，不仅能够方便地实现宽范围的无级变速，而且减少了中间传递环节，提高了变速控制的可靠性。

在进给传动系统方面，数控机床具有的特点如下。

（1）尽量采用低摩擦的传动副，如采用静压导轨、滚动导轨和滚珠丝杠等，以减小摩擦力。

（2）选用最佳的降速比，以提高机床分辨率，使工作台尽可能大地加速，以达到跟踪指令、系统折算到驱动轴上的惯量尽量小的要求。

（3）缩短传动链以及用预紧的方法提高传动系统的刚度，如采用大扭矩、宽调速的直流电动机与丝杠直接相连，应用预加负载的滚动导轨和滚动丝杠副，丝杠支承设计成两端轴向固定并可预拉伸的结构，以提高传动系统的刚度。

（4）尽量消除传动间隙，减小反向死区误差，如采用消除间隙的联轴节、采用有消除间隙措施的传动副等。

6.1.1 数控机床的主传动系统

1. 对主传动系统的要求

对主传动系统的要求如下。

（1）具有更大的调速范围，并能实现无级调速。数控机床为了保证加工时能选用合理的切削用量，从而获得最高的生产率、加工精度和表面质量，必须具有更大的调速范围。对于自动换刀的数控机床，为了适应各种工序和各种加工材料的需要，主运动的调速范围还应进一步扩大。

（2）有较高的精度和刚度，传动平稳，噪声低。数控机床加工精度的提高，与主传动系统具有较高的精度密切相关。为此，要提高传动件的制造精度与刚度，齿轮齿面应采用高频感应加热淬火以增加耐磨性；最后一级采用斜齿轮传动，使传动平稳；采用精度高的轴承及合理的支承跨距等，以提高主轴组件的刚性。

（3）良好的抗振性和热稳定性。数控机床在加工时，可能由于断续切削、加工余量不均匀、运动部件不平衡，以及切削过程中的自振等引起的冲击力或交变力的干扰，使主轴产生振动，影响加工精度和表面质量，严重时可能破坏刀具或主传动系统中的零件，使其无法工作。主传动系统的发热使其中所有零部件产生热变形，降低传动效率，破坏零部件之间的相对位置精度和运动精度，造成加工误差。为此，主轴组件要有较高的固有频率，实现动平衡，保持合适的配合间隙并进行循环润滑等。

2. 主传动的变速方式

数控机床的主传动要求有较大的调速范围，以保证加工时能选用合理的切削用量，从而获得最佳的生产率、加工精度和表面质量。数控机床的变速是按照控制指令自动进行的，即变速机构必须适应自动操作的要求，故大多数数控机床采用无级变速系统。数控机床主传动系统主要有以下三种配置方式。

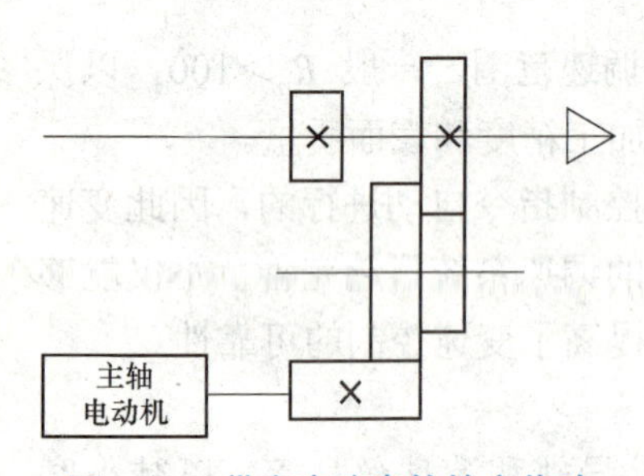

图 6－1　带有变速齿轮的主传动

（1）带有变速齿轮的主传动（见图 6－1）。这种配置方式在大、中型数控机床中采用较多。它通过少数几对齿轮降速，使之成为分段无级变速，确保低速时的扭矩，以满足主轴输出扭矩特性的要求。但有一部分小型数控机床也采用这种传动方式，以获得强力切削时所需要的扭矩。滑移齿轮的移位大多采用液压拨叉或直接由液压缸带动齿轮来实现。这种机构主要应用在小型数控机床上，可以避免齿轮传动时引起的振动和噪声，但它只能适用于低扭矩特性要求的主轴。

（2）通过带传动的主传动（见图 6－2）。通过带传动的主传动是一种综合了带、链传动优点的新型传动。带的工作面及带轮外圆上均制成齿形，通过带轮与轮齿相嵌合，做无滑动的啮合传动。带内采用了承载后无弹性伸长的材料作强力层，以保持带的节距不变，使主、

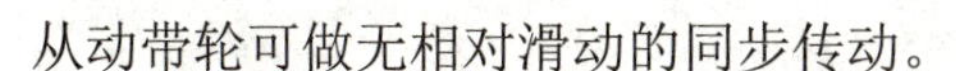

从动带轮可做无相对滑动的同步传动。

（3）由调速电动机直接驱动的主传动（见图 6-3）。这种主传动方式大大简化了主轴箱体与主轴的结构，有效地提高了主轴部件的刚度，但主轴输出扭矩小，电动机发热对主轴的精度影响较大。

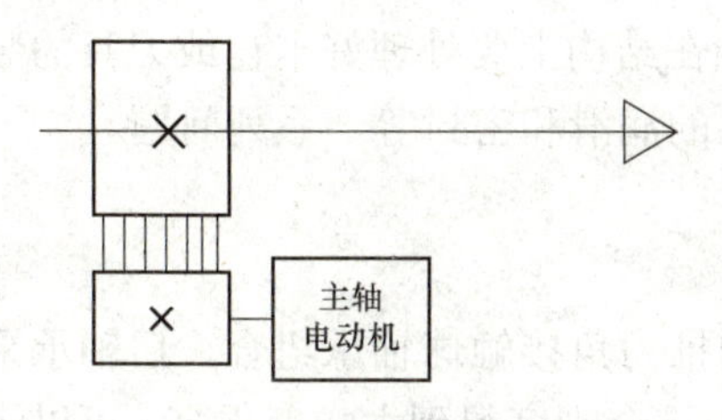

图 6-2　通过带传动的主传动

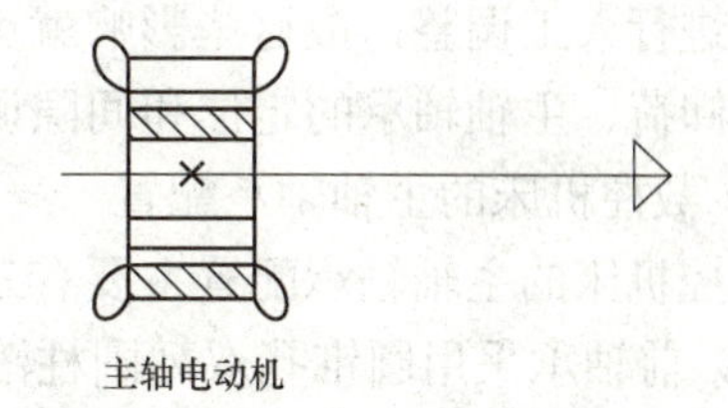

图 6-3　由调速电动机直接驱动的主传动

6.1.2　数控机床的主轴部件

1. 主轴部件

对于一般数控机床和自动换刀数控机床（加工中心）来说，由于采用了电动机无级变速，减少了机械变速装置，因此，主轴箱的结构相较于普通机床已进行简化，但主轴箱材料要求较高，一般用 HT250 或 HT300，制造与装配精度也较普通机床要高。

对于数控落地铣镗床来说，主轴箱结构比较复杂，主轴箱可沿立柱上的垂直导轨做上下移动，主轴可在主轴箱内做轴向进给运动，除此以外，大型落地铣镗床的主轴箱结构还有携带主轴部件做前后进给运动的功能，它的进给方向与主轴的轴向进给方向相同。此类机床的主轴箱结构通常有两种方案，即滑枕式和主轴箱移动式。

1）滑枕式

数控落地铣镗床有圆形滑枕、方形或矩形滑枕，以及棱形或八角形滑枕。滑枕内装有铣轴和镗轴，除镗轴可实现轴向进给外，滑枕自身也可做沿镗轴轴线方向的进给，且两者可以叠加。滑枕进给传动的齿轮和电动机是与滑枕分离的，通过花键轴或其他系统将运动传给滑枕以实现进给运动。

2）主轴箱移动式

主轴箱移动式结构又有两种类型，一种是主轴箱移动式，另一种是滑枕主轴箱移动式。

（1）主轴箱移动式。主轴箱内装有铣轴和镗轴，镗轴实现轴向进给，主轴箱箱体在滑板上可做沿镗轴轴线方向的进给。箱体作为移动体，其断面尺寸远比同规格滑枕式铣镗床大得多。这种主轴箱端面可以安装各种大型附件，使其工艺适应性增加，扩大功能。其缺点是接近工件性能差，箱体移动时对平衡补偿系统的要求高，主轴箱热变形后产生的主轴中心偏移大。

（2）滑枕主轴箱移动式。滑枕主轴箱移动式的铣镗床，其本质仍属于主轴箱移动式，只不过是把大断面的主轴箱移动体尺寸做成同等主轴直径的滑枕而已。这种主轴箱结构，铣轴和镗轴及其传动和进给驱动机构都装在滑枕内，镗轴实现轴向进给，滑枕在主轴箱内做沿镗轴轴线方向的进给。滑枕断面尺寸比同规格的主轴箱移动式的主轴箱小，但比滑枕式的大。其断面尺寸足可以安装各种附件。这种结构不仅具有主轴箱移动式的传动链短、输出功率大及制造方便等优点，同时还具有滑枕式的接近工件方便灵活的优点，克服了主轴箱移动式具有危险断面和主轴中心受热变形后偏移大等缺点。

2. 主轴组件

机床的主轴组件是机床重要部件之一，它带动工件或刀具执行机床的切削运动，因此数控机床主轴部件的精度、抗振性和热变形对加工质量有直接的影响。由于数控机床在加工过程中不进行人工调整，故这些影响就更为严重。主轴在结构上要处理好卡盘或刀具的装夹、主轴的卸荷、主轴轴承的定位和间隙调整、主轴组件的润滑和密封等一系列问题。

1）数控机床的主轴轴承配置

数控机床的主轴轴承配置主要有三种形式。

（1）前轴承采用圆锥孔双列圆柱滚子轴承和双向推力角接触球轴承组合，后轴承采用成对角接触球轴承（见图 6–4）。这种配置形式使主轴的综合刚度得到大幅度提高，可以满足强力切削的要求，所以目前各类数控机床的主轴普遍采用这种配置形式。

（2）前轴承采用高精度双列角接触球轴承（见图 6–5）。角接触球轴承具有较好的高速性能，主轴最高转速可达 4 000 r/min，但是这种轴承的承载能力小，因而适用于高速、轻载和精密的数控机床主轴。

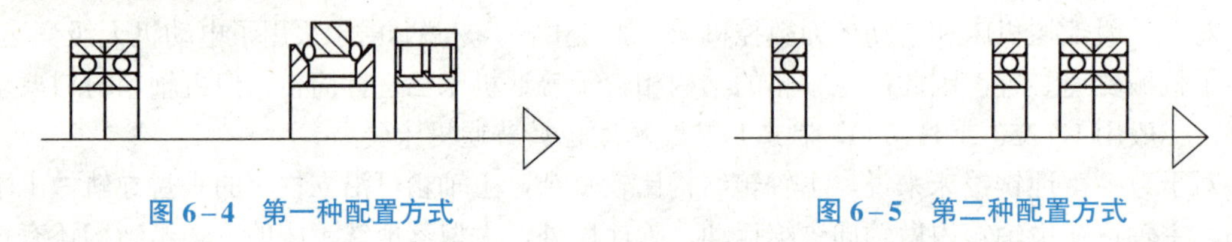

图 6–4　第一种配置方式　　图 6–5　第二种配置方式

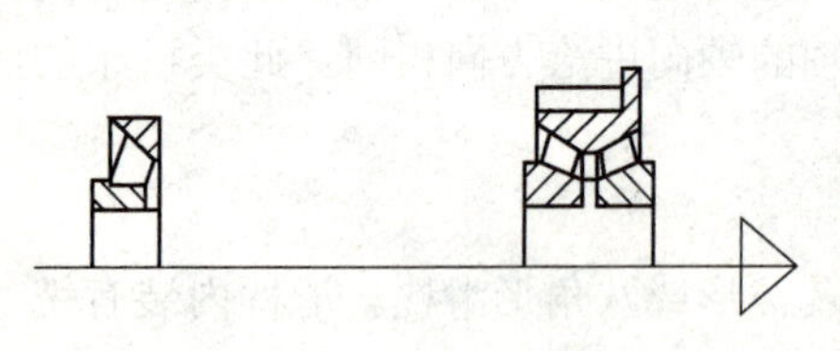

图 6–6　第三种配置方式

（3）前轴承采用双列圆锥滚子轴承，后轴承采用圆锥滚子轴承（见图 6–6）。这种轴承径向和轴向刚度高，能承受重载荷，尤其能承受较大的动载荷，安装与调整性能好，但是这种轴承配置方式限制了主轴的最高转速和精度，所以仅适用于中等精度、低速与重载的数控机床主轴。

随着材料工业的发展，在数控机床主轴中有使用陶瓷滚珠轴承的趋势。这种轴承的特点是：滚珠质量轻，离心力小，动摩擦力矩小；因温升引起的热膨胀小，使主轴的预紧力稳定；弹性变形量小，刚度高，寿命长。其缺点是成本较高。

在主轴的结构上，要处理好卡盘或刀具的装夹、主轴的卸荷、主轴轴承的定位和间隙的调整、主轴组件的润滑和密封以及工艺上的一系列问题。为了尽可能减少主轴组件温升引起的热变形对机床工作精度的影响，通常利用润滑油的循环系统把主轴组件的热量带走，使主轴组件和箱体保持恒定的温度。在某些数控铣镗床上采用专用的制冷装置，比较理想地实现了温度控制。近年来，某些数控机床的主轴轴承采用高级油脂润滑，每加一次油脂可以使用 7～10 年，简化了结构，降低了成本且维护保养简单。但需防止润滑油和油脂混合，通常采用迷宫式密封方式。

对于数控车床主轴，因为在它的两端安装着动力卡盘和夹紧液压缸，主轴刚度必须进一步提高，并应设计合理的连接端，以改善动力卡盘与主轴端部的连接刚度。

2）主轴内刀具的自动夹紧和切屑清除装置

在带有刀库的自动换刀数控机床中，为实现刀具在主轴上的自动装卸，其主轴必须设计有刀具的自动夹紧机构。自动换刀数控立式铣镗床主轴的刀具夹紧机构如图 6-7 所示。刀夹 1 以锥度为 7:24 的锥柄在主轴 3 前端的锥孔中定位，并通过拧紧在锥柄尾部的拉钉 2 拉紧在锥孔中。夹紧刀夹时，液压缸上腔接通回油，弹簧 11 推活塞 6 上移，处于图示位置，拉杆 4 在碟形弹簧 5 的作用下向上移动；由于此时装在拉杆前端径向孔中的钢球 12，进入主轴孔中直径较小的 d_2 处，被迫径向收拢而卡进拉钉 2 的环形凹槽内（见图 6-7），因而刀杆被拉杆拉紧，依靠摩擦力紧固在主轴上。切削扭矩则由端面键 13 传递。换刀前需将刀夹松开时，压力油进入液压缸上腔，活塞 6 推动拉杆 4 向下移动，碟形弹簧被压缩；当钢球 12 随拉杆一起下移至进入主轴孔直径较大的 d_1 处时，它就不再能约束拉钉的头部，紧接着拉杆前端内孔的台肩端面碰到拉钉，把刀夹顶松。此时行程开关 10 发出信号，换刀机械手随即将刀夹取下。与此同时，压缩空气由压缩空气管接头 9 经活塞和拉杆的中心通孔吹入主轴装刀孔内，把切屑或脏物清除干净，以保证刀具的安装精度。机械手把新刀装上主轴后，液压缸 7 接通回油，

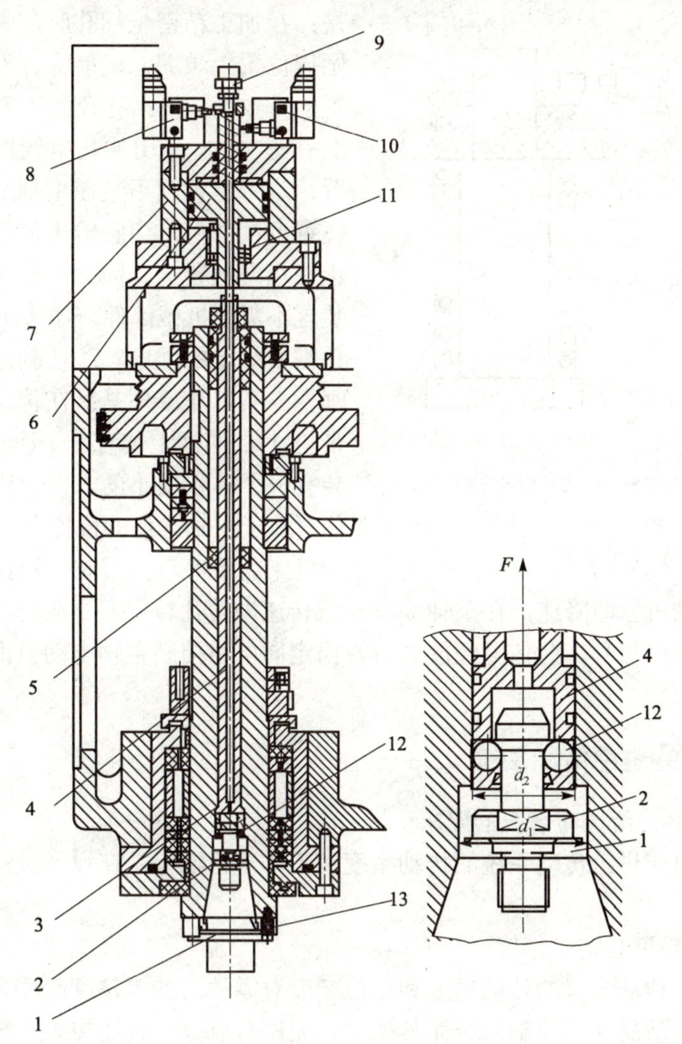

图 6-7　自动换刀数控立式铣镗床主轴的刀具夹紧机构（JCS-018）

1—刀夹；2—拉钉；3—主轴；4—拉杆；5—碟形弹簧；6—活塞；7—液压缸；
8，10—行程开关；9—压缩空气管接头；11—弹簧；12—钢球；13—端面键

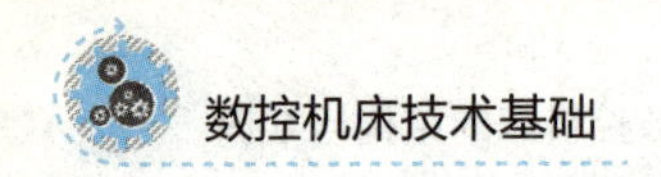

碟形弹簧又拉紧刀夹。刀夹拉紧后，行程开关 8 发出信号。

自动清除主轴孔中切屑和灰尘是换刀操作中一个不容忽视的问题。如果在主轴锥孔中掉进了切屑或其他污物，在拉紧刀杆时，主轴锥孔表面和刀杆的锥柄就会被划伤，甚至使刀杆发生偏斜，破坏了刀具的正确定位，影响加工零件的精度，甚至使零件报废。为了保持主轴锥孔的清洁，常用压缩空气吹屑。图 6-7 中的活塞 6 的中心钻有压缩空气通道，当活塞向左移动时，压缩空气经拉杆 4 吹出，将主轴锥孔清理干净。喷气头中的喷气小孔要有合理的喷射角度，并均匀分布，以提高其吹屑效果。

3. 主轴准停装置

在自动换刀数控铣镗床上，切削扭矩通常是通过刀杆的端面键来传递的，因此在每一次自动装卸刀杆时，都必须使刀柄上的键槽对准主轴上的端面键，这就要求主轴具有准确的周向定位功能。主轴准停装置带来的另一个好处是：在加工精密坐标孔时，每次在主轴固定的圆周位置上装刀，就能保证刀尖与主轴相对位置的一致性，提高孔径的正确性。

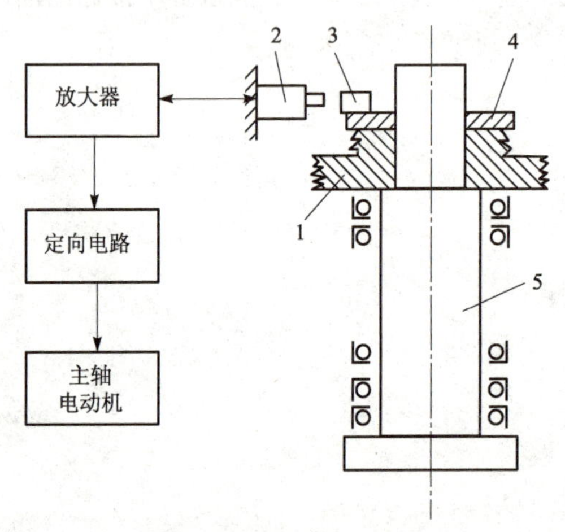

图 6-8　电气控制的主轴准停装置

1—多楔带轮；2—磁传感器；3—永久磁铁；4—垫片；5—主轴

图 6-8 采用的是电气控制的主轴准停装置，这种装置利用装在主轴上的磁传感器作为位置反馈部件，由它输出信号，使主轴准确停止在规定位置上。因此，电气控制的主轴准停装置不需要机械部件，可靠性好，准停时间短，只需要简单的强电顺序控制，且有高的精度和刚性。其工作原理是：在传动主轴旋转的多楔带轮 1 的端面上装有一个厚垫片 4，垫片上又装有一个体积很小的永久磁铁 3。在主轴箱箱体对应于主轴准停的位置上，装有磁传感器 2。当机床需要停车换刀时，数控装置发出主轴停转指令，主轴电动机立即降速，在主轴 5 以最低转速慢转几转后，永久磁铁 3 对准磁传感器 2 时，后者发出准停信号。此信号经放大后，由定向电路控制主轴电动机准确地停止在规定的周向位置上。

6.1.3　数控机床的进给传动系统

1. 数控机床对进给传动系统的要求

为确保数控机床进给传动系统的传动精度和工作平稳性等，在设计进给传动装置时，提出如下要求。

1）高的传动精度与定位精度

数控机床进给传动装置的传动精度和定位精度对零件的加工精度起着关键性的作用，对采用步进电动机驱动的开环控制系统尤其如此。无论对点位、直线控制系统，还是轮廓控制系统，传动精度和定位精度都是表征数控机床性能的主要指标。设计中，通过在进给传动链中加入减速齿轮，以减小脉冲当量，预紧传动滚珠丝杠，消除齿轮、蜗轮等传动件的间隙等办法，可达到提高传动精度和定位精度的目的。由此可见，机床本身的精度，尤其是进给传

动链和进给传动机构的精度，是影响工作精度的主要因素。

2）宽的进给调速范围

进给传动系统在承担全部工作负载的条件下，应具有很宽的进给调速范围，以适应各种工件材料、尺寸和刀具等变化的需要，工作进给速度范围可达 3～6 000 mm/min。为了完成精密定位，进给传动系统的低速趋近速度达 0.1 mm/min；为了缩短辅助时间，提高加工效率，快速移动速度应高达 15 m/min。在多坐标联动的数控机床上，合成速度维持常数，是保证表面粗糙度要求的重要条件；为保证较高的轮廓精度，各坐标方向的运动速度也要配合适当。这是对数控系统和进给传动系统提出的共同要求。

3）响应速度要快（快速响应特性）

所谓快速响应特性是指进给系统对指令输入信号的响应速度及瞬态过程结束的迅速程度，即跟踪指令信号的响应要快；定位速度和轮廓切削进给速度要满足要求；工作台应能在规定的速度范围内灵敏而精确地跟踪指令，进行单步或连续移动，在运行时不出现丢步或多步现象。进给传动系统响应速度的大小不仅影响机床的加工效率，而且影响加工精度。设计中应使机床工作台及其传动机构的刚度、间隙、摩擦，以及转动惯量尽可能达到最佳值，以提高进给传动系统的快速响应特性。

4）无间隙传动

进给传动系统的传动间隙一般指反向间隙，即反向死区误差，它存在于整个传动链的各传动副中，直接影响数控机床的加工精度。因此，应尽量消除传动间隙，减小反向死区误差。设计中可采用消除间隙的联轴节及有消除间隙措施的传动副等方法。

5）稳定性好、寿命长

稳定性是进给传动系统能够正常工作最基本的条件，特别是在低速进给情况下不产生爬行，并能适应外加负载的变化而不发生共振。稳定性与系统的惯性、刚性、阻尼及增益等都有关系，适当选择各项参数，并能达到最佳的工作性能，是进给传动系统设计的目标。所谓进给传动系统的寿命，主要指其保持数控机床传动精度和定位精度的时间长短，及各传动部件保持其原来制造精度的能力。设计中各传动部件应选择合适的材料、合理的加工工艺与热处理方法，对于滚珠丝杠和传动齿轮，必须具有一定的耐磨性和适宜的润滑方式，以延长其寿命。

6）使用维护方便

数控机床属高精度自动控制机床，主要用于单件、中小批量、高精度及复杂件的生产加工，机床的开机率较高，因此，进给传动系统的结构设计应便于维护和保养，最大限度地减小维修工作量，以提高机床的利用率。

2. 进给传动机构

数控机床中，无论是开环还是闭环进给传动系统，为了达到前述提出的要求，机械传动装置的设计中应尽量采用低摩擦的传动副，如滚珠丝杠等，以减小摩擦力；通过选用最佳降速比来降低惯量；采用预紧的办法来提高传动刚度；采用消隙的办法来减小反向死区误差等。

下面从机械传动的角度对数控机床伺服系统的主要传动装置进行简要介绍。

1）减速机构

（1）齿轮传动装置。齿轮传动是应用非常广泛的一种机械传动，各种机床中传动装置几乎都离不开齿轮传动。在数控机床进给传动系统中采用齿轮传动装置的目的有两个，一是将高转速、低转矩的伺服电动机（如步进电动机、直流或交流伺服电动机等）的输出，转换为低转速、大转矩的执行件输出；二是使滚珠丝杠和工作台的转动惯量在系统中占有较小的比重。此外，对开环系统还可以保证所要求的精度。

① 速比的确定。

a. 开环系统。在步进电动机驱动的开环系统中（见图 6-9），步进电动机与丝杠间设有齿轮传动装置，其速比决定于系统的脉冲当量、步进电动机步矩角及滚珠丝杠导程，其运动平衡方程式为

$$\frac{1}{m}iL=\delta$$

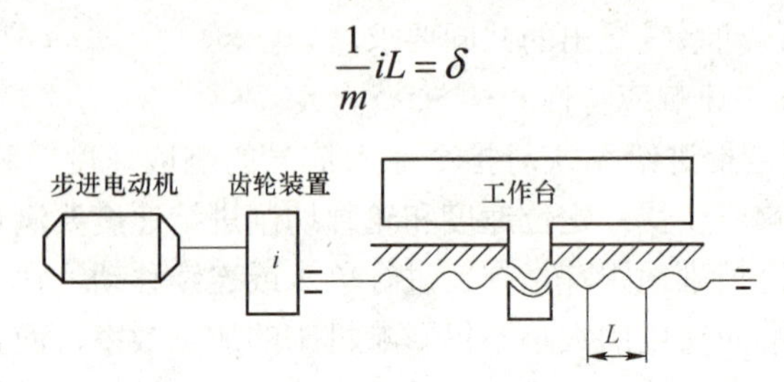

图 6-9　步进电动机驱动的开环系统

所以，其速比计算式为

$$i=\frac{m\delta}{L}=\frac{360^{\circ}\delta}{\alpha L}$$

式中　m——步进电动机每转所需脉冲数$\left(m=\frac{360^{\circ}}{\alpha}\right)$；

α——步进电动机步距角，单位为°/脉冲；

δ——脉冲当量，单位为 mm/脉冲；

L——滚珠丝杠的导程，单位为 mm。

因为开环系统执行件的运动位移决定于脉冲数目，故算出的速比不能随意更改。

b. 闭环系统。对于闭环系统，执行件的位置决定于反馈检测装置，与运动速度无直接关系，其速比主要是由驱动电动机的额定转速、转矩与机床要求的进给速度、负载转矩决定的，所以可对它进行适当的调整。电动机至丝杠间的速比运动平衡方程式为

$$niL=v$$

$$i=\frac{v}{nL}$$

式中　n——驱动电机的转速，$n=\frac{60f}{m}$，单位为 r/min；

f——脉冲频率，单位为次/s；

v——工作台在电动机转速为n时的移动速度$v=60f\delta$，单位为 mm/min。

当负载和丝杠转动惯量在总转动惯量中所占比重不大时，齿轮速比可取上面算出的数值，即降速不必过多，这样不仅可以简化进给传动链，且可降低伺服放大器的增益。当主要考虑静态精度或低平滑跟踪时，可选降速多一些，这样可以减小电动机轴上的负载转动惯量，并减少负载惯量对稳态差异的影响。

② 啮合对数及各级速比的确定。在驱动电动机至丝杠的总降速比一定的情况下，若啮合

对数及各级速比选择不当，将会增加折算到电动机转轴上的总惯量，从而增大电动机的时间常数，并增大要求的驱动扭矩。因此应按最小惯量的要求来选择齿轮啮合对数及各级降速比，使其具有良好的动态性能。

图 6-10 所示为机械传动装置中的两对齿轮降速传动后，将运动传到丝杠的示意图。第一对齿轮的降速比为i_1，第二对齿轮的降速比为i_2，其中i_1及i_2均大于 1。假定小齿轮 A、C 直径相同，大齿轮 B、D 为实心齿轮。这两对齿轮折算到电动机转轴的总惯量为

$$
\begin{aligned}
J &= J_A + \frac{J_B}{i_1^2} + \frac{J_C}{i_1^2} + \frac{J_D}{i_1^2 i_2^2} \\
&= J_A + \frac{J_A i_1^4}{i_1^2} + \frac{J_A}{i_1^2} + \frac{J_A i_2^4}{i_1^2 i_2^2} \\
&= J_A\left(1 + i_1^2 + \frac{1}{i_1^2} + \frac{i_2^2}{i_1^2}\right) \\
&= J_A\left(1 + i_1^2 + \frac{1}{i_1^2} + \frac{i^2}{i_1^4}\right)
\end{aligned}
$$

式中　i——总降速比，$i = i_1 i_2$。

令$\frac{\partial J}{\partial i_1} = 0$，可得最小惯量的条件为

$$i_1^6 - i_1^2 - 2i^2 = 0$$

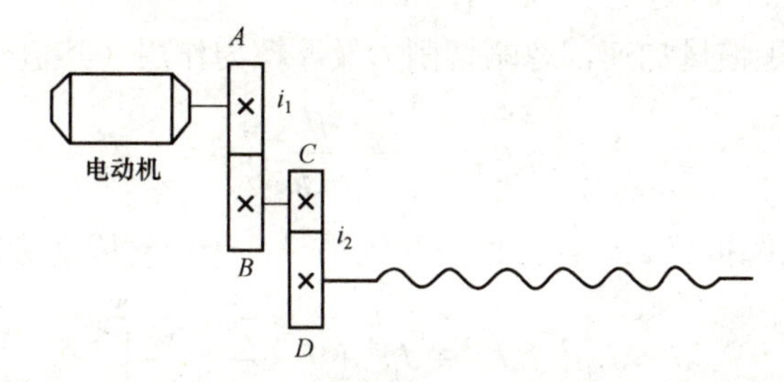

图 6-10　两对齿轮降速传动

将$i = i_1 i_2$代入，得两对齿轮间满足最小惯量要求的降速比关系式为

$$i_2 = \sqrt{\frac{i_1^4 - 1}{2}} \approx \frac{i_1^2}{\sqrt{2}} \quad (i_1^4 \geqslant 1)$$

不同啮合对数时，亦可相应地得到各级满足最小惯量要求的降速比关系式，如若为三级传动，则可按上述方法求得三级传动比为

$$i_2 = i_1^2 / \sqrt{2}$$
$$i_3 = i_2^2 / \sqrt{2}$$
$$i = i_1 i_2 i_3$$

计算出各级齿轮降速比后，还应进行进给传动装置的惯量验算。对开环系统，进给传动装置折算到电动机转轴上的负载转动惯量应小于电动机加速要求的允许值。对闭环系统，除

满足加速要求外，进给传动装置折算到电动机转轴上的负载转动惯量应与驱动电动机转子惯量合理匹配，如果电动机转子惯量远小于进给传动装置的转动惯量（折算到电动机转轴上），则机床进给系统的动态特性主要决定于负载特性，此时运动部件（包括工件）不同质量的各坐标的动态特性将有所不同，使系统不易调整。根据实践经验，推荐驱动电动机转子转动惯量 J_M 与进给传动装置折算到电动机转轴上的转动惯量 J_L 相匹配的合理关系为

$$\frac{1}{4} \leqslant \frac{J_L}{J_M} \leqslant 1$$

设电动机经一对齿轮传动丝杠时，若 J_1 为小齿轮的转动惯量，J_2 为大齿轮的转动惯量，J_s 为丝杠的转动惯量，W 为工作台重力，齿轮副降速比为 i（i>1），L 为丝杠螺距，则

$$J_L = J_1 + \frac{J_2}{i^2} + \frac{J_s}{i^2} + \frac{W}{gi^2}\left(\frac{L}{2\pi}\right)^2$$

即

$$J_L = J_1 + J_1 i^2 + \frac{J_s}{i^2} + \frac{W}{gi^2}\left(\frac{L}{2\pi}\right)^2$$

进给传动系统选用的驱动电机，当工作台为最大进给速度时，其最大转矩 T_{max} 应满足机床工作台的加速度要求。若 α_{max} 为驱动电动机能达到的最大加速度，常取

$$\alpha \leqslant \frac{\alpha_{max}}{2}$$

一般要求 $\alpha = 2 \sim 5\ m/s^2$，则 $\alpha_{max} \geqslant 4 \sim 10\ m/s^2$。

当驱动电机主要用于惯量加速，忽略切削力及摩擦力作用（其值一般仅占10%），则

$$\alpha_{max} = \frac{T_{max}}{J}\frac{iL}{2\pi}$$

式中　J——进给传动系统折算到丝杠上的总转动惯量，当一对降速齿轮传动时，则有

$$J = J_M i^2 + J_1 i^2 + J_1 i^4 + J_s + \frac{W}{g}\left(\frac{L}{2\pi}\right)^2$$

（2）同步齿形带传动。同步齿形带传动，是一种新型的带传动，它利用齿形带的齿形与带轮的轮齿依次相啮合来传递运动和动力，因而其兼有带传动、齿轮传动及链传动的优点，即无相对滑动、平均传动比准确、传动精度高，而且齿形带的强度高、厚度小、质量轻，故可用于高速传动；齿形带无须特别张紧，故作用在轴和轴承等上的载荷小、传动效率高，在数控机床上亦有应用。

2）滚珠丝杠副机构

（1）滚珠丝杠副的工作原理及特点。滚珠丝杠副是一种新型的传动机构，它的结构特点是：具有螺旋槽的丝杠和螺母间装有滚珠作为中间传动件，以减少摩擦，如图 6-11 所示。图中丝杠和螺母上都磨有圆弧形的螺旋槽，这两个圆弧形的螺旋槽对合起来就形成螺旋线滚道，在滚道内装有滚珠。当丝杠回转时，滚珠相对于螺母上的滚道滚动，因此丝杠与螺母之间基本上为滚动摩擦。为了防止滚珠从螺母中滚出来，在螺母的螺旋槽两端设有回程引导装置，使滚珠能循环流动。

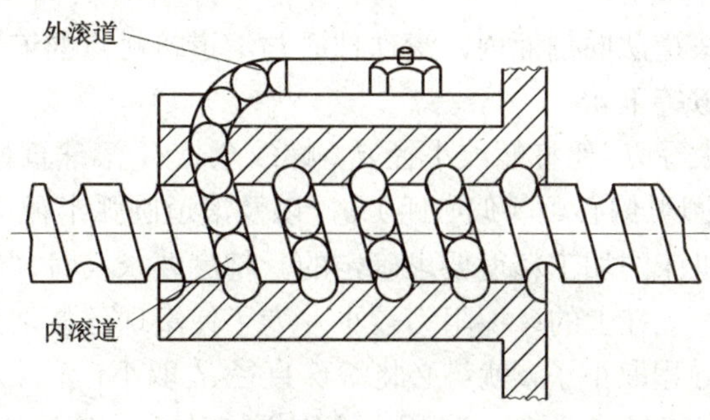

图 6－11　滚珠丝杠副

滚珠丝杠副的特点如下。

① 传动效率高，摩擦损失小。滚珠丝杠副的传动效率$\eta=0.92\sim0.96$，比常规的丝杠螺母副提高 3～4 倍。因此，功率消耗只相当于常规的丝杠螺母副的$\frac{1}{4}\sim\frac{1}{3}$。

② 给予适当预紧，可消除丝杠和螺母的螺纹间隙，反向时就可以消除空行程死区，定位精度高，刚度好。

③ 运动平稳，无爬行现象，传动精度高。

④ 运动具有可逆性，可以从旋转运动转换为直线运动，也可以从直线运动转换为旋转运动，即丝杠和螺母都可以作为主动件。

⑤ 磨损小，使用寿命长。

⑥ 制造工艺复杂。滚珠丝杠和螺母等元件的加工精度要求高，表面粗糙度值小，故制造成本高。

⑦ 不能自锁。特别是对于垂直丝杠，由于自重惯力的作用，当在下降时传动切断后，不能立刻停止运动，故常需添加制动装置。

（2）滚珠丝杠副的参数。滚珠丝杠副的参数如下，如图 6－12 所示。

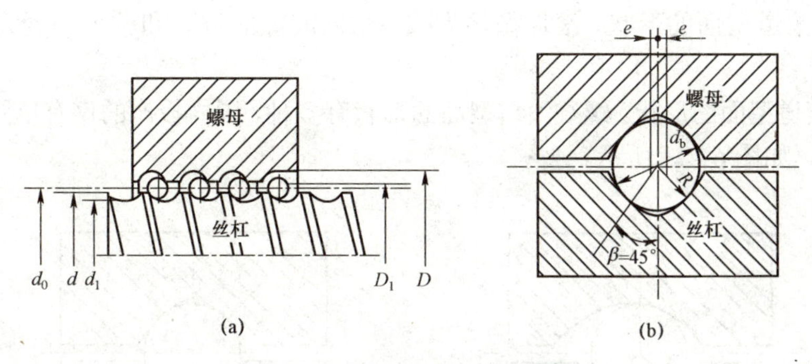

图 6－12　滚珠丝杠副基本参数

（a）滚珠丝杠副轴向剖面图；（b）滚珠丝杠副法向剖面图

名义直径 d_0：滚珠与螺纹滚道在理论接触角状态时包络滚珠球心的圆柱直径，它是滚珠丝杠副的特征尺寸。

导程 L：丝杠相对于螺母旋转任意弧度时，螺母上基准点的轴向位移。

基本导程 L_0：丝杠相对于螺母旋转 2π弧度时，螺母上基准点的轴向位移。

接触角 β：在螺纹滚道法向剖面内，滚珠球心与滚道接触点的连线和螺纹轴线的垂直线间的夹角。理想接触角 β 等于 45°。

此外还有丝杠螺纹大径 d、丝杠螺纹小径 d_1、螺纹全长 l、滚珠直径 d_b、螺母螺纹大径 D、螺母螺纹小径 D_1、滚道圆弧偏心距（偏心距）e，以及滚道圆弧半径（滚道半径）R 等参数。

导程的大小是根据机床的加工精度要求确定的。精度要求高时，应将导程取小些，这样在一定的轴向力作用下，丝杠上的摩擦阻力较小。为了使滚珠丝杠副具有一定的承载能力，滚珠直径 d_b 不能太小。导程取小了，就势必将滚珠直径 d_b 取小，滚珠丝杠副的承载能力亦随之减小。若丝杠副的名义直径 d_0 不变，导程小，则螺旋升角 λ 也小，传动效率 η 也会变小。因此，导程的数值在满足机床加工精度的条件下，应尽可能取大些。

名义直径 d_0 与承载能力直接有关，有的资料推荐滚珠丝杠副的名义直径 d_0 应大于丝杠工作长度的 1/30。

数控机床常用的进给丝杠，名义直径 $d_0=\phi30\sim\phi80$ mm。

滚珠直径 d_b 应根据轴承厂提供的尺寸选用。滚珠直径 d_b 大，则承载能力也大，但在导程已确定的情况下，滚珠直径 d_b 受到丝杠相邻两螺纹间凸起部分宽度的限制。在一般情况下，滚珠直径 $d_b\approx0.6L_0$。

设滚珠的工作圈数为 j，滚珠总数为 N，由试验结果可知，在每一个循环回路中，各圈滚珠所受的轴向负载不均匀。第一圈滚珠承受总负载的 50%左右，第二圈约承受 30%，第三圈约为 20%。因此，滚珠丝杠副中每个循环回路的滚珠工作圈数取为 $j=2.5\sim3.5$ 圈，工作圈数大于 3.5 无实际意义。

滚珠的总数 N，有关资料介绍不要超过 150 个。若设计计算时超过规定的最大值，则会因流通不畅产生堵塞现象。若出现此种情况，可从单回路式改为双回路式或加大滚珠丝杠的名义直径 d_0 或加大滚珠直径 d_b 来解决。反之，若工作滚珠的总数 N 太少，将使得每个滚珠的负载加大，会引起过大的弹性变形。

（3）滚珠丝杠副的结构和轴向间隙的调整方法。各种不同结构的滚珠丝杠副，其主要区别在于螺纹滚道型面的形状、滚珠循环方式、轴向间隙的调整和预加预紧力的方法三个方面。

① 螺纹滚道型面的形状。螺纹滚道型面的形状有多种，国内投产的仅有单圆弧型面和双圆弧型面两种，如图 6-13 所示。

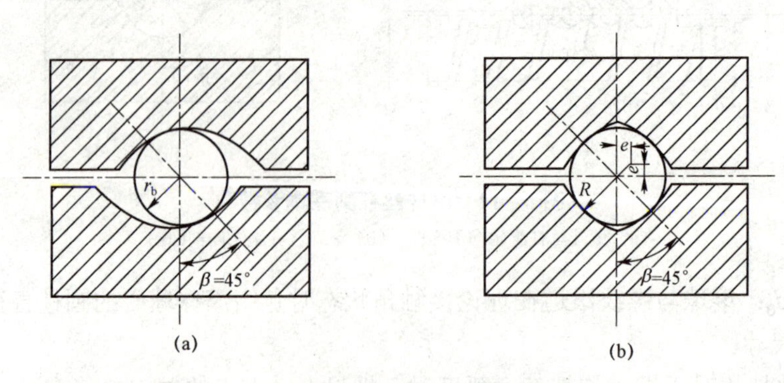

图 6-13　滚珠丝杠副螺纹滚道型面的截形

（a）单圆弧型面；（b）双圆弧型面

a. 单圆弧型面。如图 6－13(a)所示，通常滚道半径 R 稍大于滚珠半径 r_b，可取 $R=(1.04\sim1.11)\ r_b$。对于单圆弧型面的圆弧滚道，接触角 β 是随轴向负荷 F 的大小而变化的。当 $F=0$ 时，$\beta=0$。承载后，当 F 增大时，β 也增大，β 的大小由接触变形的大小决定。当接触角 β 增大后，传动效率 η、轴向刚度 J，以及承载能力也随之增大。

b. 双圆弧型面。如图 6－13（b）所示，当偏心距 e 决定后，滚珠与丝杆和螺母只在滚珠直径 d_b 滚道内相切的两点接触，接触角 β 不变。两圆弧交接处有一小空隙，可容纳一些脏物，这对滚珠的流动有利。从有利于提高传动效率 η、承载能力及流动畅通等要求出发，接触角 β 应选大些，但 β 过大，将使得制造较困难（磨滚道型面），建议取 $\beta=45°$，螺纹滚道的圆弧半径 $R=1.04\ r_b$ 或 $R=1.11\ r_b$，偏心距 $e=(R-r_b)\sin45°=0.707(R-r_b)$。

② 滚珠循环方式。目前国内外生产的滚珠丝杠副，可分为内循环、外循环两类。图 6－14 所示为外循环螺旋槽式滚珠丝杠副，在螺母的外圆上铣有螺旋槽，并在螺母内部装上挡珠器，挡珠器的舌部切断螺纹滚道，迫使滚珠流入通向螺旋槽的孔中而完成循环。图 6－15 所示为内循环滚珠丝杠副，在螺母外侧孔中装有接通相邻滚道的反向器，以迫使滚珠翻越丝杠的齿顶而进入相邻滚道。通常在一个螺母上装有三个反向器（即采用三列的结构），这三个反向器彼此沿螺母圆周相互错开 120°，轴向间隔为 $\frac{4}{3}\sim\frac{7}{3}p$（$p$ 为螺距）；有的装两个反向器（即采用双列结构），反向器错开 180°，轴向间隔为 $\frac{3}{2}p$。

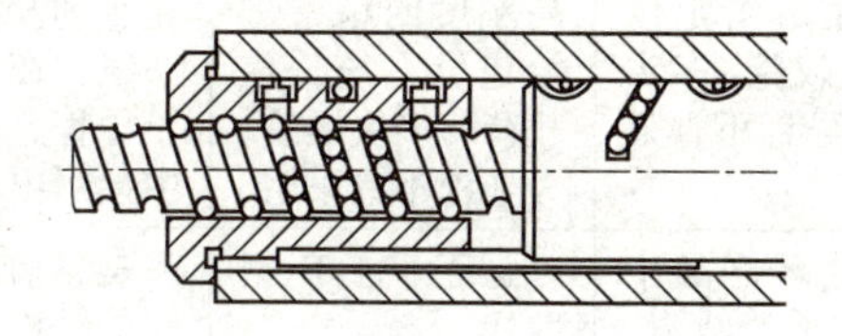

图 6－14　外循环螺旋槽式滚珠丝杠副

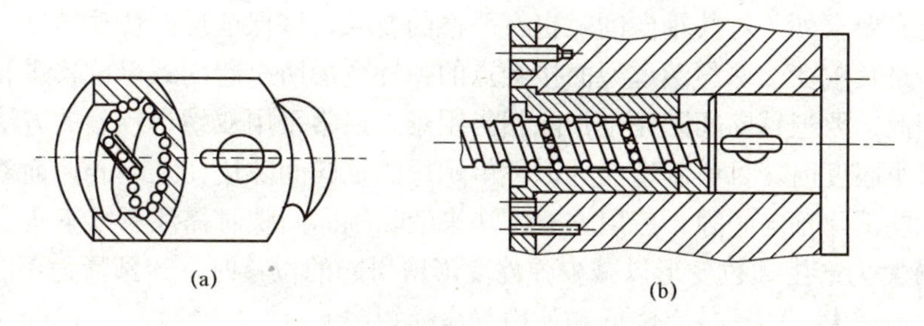

图 6－15　内循环滚珠丝杠副

由于滚珠在进入和离开循环反向装置（回程引导装置）时容易产生较大的阻力，而且滚珠在反向通道中的运动多属前珠推后珠的滑移运动，很少有滚动，因此滚珠在循环反向装置中的摩擦力矩 $M_{反}$ 在整个滚珠丝杠的摩擦力矩 M_t 中所占比重较大，而不同的循环反向装置由于回珠通道的运动轨迹不同，以及曲率半径的差异，故 $M_{反}/M_t$ 的比值不同，表 6－1 列出了国产滚珠丝杠副几种不同循环反向方式的比较。

表 6-1　国产滚珠丝杠副几种不同循环反向方式的比较

<table>
<tr><td rowspan="2">循环方式</td><td colspan="2">内循环</td><td colspan="2">外循环</td></tr>
<tr><td>浮动式</td><td>固定式</td><td>插管式</td><td>螺旋槽式</td></tr>
<tr><td>JB-3162.1-82
部标代号</td><td>F</td><td>G</td><td>C</td><td>L</td></tr>
<tr><td>含义</td><td colspan="2">在整个循环过程中，滚珠始终与螺纹滚道的各滚切表面滚切和接触</td><td colspan="2">滚珠循环反向时，离开螺纹滚道，在螺母体内或体外循环运动</td></tr>
<tr><td rowspan="3">结构特点</td><td colspan="2">循环滚珠链最短，螺母外径比外循环小，结构紧凑，反向装置刚性好，寿命长，扁圆型反向器的轴向尺寸短，制造工艺复杂</td><td colspan="2">循环滚珠链较长，轴向排列紧凑，承载能力较强，径向尺寸较大</td></tr>
<tr><td>$M_{反}/M_t$最小</td><td>$M_{反}/M_t$不大</td><td>$M_{反}/M_t$较小</td><td>$M_{反}/M_t$较大</td></tr>
<tr><td>具有较好的摩擦特性，预紧力矩为固定反向器的 $\frac{1}{3}$ ～ $\frac{1}{4}$。在预紧时，预紧力矩 M_t 上升平缓</td><td>制造装配工艺性不佳，摩擦特性次于 F 型，优于 L 型</td><td>结构简单，工艺性优良，适合成批生产。回珠管可设计、制造成较理想的运动通道</td><td>在螺母体上的回珠螺旋槽与回珠孔不易准确平滑连接，拐弯处曲率变化较大，滚珠运动不平稳。挡珠机构刚性差，易磨损</td></tr>
<tr><td>适用场合</td><td>各种高灵敏、高刚度的精密进给定位系统。重载荷、多头螺纹、大导程不宜采用</td><td>各种高灵敏、高刚度的精密进给定位系统。重载荷、多头螺纹、大导程不宜采用</td><td>重载荷传动，高速驱动及精密定位系统。在大导程、小导程、多头螺纹中显示出独特优点</td><td>一般工程机械、机床。在高刚度传动和高速运转的场合不宜采用</td></tr>
<tr><td>备注</td><td>是内循环产品中有发展前途的结构</td><td>正逐渐被 F 型取代</td><td>是目前应用最广泛的结构</td><td></td></tr>
</table>

③ 滚珠丝杠副轴向间隙的调整和施加预紧力的方法。滚珠丝杠副除了对本身单一方向的进给运动精度有要求外，对其轴向间隙也有严格的要求，以保证反向传动精度。滚珠丝杠副的轴向间隙，是负载在滚珠与滚道型面接触点的弹性变形所引起的螺母位移量和螺母原有间隙的总和。因此，要把轴向间隙完全消除相当困难。通常采用双螺母预紧的方法，把弹性变形量控制在最小限度内。目前制造的外循环单螺母的轴向间隙达 0.05 mm，而双螺母经加预紧力后基本上能消除轴向间隙。应用这一方法来消除轴向间隙时需注意以下两点：

a. 通过预紧力产生预拉变形以减少弹性变形所引起的位移时，该预紧力不能过大，否则会引起驱动力矩增大、传动效率降低和使用寿命缩短；

b. 要特别注意减小丝杠安装部分和驱动部分的间隙。

常用的双螺母消除轴向间隙的结构有以下三种。

双螺母垫片调隙式结构（见图 6-16）。双螺母垫片调隙式结构通常用螺钉来连接滚珠丝杠两个螺母的凸缘，并在凸缘间加调整垫片。调整垫片的厚度使螺母产生轴向位移，以达到消除间隙和产生预拉紧力的目的。这种结构的特点是构造简单、可靠性好、刚度高以及装卸方便。但调整费时，并且在工作中不能随意调整，除非更换厚度不同的调节垫片。

双螺母螺纹调隙式结构（见图 6-17）。在双螺母螺纹调隙式结构中，其中一个螺母的外

端有凸缘而另一个螺母的外端没有凸缘而制有螺纹，它伸出套筒外，并用两个圆螺母固定着。旋转圆螺母时，即可消除间隙，并产生预拉紧力，调整好后再用另一个圆螺母把它锁紧。

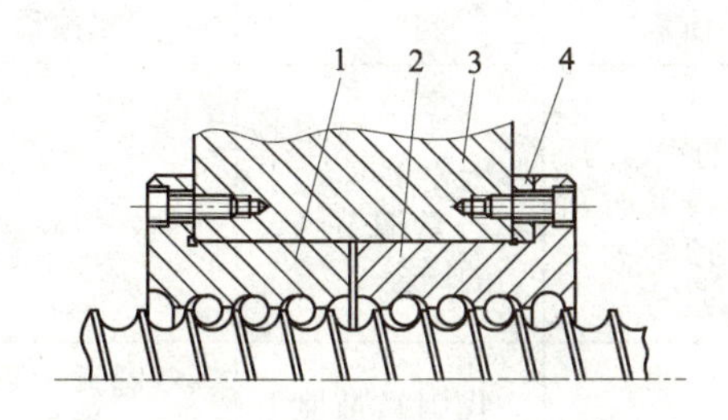

图 6-16　双螺母垫片调隙式结构

1，2—单螺母；3—螺母座；4—调整垫片

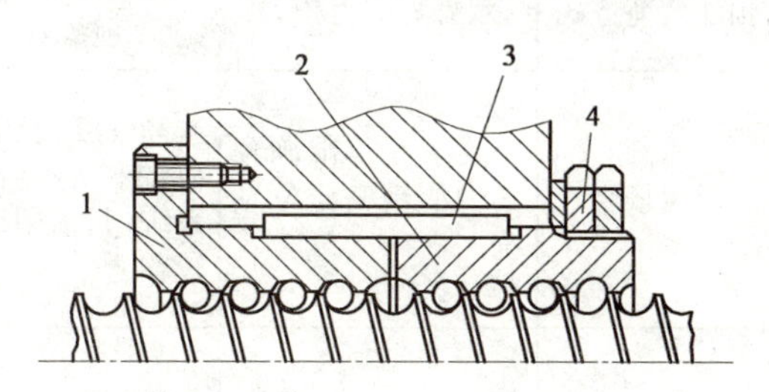

图 6-17　双螺母螺纹调隙式结构

1，2—单螺母；3—平键；4—调整螺母

双螺母齿差调隙式结构（见图 6-18）。在两个螺母的凸缘上各制有圆柱齿轮，两者齿数相差一个齿，并装入内齿圈中，内齿圈用螺钉或定位销固定在套筒上。调整时，先取下两端的内齿圈，当两个滚珠螺母相对于套筒同方向转动相同齿数时，一个滚珠螺母对另一个滚珠螺母产生相对角位移，从而使滚珠螺母对于滚珠丝杠的螺旋滚道相对移动，达到消除间隙并施加预紧力的目的。

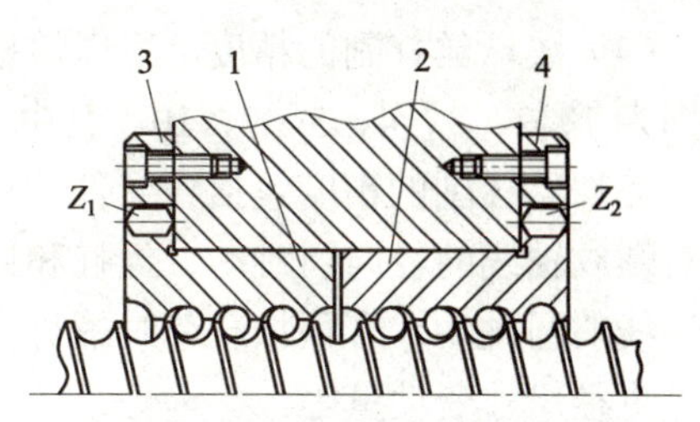

图 6-18　双螺母齿差调隙式结构

1，2—单螺母；3，4—内齿圈

除了上述三种双螺母加预紧力的方式外，还有单螺母变导程自预紧方式及单螺母钢球过盈预紧方式。各种预紧方式的特点及适用场合见表 6-2。

表 6-2　各种预紧方式的特点及适用场合

预加负荷方式	双螺母齿差预紧	双螺母垫片预紧	双螺母螺纹预紧	单螺母变导程自预紧	单螺母钢珠过盈预紧
JB 3162.1—1982 部标代号	C	D	L	B	—
螺母受力方式	拉伸式	拉伸式，压缩式	拉伸式（外），压缩式（内）	拉伸式（+Δ*L*），压缩式（-Δ*L*）	—
结构特点	可实现 0.002 mm 以下精密微调，预紧可靠不会松弛，调整预紧力较方便	结构简单，刚性高，预紧可靠及不易松弛。使用中不便随时调整预紧力	预紧力调整方便，使用中可随时调整。不能定量微调螺母，轴向尺寸长	结构最简单，尺寸最紧凑，避免了双螺母形位误差的影响，使用中不能随时调整	结构简单，尺寸紧凑，不需要任何附加预紧机构。预紧力大时，装配困难，使用中不能随时调整
调整方法	当需重新调整预紧力时，脱开差齿圈，相对于螺母上的齿在圆周上错位，然后复位	改变垫片的厚度尺寸，可使双螺母重新获得所需预紧力	旋转预紧螺母使双螺母产生相对轴向位移，预紧后需锁紧螺母	拆下滚珠螺母，精确测量原装钢珠直径，然后根据预紧力需要，重新更换并装入若干微米的钢球	拆下滚珠螺母，精确测量原装钢珠直径，然后根据预紧力需要，重新更换并装入若干微米的钢球

续表

预加负荷方式	双螺母齿差预紧	双螺母垫片预紧	双螺母螺纹预紧	单螺母变导程自预紧	单螺母钢珠过盈预紧
适用场合	要求获得准确预紧力的精密定位系统	高刚度、重载荷的传动定位系统，目前用得较普遍	不要求得到准确的预紧力，但希望随时可调节预紧力大小的场合	中等载荷对预紧力要求不大，又不经常调节预紧力的场合	
备注				我国目前刚开始发展的结构	双圆弧齿形钢球四点接触，摩擦力矩较大

（4）滚珠丝杠副的精度。滚珠丝杠副的精度等级为 1、2、3、4、5、7、10 级精度，代号分别为 1、2、3、4、5、7、10。其中 1 级为最高，依次逐级降低。

滚珠丝杠副的精度包括各元件的精度和装配后的综合精度，其中包括导程误差、丝杠大径对螺纹轴线的径向圆跳动、丝杠和螺母表面粗糙度、有预加载荷时螺母安装端面对丝杠螺纹轴线的圆跳动、有预加载荷时螺母安装直径对丝杠螺纹轴线的径向圆跳动，以及滚珠丝杠名义直径尺寸变动量等。

在开环数控机床和其他精密机床中，滚珠丝杠的精度直接影响定位精度和随动精度。对于闭环系统的数控机床，丝杠的制造误差使得它在工作时负载分布不均匀，从而降低承载能力和接触刚度，并使预紧力和驱动力矩不稳定。因此，传动精度始终是滚珠丝杠最重要的质量指标。

（5）滚珠丝杠副的标注方法。滚珠丝杠副的型号根据其结构、规格、精度和螺纹旋向等特征按下列格式编写。

□ □ □ × □ – □ – □ □

循环方式　预紧方式　公称直径　基本导程　负荷滚珠总圈数　精度等级　螺纹旋向

其中，循环方式代号见表 6–1，预紧方式代号见表 6–2；负荷滚珠总圈数为 1.5、2、2.5、3、3.5、4、4.5、5 圈，代号分别为 1.5、2、2.5、3、3.5、4、4.5、5；螺旋旋向为左、右旋，只标左旋代号为 LH，右旋不标；滚珠螺纹的代号用 GQ 表示，标注在公称直径前，如 GQ50×8–3。

例　CTC63×10–3.5–3.5/2 000×1 600

上例表示插管凸出式外循环（CT），双螺母齿差预紧（C）的滚珠丝杠副，公称直径 63 mm，基本导程 10 mm，负荷滚珠总圈数 3.5 圈，精度等级 3.5 级，螺纹旋向为右旋，丝杠全长为 2 000 mm，螺纹长度为 1 600 mm。

滚珠丝杠尺寸及滚珠螺母尺寸的标注方法见图 6–19。GQ 为滚珠螺纹的代号，50 为公称直径（ϕ50 mm），8 表示基本导程为 8 mm，2 为精度等级，左旋螺纹应在最后标出 LH，右旋不标。

（6）滚珠丝杠副的润滑与密封。滚珠丝杠副也可用润滑剂来提高耐磨性及传动效率。润滑剂可分为润滑油及润滑脂两大类。润滑油为一般机油或 90～180 号透平油或 140 号主轴油。润滑脂可采用锂基油脂。润滑脂加在螺纹滚道和安装螺母的壳体空间内，而润滑油则经过壳体上的油孔注入螺母的空间内。滚珠丝杠副常用密封圈和防护罩来密封。

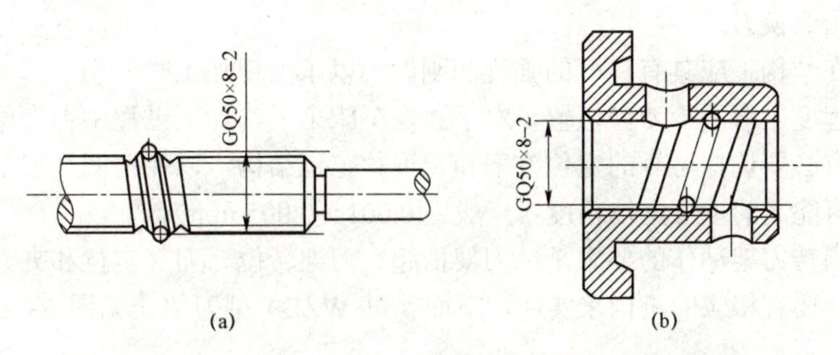

图 6–19　滚珠丝杠尺寸及滚珠螺母尺寸的标注方法

（a）滚珠螺母尺寸的标注；（b）滚珠丝杠尺寸的标注

① 密封圈。密封圈装在滚珠螺母的两端。接触式的密封圈用耐油橡皮或尼龙等材料制成，其内孔制成与丝杠螺纹滚道相配合的形状。接触式的密封圈的防尘效果好，但因有接触压力，使摩擦力矩略有增加。

非接触式的密封圈用聚氯乙烯等塑料制成，其内孔形状与丝杠螺纹滚道相反，并略有间隙，非接触式的密封圈又称迷宫式密封圈。

② 防护罩。防护罩能防止尘土及硬性杂质等进入滚珠丝杠。防护罩的形式有锥形套管、伸缩套管，有折叠式（手风琴式）的塑料或人造革防护罩，也有用螺旋式弹簧钢带制成的防护罩连接在滚珠丝杠的支承座及滚珠螺母的端部，防护罩的材料必须具有防腐蚀及耐油的性能。

（7）制动装置。由于滚珠丝杠副的传动效率高，无自锁作用（特别是滚珠丝杠处于垂直传动时），故必须装有制动装置。

图 6–20 所示为数控卧式铣镗床主轴箱进给丝杠的制动装置示意图。当机床工作时，电磁铁线圈通常吸住压簧，打开摩擦离合器。此时步进电动机接受控制机的指令脉冲后，将旋转运动通过液压扭矩放大器及减速齿轮传动，带动滚珠丝杠副转换为主轴箱的立向（垂直）移动。当步进电动机停止转动时，电磁铁线圈亦同时断电，在弹簧作用下摩擦离合器压紧，使得滚珠丝杠副不能自由转动，主轴箱就不会因自重而下沉了。超越离合器有时也用作滚珠丝杠副的制动装置。

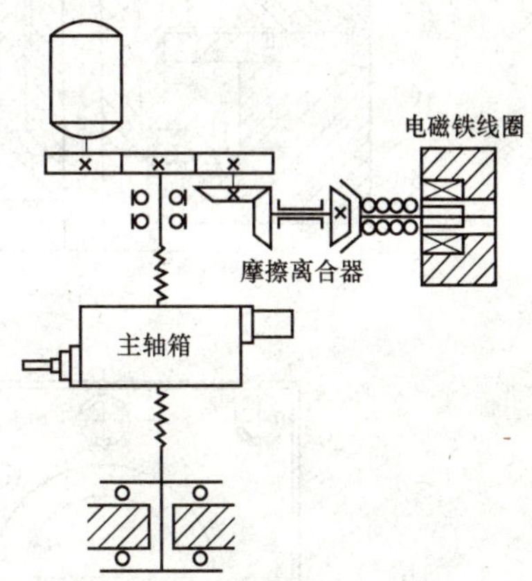

图 6–20　数控卧式铣镗主轴箱进给丝杠的制动装置示意

6.2　数控机床的自动换刀装置

6.2.1　自动换刀装置的形式

1. 回转刀架换刀

数控车床上使用的回转刀架是一种最简单的自动换刀装置，根据不同加工对象，可以设

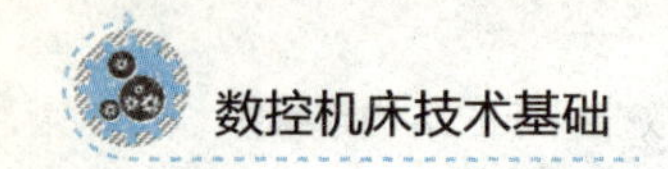

计成四方刀架和六角刀架等多种形式。回转刀架上分别安装着四把、六把或更多的刀具，并按数控装置的指令换刀。

回转刀架在结构上应具有良好的强度和刚性，以承受粗加工时的切削抗力。由于车削加工精度在很大程度上取决于刀尖位置，对于数控车床来说，加工过程中刀尖位置不进行人工调整，因此更有必要选择可靠的定位方案和合理的定位结构，以保证回转刀架在每一次转位之后，具有尽可能高的重复定位精度（一般为 0.001～0.005 mm）。

数控车床回转刀架动作的要求是：刀架抬起、刀架转位、刀架定位和夹紧刀架。为完成上述动作要求，要有相应的机构来实现，下面就以 WZD4 型刀架［见图 6-21（a）］为例说明其具体结构。

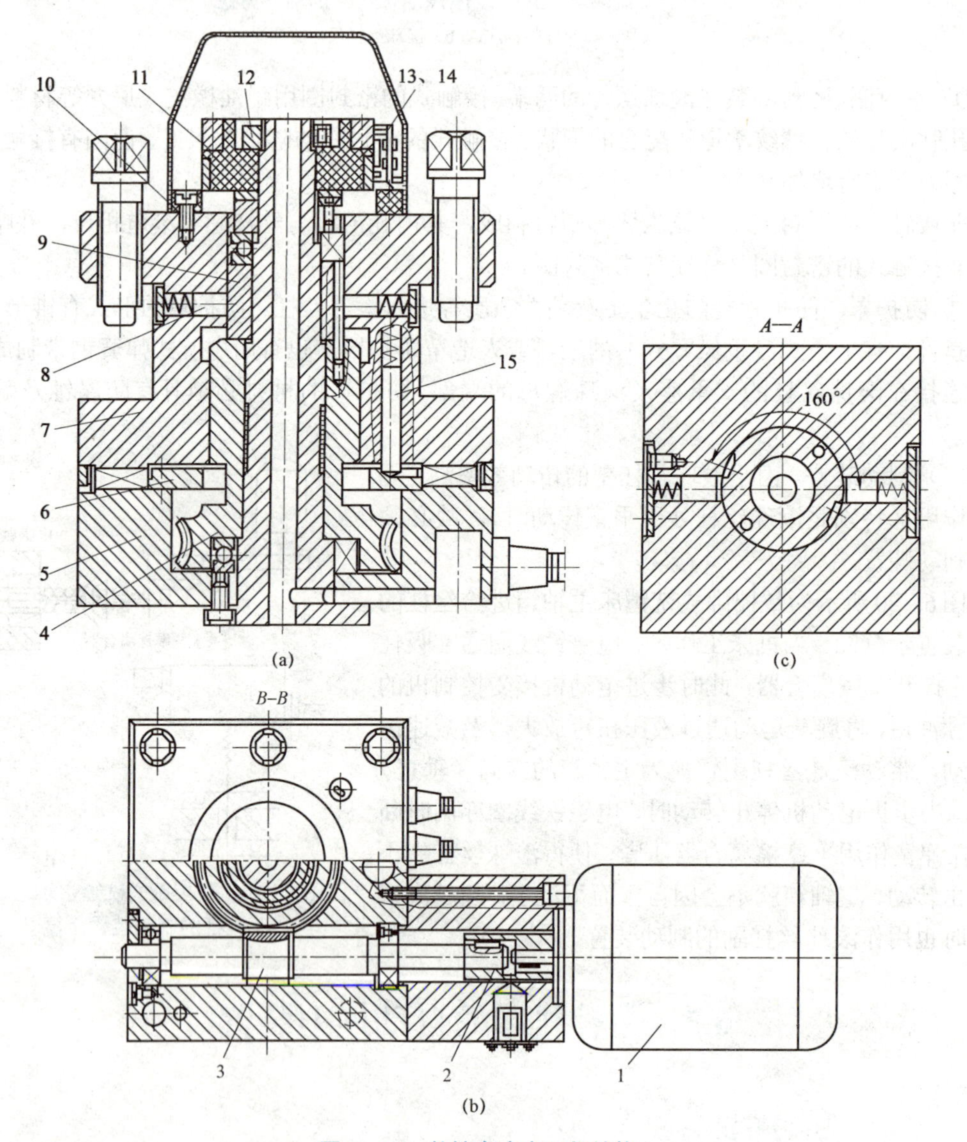

图 6-21　数控车床方刀架结构

1—小型电动机；2—平键套筒联轴器；3—蜗杆轴；4—蜗轮丝杠；5—刀架底座；6—粗定位盘；7—刀架体；8—球头销；9—转位套；10—电刷座；11—发信体；12—螺母；13，14—电刷；15—粗定位销

WZD4 型刀架可以安装四把不同的刀具，转位信号由加工程序指定。当换刀指令发出后，小型电机 1 起动正转，通过平键套筒联轴器 2 使蜗杆轴 3 转动，从而带动蜗轮丝杠 4 转动。刀架体 7 内孔加工有螺纹，与丝杠连接，蜗轮与丝杠为整体结构。当蜗轮开始转动时，由于加工在刀架底座 5 和刀架体 7 上的端面齿处在啮合状态，且蜗轮丝杠轴向固定，这时刀架体 7 抬起。当刀架体抬至一定距离后，端面齿脱开。转位套 9 用销钉与蜗轮丝杠 4 连接，随蜗轮丝杠一同转动，当端面齿完全脱开，转位套正好转过 160°［如图 6–21（b）所示］，球头销 8 在弹簧力的作用下进入转位套 9 的槽中，带动刀架体转位。刀架体 7 转动时带着电刷座 10 转动，当转到程序指定的刀号时，粗定位销 15 在弹簧的作用下进入粗定位盘 6 的槽中进行粗定位，同时电刷 13 接触导体使小型电动机 1 反转，由于粗定位槽的限制，刀架体 7 不能转动，使其在该位置垂直落下，刀架体 7 和刀架底座 5 上的端面齿啮合实现精确定位。电动机继续反转，此时蜗轮停止转动，蜗杆轴 3 自身转动，当两端面齿增加到一定夹紧力时，小型电动机 1 停止转动。

译码装置由发信体 11 和电刷 13、14 组成，电刷 13 负责发信，电刷 14 负责位置判断。当刀架定位出现过位或不到位时，可松开螺母 12 调好发信体 11 与电刷 14 的相对位置。

这种刀架在经济型数控车床及卧式车床的数控化改造中得到广泛的应用。回转刀架一般采用液压缸驱动转位和定位销定位，也有采用电动机—马氏机构转位和鼠盘定位，以及其他转位和定位机构。

2. 转塔头式换刀

一般数控机床常采用转塔头式换刀装置，如数控车床的转塔刀架、数控钻镗床的多轴转塔头等。在转塔的各个主轴头上，预先安装有各工序所需要的旋转刀具，当发出换刀指令时，各种主轴头依次地转到加工位置，并接通主运动，使相应的主轴带动刀具旋转，而其他处于不同加工位置的主轴都与主运动脱开。转塔头式换刀方式的主要优点在于省去了自动松夹、卸刀、装刀、夹紧以及刀具搬运等一系列复杂的操作，缩短了换刀时间，提高了换刀可靠性，它适用于工序较少、精度要求不高的数控机床。

图 6–22 所示为卧式 8 轴转塔头。转塔头上径向分布着 8 根结构完全相同的主轴 1，主轴的回转运动由齿轮 15 输入。当数控装置发出换刀指令时，通过液压拨叉（图中未示出）将移动齿轮 6 与齿轮 15 脱离啮合，同时在中心液压缸 13 的上腔通压力油。由于活塞杆和活塞口固定在底座上，因此中心液压缸 13 带着有两个推力轴承 9 和 11 支承的转塔刀架体 10 抬起，鼠齿盘 7 和 8 脱离啮合；然后压力油进入转位液压缸，推动活塞齿条，再经过中间齿轮使齿轮 5 与转塔刀架体 10 一起回转 45°，将下一工序的主轴转到工作位置。转位结束后，压力油进入中心液压缸 13 的下腔使转塔头下降，鼠齿盘 7 和 8 重新啮合，实现了精确的定位。在压力油的作用下，转塔头被压紧，转位液压缸退回原位。最后通过液压拨叉拨动移动齿轮 6，使它与新换上的齿轮 15 啮合。

为了改善主轴结构的装配工艺性，整个主轴部件装在套筒 4 内，只要卸去螺钉 17，就可以将整个部件抽出。主轴前轴承 18 采用锥孔双列圆柱滚子轴承，调整时先卸下端盖 2，然后拧动螺母 3，使内环做轴向移动，以便消除轴承的径向间隙。

为了便于卸出主轴锥孔内的刀具，每根主轴都有操纵杆 14，只要按压操纵杆，就能通过斜面推动顶出刀具。

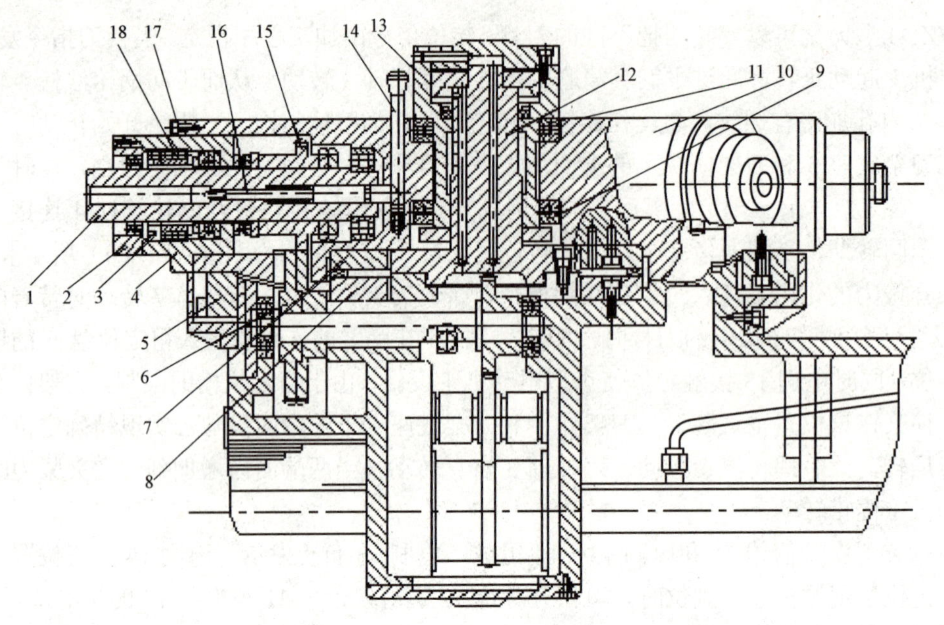

图 6-22 卧式八轴转塔头

1—主轴；2—端盖；3—螺母；4—套筒；5，6，15—齿轮；7，8—鼠齿盘；9，11—推力轴承；
10—转塔刀架体；12—活塞；13—中心液压缸；14—操纵杆；16—顶杆；17—螺钉；18—主轴前轴承

转塔主轴头的转位、定位和压紧方式与鼠齿盘式分度工作台极为相似。但因为在转塔上分布着许多回转主轴部件，使结构更为复杂，且空间位置的限制，主轴部件的结构不可能设计得十分坚固，影响了主轴系统的刚度。为了保证主轴的刚度，主轴的数目必须加以限制，否则将会使尺寸大为增加。

3. 动力转塔刀架换刀

图 6-23（a）所示为意大利 Baruffaldi 公司生产的适用于全功能数控车及车削中心的动力转塔刀架。刀盘上既可以安装各种非动力辅助刀夹（车刀夹、镗刀夹、弹簧夹头、莫氏刀柄）、夹持刀具进行加工，还可安装动力刀夹进行主动切削，配合主机完成车、铣、钻、镗等各种复杂工序，实现加工程序自动化、高效化。

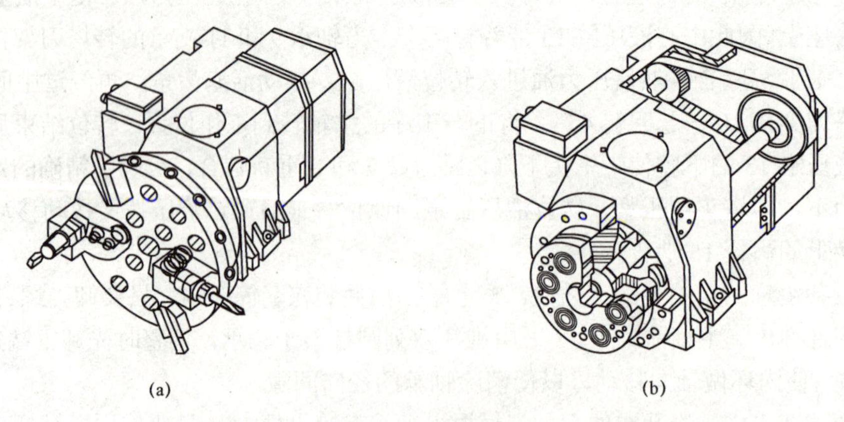

图 6-23 动力刀架

图 6–23（b）所示为该转塔刀架的传动示意图。刀架采用端齿盘作为分度定位元件，刀架转位由三相异步电动机驱动，电动机内部带有制动机构，刀位由二进制绝对编码器识别，并可双向转位和任意刀位就近选刀。动力刀具由交流伺服电动机驱动，通过同步齿形带、传动轴、传动齿轮、端面齿离合器将动力传递到动力刀夹，再通过刀夹内部的齿轮传动，刀具回转，实现主动切削。

6.2.2 带刀库的自动换刀装置

由于回转刀架、转塔头式换刀装置容纳的刀具数量不能太多，故满足不了复杂零件的加工需要。自动换刀数控机床多采用带刀库的自动换刀装置。带刀库的自动换刀装置由刀库和刀具交换机构组成，它是多工序数控机床上应用最广泛的换刀方法。整个换刀过程较为复杂，首先把加工过程中需要使用的全部刀具分别安装在标准的刀柄上，在机外进行尺寸预调整之后，按一定的方式放入刀库，换刀时先在刀库中进行选刀，并由刀具交换机构从刀库和主轴上取出刀具。在进行刀具交换之后，将新刀具装入主轴，把旧刀具放入刀库。存放刀具的刀库具有较大的容量，它既可安装在主轴箱的侧面或上方，也可作为单独部件安装到机床以外。常见的刀库形式有三种，即盘形刀库、链式刀库、格子箱刀库。

带刀库的自动换刀装置的数控机床主轴箱内只有一个主轴，设计主轴部件时就有可能充分增强它的刚度，因而能够满足精密加工的要求。另外，刀库可以存放数量很大的刀具（可以多达 100 把以上），因而能够进行复杂零件的多工序加工，这样就明显地提高了机床的适应性和加工效率。所以带刀库的自动换刀装置特别适用于数控钻床、数控镗铣床和加工中心，其换刀形式很多，以下介绍几种典型的自动换刀装置。

1. 直接在刀库与主轴（或刀架）之间换刀的自动换刀装置

直接在刀库与主轴（或刀架）之间换刀的自动换刀装置只具备一个刀库，刀库中储存着加工过程中需使用的各种刀具，利用机床本身与刀库的运动实现换刀过程。例如，图 6–24 所示为自动换刀数控立式车床的示意图，刀库 7 固定在横梁 4 的右端，它可做回转以及上下方向的插刀和拔刀运动。机床自动换刀的过程如下：

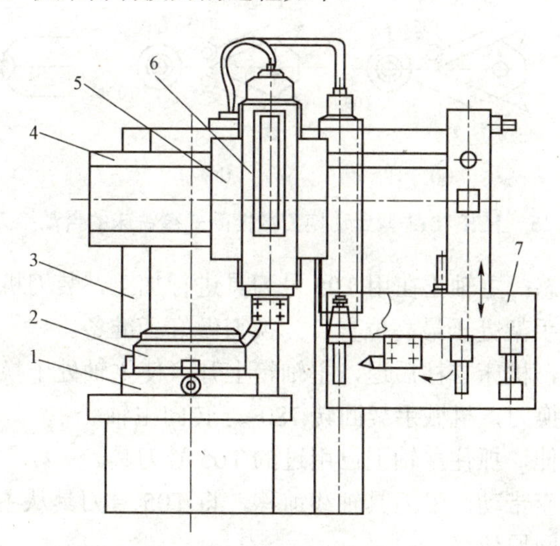

图 6–24　自动换刀数控立式车床示意

1—工作台；2—工件；3—立柱；4—横梁；5—刀架滑座；6—刀架滑枕；7—刀库

（1）刀架快速右移，使其上的装刀孔轴线与刀库上空刀座的轴线重合，然后刀架滑枕向下移动，把用过的刀具插入空刀座；

（2）刀库下降，将用过的刀具从刀架中拔出；

（3）刀库回转，将下一工步所需使用的新刀具轴线对准刀架上装刀孔轴线；

（4）刀库上升，将新刀具插入刀架装刀孔，接着由刀架中自动夹紧装置将其夹紧在刀架上；

（5）刀架带着换上的新刀具离开刀库，快速移向加工位置。

2. 用机械手在刀库与主轴之间换刀的自动换刀装置

用机械手在刀库与主轴之间换刀的自动换刀装置是目前用得最普遍的一种自动换刀装置，其布局结构多种多样，JCS－013 型自动换刀数控卧式镗铣床所用换刀装置即为一例。四排链式刀库分置机床的左侧，由装在刀库于主轴之间的单臂往复交叉双机械手进行换刀。JCS－OB 型自动换刀数控卧式镗铣床的自动换刀过程可用图 6－25（a）～图 6－25（i）所示实例加以说明。

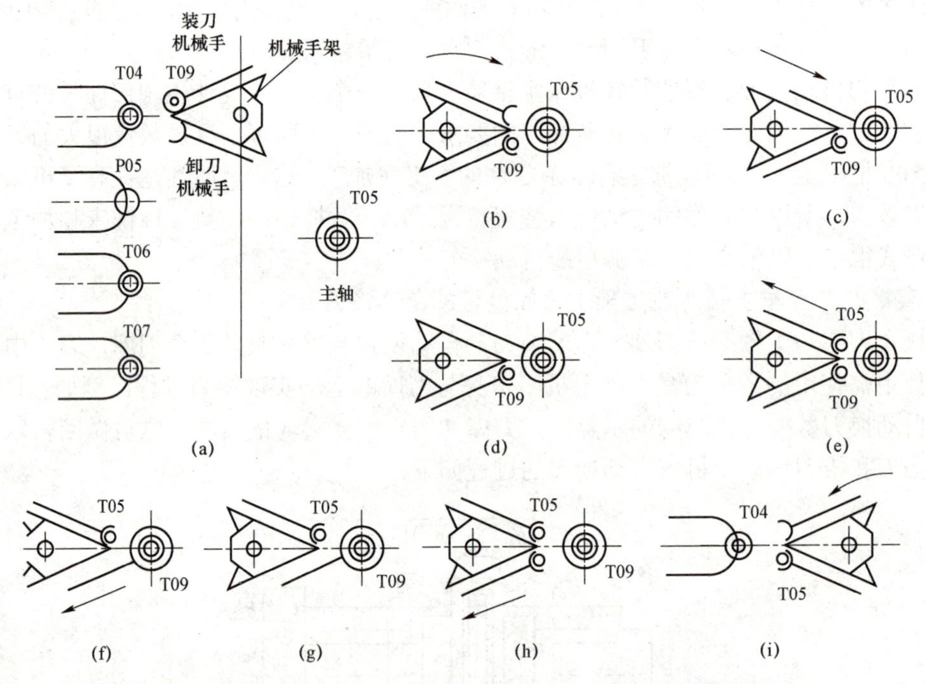

图 6－25　JCS－013 型自动换刀数控卧式镗铣床的自动换刀过程

（1）开始换刀前状态：主轴正在用 T05 号刀具进行加工，装刀机械手已抓住下一工步需用的 T09 号刀具，机械手架处于最高位置，为换刀做好了准备。

（2）上一工步结束，机床立柱后退，主轴箱上升，使主轴处于换刀位置。接着下一工步开始，其第一个指令是换刀，机械手架回转 180°，转向主轴。

（3）卸刀机械手前伸，抓住主轴上已用过的 T05 号刀具。

（4）机械手架由滑座带动，沿刀具轴线前移，将 T05 号刀具从主轴上拔出。

（5）卸刀机械手缩回原位。

（6）装刀机械手前伸；使 T09 号刀具对准主轴。

（7）机械手架后移，将 T09 号刀具插入主轴。

（8）装刀机械手缩回原位。

（9）机械手架回转 180°，使装刀、卸刀机械手转向刀库。

（10）机械手架由横梁带动下降，找第二排刀套链，卸刀机械手将 T05 号刀具插回 P05 号刀套中。

（11）刀套链转动，把在下一个工步需用的 T46 号刀具送到换刀位置；机械手架下降，找第三排刀链，由装刀机械手将 T46 号刀具取出。

（12）刀套链反转，把 P09 号刀套送到换刀位置，同时机械手架上升至最高位置，为接下来的一个工步的换刀做好准备。

3. 用机械手和转塔头配合刀库进行换刀的自动换刀装置

用机械手和转塔头配合刀库进行换刀的自动换刀装置实际是将转塔头式换刀装置和带刀库的自动换刀装置结合，其自动换刀过程如图 6-26 所示。转塔头 5 上有两个刀具主轴 3 和 4。当用一个刀具主轴上的刀具进行加工时，可由换刀机械手 2 将下一工步需用的刀具换至不工作的主轴上，待上一工步加工完毕后，转塔头回转 180°，即完成了换刀工作。因此，所需换刀时间很短。

6.2.3 刀具交换装置

数控机床的自动换刀装置中，实现刀库与机床主轴之间传递和装卸刀具的装置称为刀具交换装置。刀具的交换方式通常分为由刀库与机床主轴的相对运动实现刀具交换和采用机械手交换刀具两类。刀具的交换方式和它们的具体结构对机床生产率和工作可靠性有着直接的影响。

1. 利用刀库与机床主轴的相对运动实现刀具交换的装置

利用刀库与机床主轴的相对运动实现刀具交换的装置在换刀时必须首先将用过的刀具送回刀库，然后再从刀库中取出新刀具，这两个动作不可能同时进行，因此换刀时间较长。如图 6-27 所示的数控立式镗铣床就是采用这类刀具交换方式的实例。由图可见，该机床的

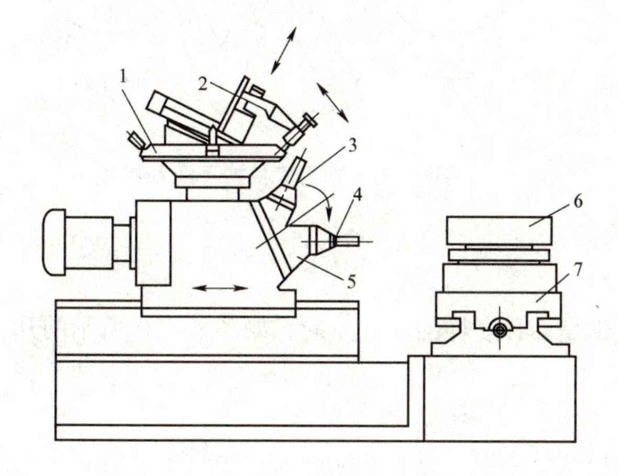

图 6-26 机械手和转塔头配合刀库换刀的自动换刀过程

1—刀库；2—换刀机械手；3，4—刀具主轴；5—转塔头；6—工件；7—工作台

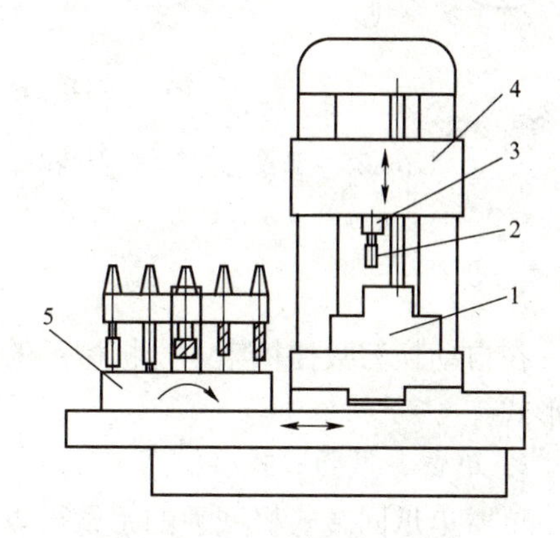

图 6-27 利用刀库与机床主轴的相对运动实现刀具交换的数控机床

1—工件；2—刀具；3—主轴；4—主轴箱；5—格子式刀库

格子式刀库的结构极为简单，然而换刀过程却较为复杂。它的选刀和换刀由三个坐标轴的数控定位系统来完成，因而每交换一次刀具，工作台和主轴箱就必须沿着三个坐标轴做两次来回的运动，因而增加了换刀时间。另外，由于刀库置于工作台上，故减少了工作台的有效使用面积。

2. 刀库－机械手的刀具交换装置

采用机械手进行刀具交换的方式应用得最为广泛，这是因为机械手换刀有很大的灵活性，而且可以减少换刀时间。在各种类型的机械手中，双臂机械手集中地体现了以上的优点。在刀库远离机床主轴的换刀装置中，除了机械手以外，还带有中间搬运装置。

双臂机械手中最常用的几种结构如图 6－28 所示，它们分别是钩手［见图 6－28（a）］、抱手［见图 6－28（b）］、伸缩手［见图 6－28（c）］和叉手［见图 6－28（d）］。这几种机械手能够完成抓刀、拔刀、回转、插刀以及返回等全部动作。为了防止刀具掉落，各机械手的活动爪都必须带有自锁机构。由于双臂回转机械手［图 6－29（a）、（b）、（c）］的动作比较简单，而且能够同时抓取与装卸机床主轴和刀库中的刀具，因此换刀时间可以进一步缩短。

图 6－29 所示为双刀库机械手换刀装置，其特点是用两个刀库和两个单臂机械手进行工作，因而机械手的工作行程大为缩短，有效地节省了换刀时间，而且由于刀库分设两处使布局较为合理。

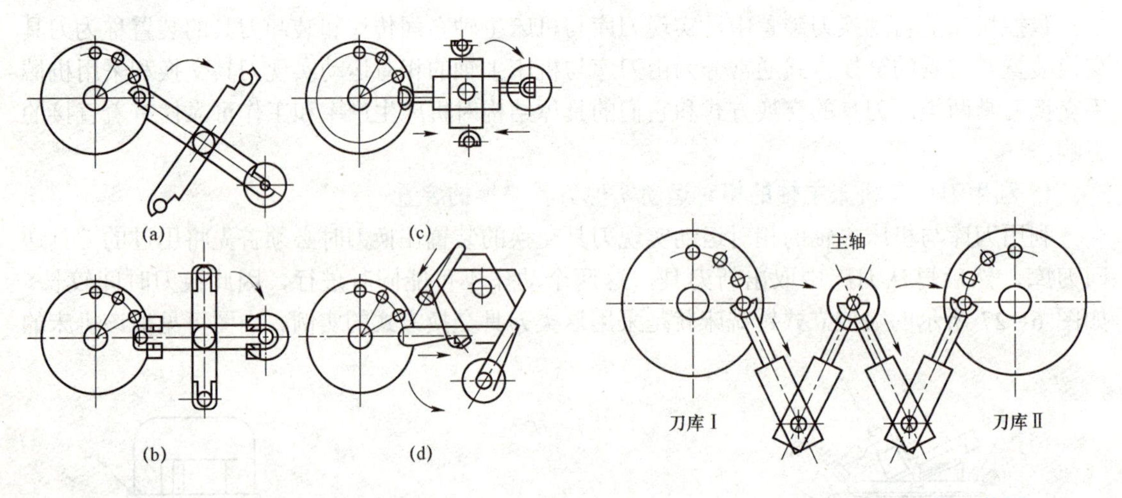

图 6－28　双臂机械手常用机构

图 6－29　双刀库机械手换刀装置

6.2.4　机械手

在自动换刀数控机床中，机械手的形式也是多种多样的，常见的有如图 6－30 所示的几种形式。

1. 单臂单爪回转式机械手

单臂单爪回转式机械手的手臂可以回转不同的角度，进行自动换刀，手臂上只有一个卡爪，不论在刀库还是在主轴上，均靠这一个卡爪来装刀及卸刀，因此换刀时间较长，如图 6－30（a）所示。

2. 单臂双爪回转式机械手

单臂双爪回转式机械手的手臂上有两个卡爪，两个卡爪有所分工，一个卡爪只执行从主轴上取下“旧刀”送回刀库的任务。另一个卡爪则执行由刀库取出“新刀”送到主轴的任务，其换刀时间较单臂单爪回转式机械手要少，如图 6-30（b）所示。

3. 双臂回转式机械手

双臂回转式机械手的两臂各有一个卡爪，两个卡爪可同时抓取刀库及主轴上的刀具，回转 180° 后又同时将刀具放回刀库及装入主轴。换刀时间较以上两种单臂机械手均短，是最常用的一种形式［见图 6-30（c）］。图 6-30（c）中右边的一种双臂回转式机械手在抓取或将刀具送入刀库及主轴时，两臂可伸缩。

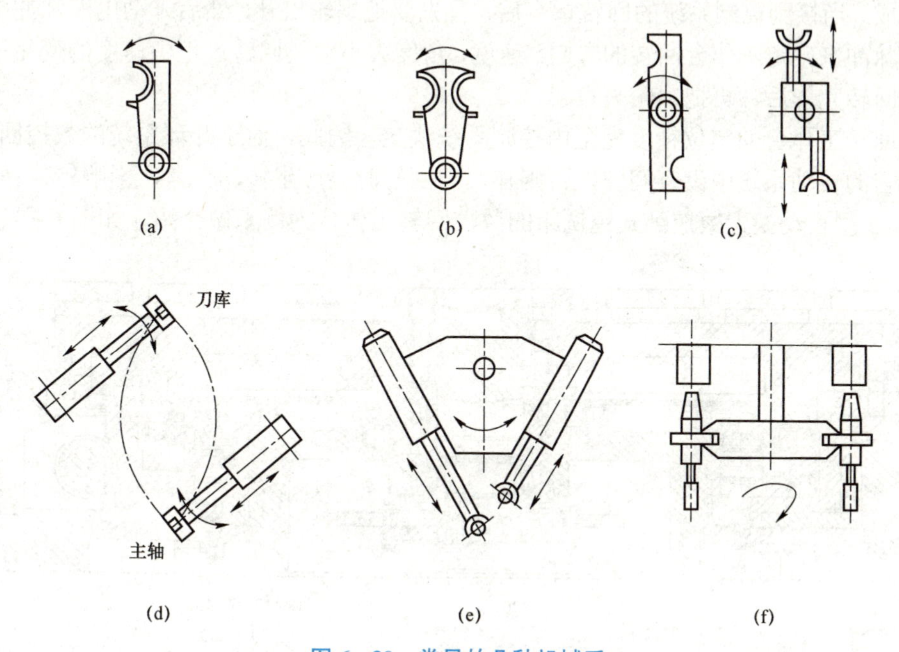

图 6-30　常见的几种机械手

（a）单臂单爪回转式机械手；（b）单臂双爪回转式机械手；（c）双臂回转式机械手；（d）双机械手；（e）双臂往复交叉式机械手；（f）双臂端面夹紧式机械手

4. 双机械手

双机械手相当于两个单臂单爪机械手，互相配合起来进行自动换刀。其中一个机械手从主轴上取下“旧刀”送回刀库，另一个机械手由刀库取出“新刀”装入机床主轴，如图 6-30（d）所示。

5. 双臂往复交叉式机械手

双臂往复交叉式机械手的两手臂可以往复运动，并交叉成一定角度。一个手臂从主轴上取下“旧刀”送回刀库，另一个手臂由刀库取出“新刀”装入机床主轴。整个机械手可沿某导轨直线移动或绕某个转轴回转，以实现刀库与主轴间的运刀工作，如图 6-30（e）所示。

6. 双臂端面夹紧式机械手

双臂端面夹紧式机械手只是在夹紧部位上与前几种不同。前几种机械手均靠夹紧刀柄的外圆表面以抓取刀具，这种机械手则夹紧刀柄的两个端面，如图 6-30（f）所示。

6.3 数控机床的其他辅助装置

6.3.1 数控回转工作台

数控回转工作台的功用有两个：一是使工作台进行圆周进给运动，二是工作台进行分度运动。它按照控制系统的指令，在需要时分别完成上述运动。

数控回转工作台，从外形来看和通用机床的分度工作台没有多大差别，但在结构上则具有一系列的特点。用于开环系统中的数控回转工作台由传动系统、间隙消除装置及蜗轮夹紧装置等组成。当接到控制系统的回转指令后，首先要把蜗轮松开，然后开动电液脉冲电动机，按照指令脉冲来确定工作台回转的方向、速度、角度大小以及回转过程中速度的变化等参数。当工作台回转完毕后，再把蜗轮夹紧。

数控回转工作台的定位精度完全由控制系统决定。因此，对于开环系统的数控回转工作台，要求它的传动系统中没有间隙，否则在反向回转时会产生传动误差，影响定位精度。现以 JCS－013 型自动换刀数控卧式镗铣床的数控回转工作台为例来做介绍，如图 6－31 所示。

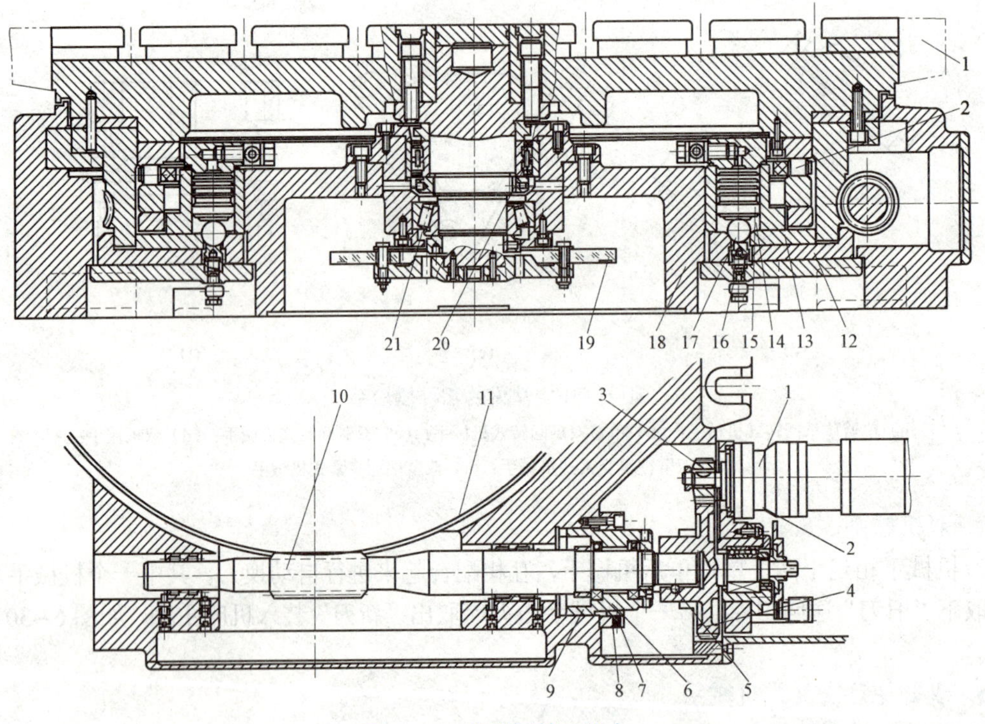

图 6－31　数控回转工作台

1—电液脉冲电动机；2—偏心环；3—主动齿轮；4—从动齿轮；5—拉紧销钉；6—锁紧瓦；7—壳体螺母套筒；8—锁紧螺钉；9—丝杠；10—蜗杆；11—蜗轮；12，13—夹紧瓦；14—液压缸；15—活塞；16—弹簧；17—钢球；18—底座；19—光栅；20—双列圆柱滚子轴承；21—圆锥滚子轴承

数控回转工作台由电液脉冲电动机 1 驱动，在它的轴上装有主动齿轮 3（z_1=22），它与从动齿轮 4（z_2=66）相啮合，齿的侧隙靠调整偏心环 2 来消除。从动齿轮 4 与蜗杆 10 用楔

形的拉紧销钉 5 来连接，这种连接方式能消除轴与套的配合间隙。蜗杆 10 系双螺距式，即相邻齿的厚度是不同的。因此，可用轴向移动蜗杆的方法来消除蜗杆 10 和蜗轮 11 的齿侧间隙。调整时，先松开壳体螺母套筒 7 上的锁紧螺钉 8，使锁紧瓦 6 把丝杠 9 放松，然后转动丝杠 9，它便和蜗杆 10 同时在壳体螺母套筒 7 中做轴向移动，消除齿向间隙。调整完毕后，再拧紧锁紧螺钉 8，把锁紧瓦 6 压紧在丝杠 9 上，使其不能再做转动。

蜗杆 10 的两端装有双列滚针轴承做径向支承，右端装有两只止推轴承承受轴向力，左端可以自由伸缩，保证运转平稳。蜗轮 11 下部的内、外两面均装有夹紧瓦 12 和 13。当蜗轮 11 不回转时，回转工作台的底座 18 内均布有 8 个液压缸 14，其上腔进压力油时，活塞 15 下行，通过钢球 17，撑开夹紧瓦 12 和 13，把蜗轮 11 夹紧。当回转工作台需要回转时，控制系统发出指令，使液压缸上腔油液流回油箱。由于弹簧 16 恢复力的作用，把钢球 17 抬起，夹紧瓦 12 和 13 就不夹紧蜗轮 11，然后由电液脉冲电动机 1 通过传动装置，使蜗轮 11 和回转工作台一起按照控制指令作回转运动。回转工作台的导轨面由大型滚柱轴承支承，并由圆锥滚子轴承 21 和双列圆柱滚子轴承 20 保持准确的回转中心。

数控回转工作台设有零点，当它做返零控制时，先用挡块碰撞限位开关（图中未画出），使工作台由快速变为慢速回转，然后在无触点开关的作用下，使工作台准确地停在零位。数控回转工作台可做任意角度的回转或分度，由光栅 19 进行读数控制。光栅 19 沿其圆周上有 21 600 条刻线，通过 6 倍频线路，其刻度的分辨能力可达 10 s。

这种数控回转工作台的驱动系统采用开环系统，其定位精度主要取决于蜗杆蜗轮副的运动精度，虽然采用高精度的五级蜗杆蜗轮副，并用双螺距蜗杆实现无间隙传动，但还不能满足机床的定位精度（±10 s）。因此，需要在实际测量工作台静态定位误差之后，确定需要补偿的角度位置和补偿脉冲的符号（正向或反向），并记忆在补偿回路中由数控装置进行误差补偿。

6.3.2　分度工作台

数控机床（主要是钻床、镗床和铣镗床）的分度工作台与数控回转工作台不同，它只能完成分度运动而不能实现圆周进给。由于结构上的原因，通常分度工作台的分度运动只限于某些规定的角度（如 90°、60°或 45°等）。机床上的分度传动机构，它本身很难保证工作台分度的高精度要求，因此常需要定位机构和分度机构结合在一起，并由夹紧装置保证机床工作时的安全可靠。

1. 定位销式分度工作台

定位销式分度工作台的定位分度主要靠定位销和定位孔来实现。定位销之间的分布角度为 45°，因此工作台只能做二、四、八等分的分度运动。这种分度方式的分度精度主要由定位销和定位孔的尺寸精度及位置精度决定，最高可达±5″。定位销和定位孔衬套的制造精度和装配精度都要求很高，且均需具有很高的硬度，以提高耐磨性，保证足够的使用寿命。

图 6－32 所示为 THK6380 型自动换刀数控卧式铣镗床的分度工作台结构，其分度工作台的类型为定位销式分度工作台。

2. 齿盘式分度工作台

齿盘式分度工作台是数控机床和其他加工设备中应用很广的一种分度装置。它既可以作为机床的标准附件，用 T 形螺钉紧固在机床工作台上使用，也可以和数控回转工作台设计成

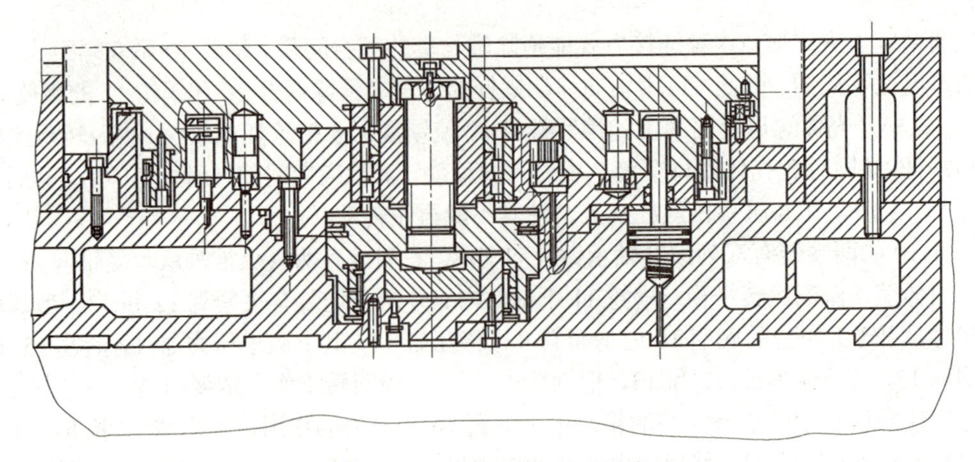

图 6－32　定位销式分度工作台

一个整体。齿盘分度机构的向心多齿啮合，应用了误差平均原理，因而能够获得较高的分度精度和定心精度。

齿盘式分度工作台主要由工作台、底座、压紧液压缸、分度液压缸和一对齿盘等零件组成（见图 6－33）。齿盘是保证分度精度的关键零件，每个齿盘的端面均加工有数目相同的三角形齿（z＝120 或 180），两个齿盘啮合时，能自动确定周向和径向的相对位置。

齿盘式分度工作台分度运动时，其工作过程分为四个步骤，具体如下。

（1）分度工作台上升，齿盘脱离啮合。当需要分度时，数控装置发出分度指令（也可用手压按钮进行手动分度）。这时，电磁换向阀 A 的电磁铁通电，分度工作台 1 中央的压紧液压缸下腔 13 从管道 4 进压力油，于是活塞 3 向上移动，液压缸上腔 14 的油液经管道 2、电磁换向阀 A 再进入液压缸下腔 13，形成差动。活塞 3 上移时，通过推力轴承 5 使分度工作台 1 也向上抬起，齿盘 6 和 7 脱离啮合（齿盘 6 固定在工作台 1 上，齿盘 7 固定在底座上）。同时，固定在工作台回转轴下端的推力轴承 10 和内齿轮 11 也向上与外齿轮 12 啮合，完成了分度前的准备工作。

（2）工作台回转分度。当分度工作台 1 向上抬起时，推杆 8 在弹簧作用下也同时抬起，推杆 9 向右移动，于是微动开关 D 的触头松开，使电磁换向阀 A 的电磁铁通电，压力油从管道 15 进入分度液压缸左腔 16，于是齿条活塞 17 向右移动，右腔 19 中油液经管道 18、节流阀流回油箱。当齿条活塞 17 向右移动时，与它啮合的外齿轮 12 便做逆时针方向回转，由于外齿轮 12 与内齿轮 11 已经啮合，分度工作台也随着一起回转相应的角度。分度运动的速度，可由回油管道 18 中的节流阀控制。当外齿轮 12 开始回转时，其上的挡块 21 就离开推杆 22，微动开关 C 的触头松开，通过互锁电路，使电磁换向阀 A 的电磁铁不通电，始终保持工作台处于抬升状态。按设计要求，当齿条活塞 17 移动 113 mm 时，工作台回转 90°，回转角度的近似值由微动开关 C 和挡铁 20 控制。

（3）分度工作台下降，并定位压紧。当工作台回转 90°位置附近，其上的挡铁 20 压推杆 23，微动开关 E 的触头被压紧，使电磁换向阀 A 的电磁铁断电，压紧液压缸上腔 14 从管道 2 进压力油，压紧液压缸下腔 13 中的油从管道 4 经节流阀回油箱，活塞 3 带动分度工作台下降，上、下齿盘在新的位置重新啮合，并定位夹紧。管道 4 中的节流阀用来限制工作台的下降速度，保护齿面不受冲击。

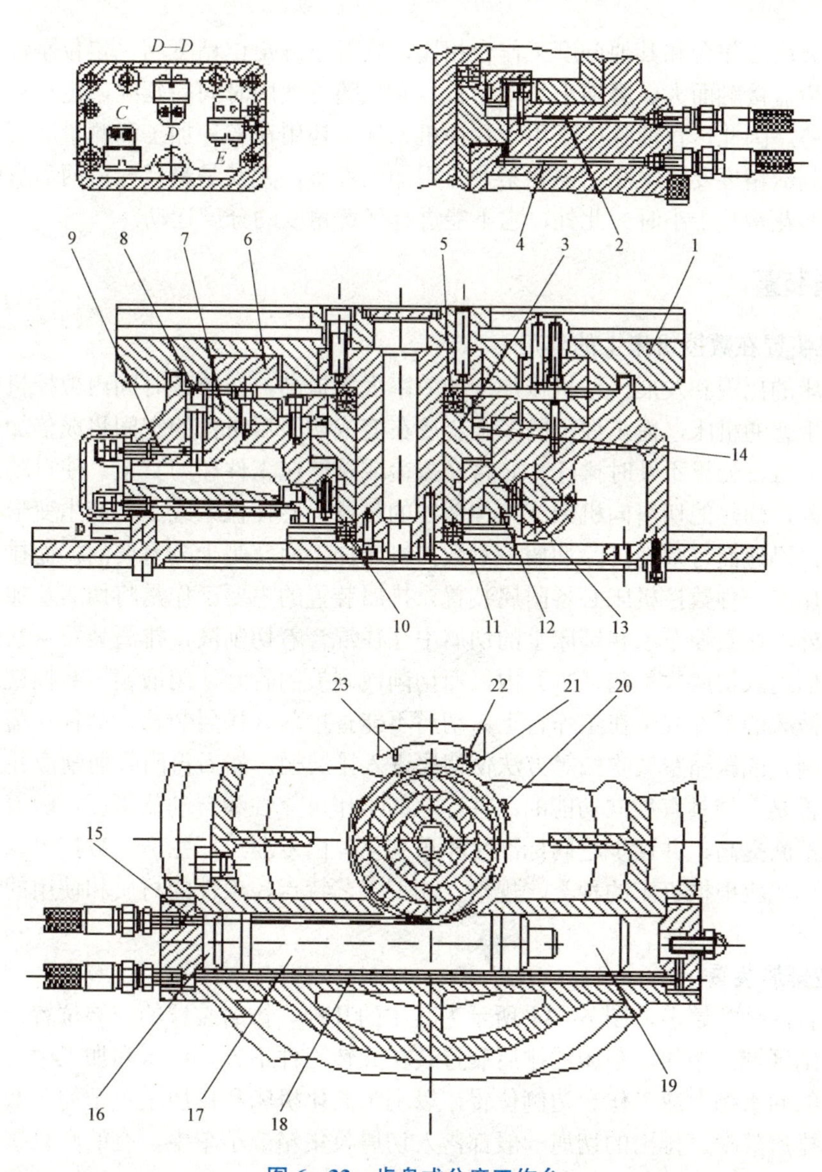

图 6－33　齿盘式分度工作台

1—分度工作台；2，4，15—管道；3—活塞；5，10—推力轴承；6，7—齿盘；8，9，22，23—推杆；11—内齿轮；12—外齿轮；13—压紧液压缸下腔；14—压紧液压缸上腔；16—分度液压缸左腔；17—齿条活塞；18—回油管道；19—分度液压缸右腔；20—挡铁；21—挡块

（4）分度齿条活塞退回。当分度工作台下降时，推杆 8 受压，使推杆 9 左移，于是微动开关 D 的触头被压紧，使电磁换向阀 B 的电磁铁断电，压力油从管道 18 进入分度液压缸右腔 19，齿条活塞 17 左移，分度液压缸左腔 16 的油液从管道 15 流回油箱。齿条活塞 17 左移时，带动外齿轮 12 作顺时针回转，但因工作台下降时，内齿轮 11 也同时下降与外齿轮 12 脱开，故工作台保持静止状态。外齿轮 12 做顺时针回转 90°时，其上挡块 21 又压推杆 22，微动开关 C 的触头又被压紧，外齿轮 12 就停止转动而回到原始位置。而挡铁 20 离开推杆 23，微动开关 E 的触头又被松开，通过自保电路保证电磁换向阀 A 的电磁铁断电，工作台始终处于压紧状态。

齿盘式分度工作台和其他分度工作台相比，具有重复定位精度高、定位刚性好和结构简单等优点。齿盘接触面大、磨损小和寿命长，而且随着使用时间的延续，定位精度还有进一步提高的趋势。因此，目前除广泛用于数控机床外，还用在各种加工和测量装置中。它的缺点是齿盘的制造精度要求很高，需要某些专用加工设备，尤其是最后一道两齿盘的齿面对研工序，通常要花费数十小时。此外，它不能进行任意角度的分度运动。

6.3.3 排屑装置

1. 排屑装置在数控机床上的作用

数控机床的出现和发展，使机械加工的效率大大提高，在单位时间内数控机床的金属切削量大大高于普通机床，而工件上的多余金属在变成切屑后所占的空间将成倍加大。这些切屑堆占加工区域，如果不及时排除，必将会覆盖或缠绕在工件和刀具上，使自动加工无法继续进行。此外，灼热的切屑向机床或工件散发的热量，会使机床或工件产生变形，影响加工精度。因此，迅速而有效地排除切屑，对数控机床加工而言是十分重要的，而排屑装置正是完成这项工作的一种数控机床必备附属装置。排屑装置的主要工作是将切屑从加工区域排出数控机床之外。在数控车床和磨床上的切屑中往往混合着切削液，排屑装置从其中分离出切屑，并将它们送入切屑收集箱（车）内，而切削液则被回收到切削液箱。数控铣床、加工中心和数控镗铣床的工件安装在工作台上，切屑不能直接落入排屑装置，故往往需要采用大流量切削液冲刷，或压缩空气吹扫等方法使切屑进入排屑槽，然后再回收切削液并排出切屑。

排屑装置是一种具有独立功能的部件，它的工作可靠性和自动化程度，随着数控机床技术的发展而不断提高，并逐步趋向标准化和系列化，由专业工厂生产。数控机床排屑装置的结构和工作形式应根据机床的种类、规格、加工工艺特点、工件的材质和使用的切削液种类等来选择。

2. 典型排屑装置

排屑装置的种类繁多，图 6–34 所示为其中的几种。排屑装置的安装位置一般都尽可能靠近刀具切削区域。例如，车床的排屑装置装在旋转工件下方，铣床和加工中心的排屑装置装在机床身的回水槽上或工作台边侧位置，以利于简化机床和排屑装置结构，减小机床占地面积，提高排屑效率。排出的切屑一般都落入切屑收集箱或小车中，有的则直接排入车间排屑系统。

下面对几种常见排屑装置作简要介绍。

（1）平板链式排屑装置［见图 6–34（a）］。该装置以滚动链轮牵引钢质平板链带在封闭箱中运转，加工中的切屑落到链带上被带出机床。这种装置能排除各种形状的切屑，适应性强，各类机床都能采用。在车床上使用时多与机床切削液箱合为一体，以简化机床结构。

（2）刮板式排屑装置［见图 6–34（b）］。该装置的传动原理与平板链式排屑装置基本相同，只是链板不同，它带有刮板链板。这种装置常用于输送各种材料的短小切屑，排屑能力较强。因负载大，故需采用较大功率的驱动电动机。

（3）螺旋式排屑装置［见图 6–34（c）］。该装置是利用电动机经减速装置驱动安装在沟槽中的一根长螺旋杆进行工作的。螺旋杆转动时，沟槽中的切屑即由螺旋杆推动连续向前运动，最终排入切屑收集箱。螺旋杆有两种结构型式，一种是用扁型钢条卷成螺旋弹簧状；另一种是在轴上焊有螺旋形钢板。这种装置占据空间小，适于安装在机床与立柱间空隙狭小的

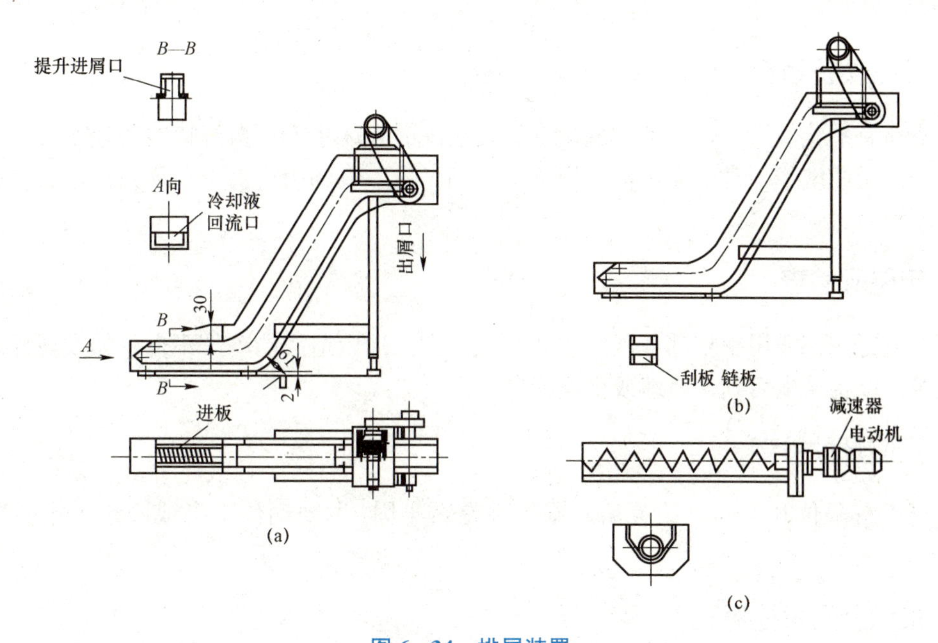

图 6-34　排屑装置

(a) 平板链条式排屑装置；(b) 刮板式排屑装置；(c) 螺旋式排屑装置

位置上。螺旋式排屑装置结构简单，排屑性能良好，但只适合沿水平或小角度倾斜的直线方向排运切屑，不能大角度倾斜、提升或转向排屑。

6.4　数控机床开机调试

数控机床是一种技术含量很高的机电一体化的机床，用户买到一台数控机床后，是否正确、安全开机，调试是很关键的一步。这一步的正确与否在很大程度上决定了这台数控机床能否发挥正常的经济效率以及它本身的使用寿命，这对数控机床的生产厂和用户厂都是重要的课题。数控机床开机调试应按下列的步骤进行。

6.4.1　通电前的外观检查

机床电器检查。打开机床电控箱，检查继电器、接触器、熔断器、伺服电动机速度控制单元插座、主轴电动机速度控制单元插座等有无松动，如有松动应恢复正常状态，有锁紧机构的接插件一定要锁紧，有转接盒的机床一定要检查转接盒上的插座接线有无松动，有锁紧机构的一定要锁紧。

6.4.2　CNC 电箱检查

打开 CNC 电箱门，检查各类接口插座、伺服电动机反馈线插座、主轴脉冲发生器插座、手摇脉冲发生器插座、CRT 插座等，如有松动要重新插好，有锁紧机构的一定要锁紧。按照说明书检查各个印刷线路板上短路端子的设置情况，一定要符合机床生产厂设定的状态，确实有误的应重新设置，一般情况下无须重新设置，但用户一定要对短路端子的设置状态做好原始记录。

6.4.3 接线质量检查

检查所有的接线端子，包括强弱电部分在装配时机床生产厂自行接线的端子，以及各电机电源线的接线端子，每个端子都要用旋具紧固一次，直到用旋具拧不动为止，各电动机插座一定要拧紧。

6.4.4 电磁阀检查

所有电磁阀都要用手推动数次，以防止长时间不通电造成的动作不良，如发现异常，应作好记录，以备通电后确认修理或更换。

6.4.5 限位开关检查

检查所有限位开关动作的灵活及固定性是否牢固，发现动作不良或固定不牢的应立即处理。

6.4.6 按钮及开关检查

操作面板上按钮及开关检查，检查操作面板上所有按钮、开关、指示灯的接线，发现有误应立即处理，检查 CRT 单元上的插座及接线。

6.4.7 地线检查

数控机床要求有良好的地线。测量机床地线，接地电阻不能大于 1 Ω。

6.4.8 电源相序检查

用相序表检查输入电源的相序，输入电源的相序与机床上各处标定的电源相序应绝对一致；有二次接线的设备，如电源变压器等，必须确认二次接线的相序一致性；要保证各处相序的绝对正确；应测量电源电压，作好记录。

6.4.9 机床总电压的接通

接通机床总电源，检查 CNC 电箱、主轴电动机冷却风扇、机床电器箱冷却风扇的转向是否正确；润滑、液压等处的油标志指示，以及机床照明灯是否正常；各熔断器有无损坏，如有异常应立即停电检修，无异常可以继续进行。测量强电各部分的电压特别是供 CNC 及伺服单元用的电源变压器初、次级电压，并作好记录。观察有无漏油，特别是供转塔转位、卡紧，主轴换挡的，以及卡盘卡紧等处的液压缸和电磁阀。如有漏油应立即停电修理或更换。

6.4.10 CNC 电箱通电

按 CNC 电源通电按钮，接通 CNC 电源，观察 CRT 显示，直到出现正常画面为止。如果出现 ALARM 显示，应该寻找故障并排除后，重新送电检查。打开 CNC 电源，根据有关资料上给出的测试端子位置测量各级电压，有偏差的应调整到给定值，并作好记录。将状态开关置于适当的位置，如日本 FANUC 系统应放置在 MDI 状态，选择到参数页面。逐条逐位地核对参数，这些参数应与随机所带参数表符合。如发现有不一致的参数，应弄清各个参数的

意义后再决定是否修改，如齿隙补偿的数值可能与参数表不一致，这在进行实际加工后可随时进行修改。将状态选择开关放置在“JOG”位置，将点动速度放在最低挡，分别进行各坐标正反方向的点动操作，同时用手按与点动方向相对应的超程保护开关，验证其保护作用的可靠性，然后再进行慢速的超程试验，验证超程撞块安装的正确性。将状态开关置于回零位置，完成回零操作，参考点返回的动作不完成就不能进行其他操作。因此，遇此情况应首先进行本项操作，然后再进行第 4 项操作。将状态开关置于“JOG”位置或“MDI”位置，进行手动变挡试验，验证后将主轴调速开关放在最低位置，进行各挡的主轴正反转试验，观察主轴运转的情况和速度显示的正确性，然后再逐渐升速到最高转速，观察主轴运转的稳定性。进行手动导轨润滑试验，使导轨有良好的润滑。逐渐变化快移超调开关和进给倍率开关，随意点动刀架，观察速度变化的正确性。

6.4.11　MDI 试验

（1）测量主轴实际转速：将机床锁住开关放在接通位置，用手动数据输入指令，进行主轴任意变挡、变速试验，测量主轴实际转速，并观察主轴速度显示值，调整其误差应限定在5%之内。

（2）进行转塔或刀座的选刀试验：其目的是检查刀座或正、反转和定位精度的正确性。

（3）功能试验：根据订货的情况不同，功能也不同，可根据具体情况对各个功能进行试验。为防止意外情况发生，最好先将机床锁住进行试验，然后再放开机床进行试验。

（4）EDIT 功能试验：将状态选择开关置于 EDIT 位置，自行编制一简单程序，尽可能多地包括各种功能指令和辅助功能指令，移动尺寸以机床最大行程为限，同时进行程序的增加、删除和修改。

（5）自动状态试验：将机床锁住，用编制的程序进行空运转试验，验证程序的正确性，然后放开机床，分别将进给倍率开关、快速超调开关、主轴速度超调开关进行多种变化，使机床在上述各开关的多种变化情况下进行充分的运行，之后将各超调开关置于 100%处，使机床充分运行，观察整机的工作情况是否正常。

6.5　数控机床常见的维护知识

6.5.1　数控机床维护与保养的目的

1. 数控机床维护与保养的目的和意义

数控机床是一种综合应用了计算机技术、自动控制技术、自动检测技术、精密机械设计和制造等先进技术的高新技术产物，是技术密集度及自动化程度都很高的、典型的机电一体化产品。与普通机床相比较，数控机床不仅具有零件加工精度高、生产效率高、产品质量稳定、自动化程度极高的特点，而且它还可以完成普通机床难以完成或根本不能加工的复杂曲面零件加工，因而数控机床在机械制造中的地位显得越来越重要。甚至可以这样说，在机械制造业中，数控机床的档次和拥有量，是反映企业制造能力的重要标志。但是，还应当清醒地认识到：在企业生产中，数控机床能否达到加工精度高、产品质量稳定、生产效率高的目标，这不仅取决于机床本身的精度和性能，很大程度上也与操作者在生产中能否正确地进行维护、保养和使用密切相关。

与此同时，数控机床维修的概念，不能单纯地理解为数控系统或者是数控机床的机械部分和其他部分在发生故障时，仅仅依靠维修人员排除故障和及时修复，使数控机床能够尽早地投入使用就可以了，这还应包括正确使用和日常保养等工作。

综上所述，只有坚持做好对机床的日常维护和保养工作，才可以延长元器件的使用寿命，延长机械部件的磨损周期，防止意外恶性事故的发生，争取机床长时间稳定工作；也才能充分发挥数控机床的加工优势，达到数控机床的技术性能，确保数控机床能够正常工作。因此，这无论是对数控机床的操作者，还是对数控机床的维修人员来说，数控机床的维护与保养就显得非常重要，必须高度重视。

6.5.2 数控机床维护与保养的内容

1. 选择合适的使用环境

数控车床的使用环境（如温度、湿度、振动、电源电压、频率及干扰等）会影响机床的正常运转，所以在安装机床时应严格要求做到符合机床说明书规定的安装条件和要求。在经济条件许可的条件下，应将数控车床与普通机械加工设备隔离安装，以便于维修与保养。

2. 应为数控车床配备数控系统编程、操作和维修的专门人员

数控系统编程、操作和维修的专门人员应熟悉所用机床的机械部分、数控系统、强电设备、液压和气压等部分及使用环境、加工条件等，并能按机床和系统使用说明书的要求正确使用数控车床。

3. 长期不用数控车床的维护与保养

在数控车床闲置不用时，应经常给数控系统通电，在机床锁住情况下，使其空运行。在空气湿度较大的霉雨季节应该天天通电，利用电器元件本身发热驱走数控柜内的潮气，以保证电子部件的性能稳定可靠。

4. 数控系统中硬件控制部分的维护与保养

数控系统应每年让有经验的维修电工检查一次。检测有关的参考电压是否在规定范围内，如电源模块的各路输出电压、数控单元参考电压等，若不正常并清除灰尘；检查系统内各电器元件连接是否松动；检查各功能模块使用风扇运转是否正常并清除灰尘；检查伺服放大器和主轴放大器使用的外接式再生放电单元的连接是否可靠，清除灰尘；检测各功能模块使用的存储器后备电池的电压是否正常，一般应根据厂家的要求定期更换。对于长期停用的机床，应每月开机运行 4 h，这样可以延长数控机床的使用寿命。

5. 机床机械部分的维护与保养

操作者在每班加工结束后，应将散落于拖板、导轨等处的切屑清扫干净；在工作时注意检查排屑器是否正常以免造成切屑堆积，损坏导轨精度，危及滚珠丝杠副与导轨的寿命；在工作结束前，应将各伺服轴回归原点后停机。

6. 机床主轴电机的维护与保养

维修电工应每年检查一次伺服电动机和主轴电动机。着重检查其运行噪声、温升，若噪声过大，应查明原因，是轴承等机械问题还是与其相配的放大器参数设置问题，采取相应措施加以解决。对于直流电动机，应对其电刷、换向器等进行检查、调整、维修或更换，

使其工作状态良好。检查电动机端部的冷却风扇运转是否正常并清扫灰尘；检查电动机各连接插头是否松动。

7. 机床进给伺服电动机的维护与保养

对于数控车床的伺服电动机，要每隔 10～12 个月进行一次维护、保养，加速或者减速变化频繁的机床要每隔两个月进行一次维护和保养。维护和保养的主要内容有：用干燥的压缩空气吹除电刷的粉尘，检查电刷的磨损情况，如需更换，需选用规格相同的电刷，更换后要空载运行一定时间使其与换向器表面吻合；检查并清扫电枢整流子以防止短路；如装有测速电动机和脉冲编码器时，也要进行检查和清扫。数控车床中的直流伺服电动机应每年至少检查一次，一般应在数控系统断电，并且电动机已完全冷却的情况下进行检查；取下橡胶刷帽，用螺钉旋具刀拧下刷盖，取出电刷；测量电刷长度，如 FANUC 直流伺服电动机的电刷由 10 mm 磨损到小于 5 mm 时，必须更换同一型号的电刷；仔细检查电刷的弧形接触面是否有深沟和裂痕，以及电刷弹簧上有无打火痕迹。如有上述现象，则要考虑电动机的工作条件是否过分恶劣或电动机本身是否有问题。用不含金属粉末及水分的压缩空气导入装电刷的刷孔中，吹净粘在刷孔壁上的电刷粉末。如果难以吹净，可用螺钉旋具尖轻轻清理，直至孔壁全部干净为止，但要注意不要碰到换向器表面。如果更换了新电刷，应使电动机空运行跑合一段时间，以使电刷表面和换向器表面相吻合。

8. 机床检测元件的维护与保养

检测元件采用编码器、光栅尺的较多，也有使用感应同下尺、磁尺、旋转变压器等。维修电工每周应检查一次检测元件连接是否松动，是否被油液或灰尘污染。

9. 机床电气部分的维护与保养

机床电气部分的维护与保养可按如下步骤进行。首先，检查三相电源的电压值是否正常，有无偏相，如果输入的电压超出允许范围则进行相应调整；其次，检查所有电气连接是否良好；再次，检查各类开关是否有效，可借助于数控系统 CRT 显示的自诊断画面及可编程机床控制器（PMC）、输入输出模块上的 LED 指示灯检查确认，若开关接触不良则应更换；接下来检查各继电器、接触器是否工作正常，触点是否完好，可利用数控编程语言编辑一个功能试验程序，通过运行该程序确认各元器件是否完好有效；最后，检验热继电器、电弧抑制器等保护器件是否有效，等等。电气保养应由车间电工实施，每年检查调整一次。电气控制柜及操作面板显示器的箱门应密封，不能用打开柜门使用外部风扇冷却的方式降温。操作者应每月清扫一次电气柜防尘滤网，每天检查一次电气柜冷却风扇或空调运行是否正常。

10. 机床液压系统的维护与保养

机床液压系统的维护与保养包括以下方面：各液压阀、液压缸及管子接头是否有外漏；液压泵或液压电动机运转时是否有异常噪声等现象；液压缸移动时工作是否正常平稳；液压系统的各测压点压力是否在规定的范围内，压力是否稳定；油液的温度是否在允许的范围内；液压系统工作时有无高频振动；电气控制或撞块（凸轮）控制的换向阀工作是否灵敏可靠，油箱内油量是否在油标刻线范围内；行位开关或限位挡块的位置是否有变动；液压系统手动或自动工作循环时是否有异常现象；定期对油箱内的油液进行取样化验，检查油液质量，定期过滤或更换油液；定期检查蓄能器的工作性能；定期检查冷却器和加热器的工作性能；定期检查和旋紧重要部位的螺钉、螺母、接头和法兰螺钉；定期检查更换密封元件；定期检查清洗或更换液压元件；定期检查清洗或更换滤芯；定期检查或清洗液压油箱和管道。操作者每周应检查液压系统压力有无变化，如有变化，应查明原因，并将液压系统压力调整至机床制造厂要求的范围内。操作者在使用过程中，应注意观察刀具自动换刀系统、自动拖板移动系统工作是否正常；液压油箱内油位是否在允许的范围内，油温是否正常，冷却风扇是否正常运转；每月应定期清扫液压油冷却器及冷却风扇上的灰尘；每年应清洗液压油过滤装置；检查液压油的油质，如果失效变质应及时更换，所用油品应是机床制造厂要求品牌或已经难确认可代用的品牌；每年检查调整一次主轴箱平衡缸的压力，使其符合出厂要求。

11. 机床气动系统的维护与保养

机床气动系统的维护与保养应保证供给洁净的压缩空气。压缩空气中通常都含有水分、油分和粉尘等杂质，其中水分会使管道、阀和气缸腐蚀；油液会使橡胶、塑料和密封材料变质；粉尘会造成阀体动作失灵。选用合适的过滤器可以清除压缩空气中的杂质，使用过滤器时应及时排除和清理积存的液体，否则，当积存液体接近挡水板时，气流仍可将积存物卷起。机床气动系统的维护与保养应保证空气中含有适量的润滑油。大多数气动执行元件和控制元件都要求有适度的润滑，润滑的方法一般采用油雾器进行喷雾润滑，油雾器一般安装在过滤器和减压阀之后。油雾器的供油量一般不宜过多，通常每 10 m 的自由空气供 1 mL 的油量（即 40 到 50 滴油）。检查润滑是否良好的一个方法是：找一张清洁的白纸放在换向阀的排气口附近，如果在换向阀工作三到四个循环后，白纸上只有很轻的斑点，则表明润滑是良好的。要保持气动系统的密封性，漏气不仅增加了能量的消耗，也会导致供气压力的下降，甚至造成气动元件工作失常。严重的漏气在气动系统停止运行时，很容易发现由其引发的噪声；轻微的漏气则利用仪表，或用涂抹肥皂水的办法进行检查。要保证气动元件中运动零件的灵敏性。从空气压缩机排出的压缩空气，包含有粒度为 0.01～0.08 μm 的压缩机油微粒，在排气温度为 120～220 ℃的高温下，这些油粒会迅速氧化，氧化后油粒颜色变深，黏性增大，并逐步由液态固化成油泥。这种微米级以下的颗粒，一般过滤器无法滤除。当它们进入到换向阀后便附着在阀芯上，使换向阀的灵敏度逐步降低，甚至出现动作失灵。为了清除油泥，保证灵敏度，可在气动系统的过滤器之后，安装油雾分离器，将油泥分离出。此外，定期清洗液压阀也可以保证换向阀的灵敏度。要保证气动装置具有合适的工作压力和运动速度。在调节工作压力时，压力表应当工作可靠，读数准确。减压阀与节流阀调节好后，必须紧固调压阀盖或锁紧螺母，防止松动。操作者应每天检查压缩空气的压力是否正常；过滤器需要手动排水的，夏季应两天排一次，冬季一周排一次；每月检查润滑器内的润滑油是否用完，及时添加规定品牌的润滑油。

12. 机床润滑部分的维护与保养

各润滑部位必须按润滑图定期加油，注入的润滑油必须清洁。润滑处应每周定期加油一次，找出耗油量的规律，发现供油减少时应及时通知维修工人检修。操作者应随时注意 CRT 显示器上的运动轴监控画面，发现电流增大等异常现象时，及时通知维修工维修。维修工每年应进行一次润滑油分配装置的检查，发现油路堵塞或漏油时应及时疏通或修复。底座里的润滑油必须加到油标的最高线，以保证润滑工作的正常进行。因此，必须经常检查油位是否正确，润滑油应 5～6 个月更换一次。由于新机床各部件的初磨损较大，所以第一次和第二次

换油的时间应提前到每月换一次，以便及时清除污物。废油排出后，箱内应用煤油冲洗干净（包括床头箱及底座内油箱），同时清洗或更换滤油器。

13. 可编程机床控制器（PMC）的维护与保养

对 PMC 与 NC 完全集成在一起的系统，不必单独对 PMC 进行检查调整；对其他两种组态方式，应对 PMC 进行检查。检查时主要检查 PMC 的电源模块的电压输出是否正常；输入输出模块的接线是否松动；输出模块内各路熔断器是否完好；后备电池的电压是否正常，必要时进行更换。对 PMC 输入、输出点的检查可利用 CRT 上的诊断画面用置位、复位的方式检查，也可用运行功能试验程序的方法检查。

6.6　思考与练习

1. 数控机床对主传动系统的要求有哪些？
2. 数控机床对进给传动系统的要求有哪些？
3. 同步齿形带传动有哪些工作特点？
4. 自动换刀装置有哪几种形式？各有何特点？
5. 数控机床维修要点有哪些？
6. 通过列表列举维护和保养数控机床的具体细则。

第 7 章

数控机床伺服系统和位置检测装置

学习目标

1. 了解伺服系统的工作原理。
2. 理解进给驱动和主轴驱动系统的工作原理。
3. 了解位置检测元件的工作原理。

7.1 数控机床伺服系统的概念

7.1.1 伺服系统的概念

数控机床伺服系统是以机械位移为直接控制目标的自动控制系统，也可称为位置随动系统，简称伺服系统。数控机床伺服系统主要有两种：一种是进给伺服系统（进给传动系统、进给驱动系统），它控制机床坐标轴的切削进给运动，以直线运动为主；另一种是主轴伺服系统（主传动系统、主轴驱动系统），它控制主轴的切削运动，以旋转运动为主。

CNC 装置是数控机床发布命令的“大脑”，而伺服系统则为数控机床的“四肢”，是一种“执行机构”，它能够准确地执行来自 CNC 装置的运动指令。伺服系统的驱动装置由驱动部件和速度控制单元组成。驱动部件由交流或直流电动机、位置检测元件（如旋转变压器、感应同步器、光栅等）及相关的机械传动和运动部件（滚珠丝杠副、齿轮副及工作台等）组成。

驱动系统的作用可归纳为以下两个作用。

① 放大 CNC 装置的控制信号，具有功率输出的能力。

② 根据 CNC 装置发出的控制信号对机床移动部件的位置和速度进行控制。

数控机床的伺服系统作为一种实现切削刀具与工件间运动的进给驱动和执行机构，是数控机床的一个重要组成部分，它在很大程度上决定了数控机床的性能，如数控机床的最高移动速度、跟踪精度、定位精度等一系列重要指标均取决于伺服系统性能的优劣。因此，随着数控机床的发展，研究和开发高性能的伺服系统，一直是现代数控机床研究的关键技术之一。

7.1.2 伺服系统的要求

1. 调速范围要宽

调速范围 R_n 是指机械装置要求电动机能提供的最高转速 n_{max} 和最低转速 n_{min} 之比（调速范围 $R_n = n_{max}/n_{min}$，n_{max} 和 n_{min} 一般是指额定负载时的转速，对于少数负载很轻的机械，也可

以是实际负载时的转速)。在各种数控机床中，由于加工用刀具、被加工材料、主轴转速以及零件加工工艺要求的不同，为保证在任何情况下都能得到最佳切削条件，就要求进给驱动系统必须具有足够宽的无级调速范围（通常大于 1:10 000），不仅要满足低速切削进给的要求，如 5 mm/min，还要能满足高速进给的要求，如 10 000 mm/min。尤其在低速（如 n_{min}<0.1 r/min）时，要仍能平滑运动而无爬行现象。脉冲当量为 1 μm/P 情况下，最先进的数控机床的进给速度从 0～240 m/min 连续可调。但对于一般的数控机床，要求进给驱动系统在 0～24 m/min 的进给速度下工作就足够了。

2. 定位精度要高

伺服系统的定位精度是指输出量能复现输入量的精确程度。使用数控机床主要是为了保证加工质量的稳定性、一致性，减少废品率；解决复杂曲面零件的加工问题；解决复杂零件的加工精度问题，缩短制造周期等。数控机床是按预定的程序自动进行加工的，避免了操作者的人为误差，但是，它不可能应付事先没有预料到的情况。就是说，数控机床不能像普通机床那样，可随时用手动操作来调整和补偿各种因素对加工精度的影响。因此，要求进给驱动系统具有较好的静态特性和较高的刚度，从而达到较高的定位精度，以保证机床具有较小的定位误差与重复定位误差（目前进给伺服系统的分辨率可达 1 μm 或 0.1 μm，甚至 0.01 μm）；同时进给驱动系统还要具有较好的动态性能，以保证机床具有较高的轮廓跟随精度。

伺服系统的位移精度是指指令脉冲要求机床工作台进给的位移量和该指令脉冲经伺服系统转化为工作台实际位移量之间的符合程度。两者误差越小，伺服系统的位移精度越高。通常，插补器或计算机的插补软件每发出一个进给脉冲指令，伺服系统将其转化为一个相应的机床工作台位移量，这称为机床的脉冲当量。一般机床的脉冲当量为 0.01～0.005 mm 脉冲，高精度的 CNC 机床其脉冲当量可达 0.001 mm 脉冲。脉冲当量越小，机床的位移精度越高。

3. 动态响应快，无超调

为了提高生产率和保证加工质量，除了要求有较高的定位精度外，还要求有良好的快速响应特性，即要求跟踪指令信号的响应要快。一方面，在启、制动时，要求加、减加速度足够大，以缩短进给驱动系统的过渡过程时间，减小轮廓过渡误差。一般电动机的速度从零变到最高转速，或从最高转速降至零的时间在 200 ms 以内，甚至小于几十毫秒。这就要求进给驱动系统要快速响应，但又不能超调，否则将形成过切，影响加工质量；另一方面，当负载突变时，要求速度的恢复时间也要短，且不能有振荡，这样才能得到光滑的加工表面。这要求进给电动机必须具有较小的转动惯量和大的制动转矩，尽可能小的机电时间常数和启动电压，4 000 r/s^2 以上的加速度。

4. 低速大转矩，过载能力强

数控机床要求进给驱动系统有非常宽的调速范围，例如在加工曲线和曲面时，拐角位置某轴的速度会逐渐降至零。这就要求进给驱动系统在低速时保持恒力矩输出，无爬行现象，并且具有长时间内较强的过载能力和频繁的启动、反转、制动能力。一般，伺服驱动器具有数分钟甚至半小时内 1.5 倍以上的过载能力，在短时间内可以过载 4～6 倍而不损坏。

5. 可靠性高

数控机床特别是自动生产线上的设备，要求具有长时间连续稳定工作的能力，同时数控机床的维护、维修也较复杂，因此，要求数控机床的进给驱动系统可靠性高、工作稳定性好，具有较强的温度、湿度、振动等环境适应能力，具有很强的抗干扰能力。

7.1.3 伺服系统的组成

开环控制伺服系统不需要位置检测及反馈，闭环控制伺服系统需要位置检测及反馈。位置检测的职能是精确地控制机床运动部件的坐标位置，快速而准确地跟踪指令运动。一般开环控制伺服系统由驱动控制单元、执行元件和机床组成。闭环控制伺服系统主要由以下几个部分组成。

1. 驱动装置

驱动装置接收 CNC 发出的指令，并将输入信号转换成电压信号，经过功率放大后，驱动电动机旋转。转速的大小由指令控制。若要实现恒速控制功能，驱动装置应能接收速度反馈信号，将反馈信号与微机的输入信号进行比较，并将差值信号作为控制信号，使电动机保持恒速转动。

2. 执行元件

执行元件可以是步进电动机、直流电动机，也可以是交流电动机。采用步进电动机的伺服系统通常是开环伺服系统。

3. 传动机构

传动机构包括减速装置和滚珠丝杠副等。若采用直线电动机作为执行元件，则传动机构与执行元件为一体。

4. 检测元件及反馈电路

检测元件及反馈电路包括速度反馈和位置反馈，有旋转变压器、光电编码器、光栅等。用于速度反馈的检测元件一般安装在电动机上，位置反馈的检测元件则根据闭环的方式不同而安装在电动机或机床上；在半闭环控制时速度反馈和位置反馈的检测元件一般共用电机上的光电编码器，对于全闭环控制，则分别采用各自独立的检测元件。

7.1.4 伺服系统的分类

（1）按驱动方式分类，伺服系统可分为液压伺服系统、气压伺服系统和电气伺服系统。

（2）按执行元件的类别分类，伺服系统可分为直流电动机伺服系统、交流电动机伺服系统和步进电动机伺服系统。

（3）按有无检测元件和反馈环节分类，伺服系统可分为开环控制伺服系统、闭环控制伺服系统和半闭环控制伺服系统。

（4）按输出被控制量的性质分类，伺服系统可分为位置伺服系统和速度伺服系统。

7.1.5 伺服系统的工作原理

伺服系统分为开环和闭环控制两类，开环控制与闭环控制的主要区别为是否采用了由位置反馈和速度的反馈检测元件组成的反馈系统。开环控制结构简单，精度低。闭环控制精度高，但构成较复杂，是进给驱动系统的主要形式。

1. 开环控制进给驱动系统

无位置反馈检测元件的伺服进给系统称为开环控制进给驱动系统。采用步进电动机（包括电液脉冲电动机）作为伺服驱动元件，是其最明显的特点，如图 7-1 所示。在开环控制进给驱动系统中，数控装置输出的脉冲，经过步进驱动器的环形分配器或脉冲分配软件的处理，

在驱动电路中进行功率放大后控制步进电动机，最终控制了步进电动机的角位移。步进电动机的旋转速度取决于指令脉冲的频率，转角的大小则取决于脉冲数目。步进电动机经过减速装置（或直接连接）带动丝杠旋转，通过丝杠将角位移转换为移动部件的直线位移。

由于系统中没有位置和速度反馈控制回路，工作台是否移动到位，取决于步进电动机的步距角精度、齿轮传动间隙、丝杠螺母副精度等，因此，开环系统的精度较差，但由于其结构简单、易于调整，在精度不高的场合仍得到广泛应用。

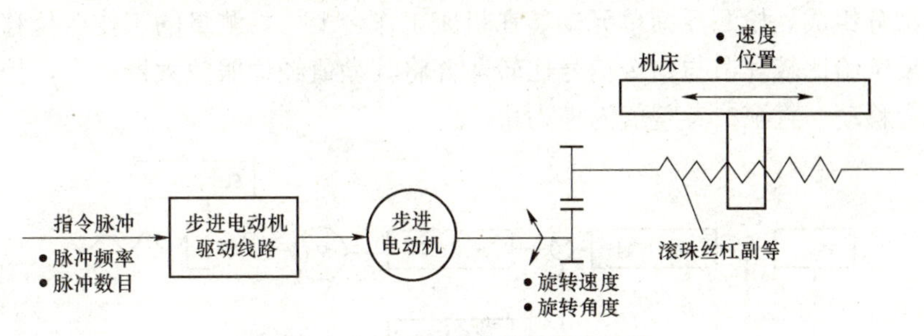

图7-1 开环控制进给驱动系统

2. 闭环控制进给驱动系统

闭环控制进给驱动系统一般采用伺服电动机作为驱动元件，根据位置反馈检测元件所处在数控机床不同的位置，它可以分为半闭环、全闭环和混合闭环三种。半闭环控制进给驱动系统一般将位置反馈检测元件安装在伺服电动机的非输出轴端，伺服电动机角位移通过滚珠丝杠副等机械传动机构转换为数控机床工作台的直线或角位移。全闭环控制进给驱动系统是将位置反馈检测元件安装在机床工作台或某些部件上，以获取工作台的实际位移量。混合闭环控制进给驱动系统则采用半闭环控制和全闭环控制结合的方式。图7-2所示为半闭环控制进给驱动系统。

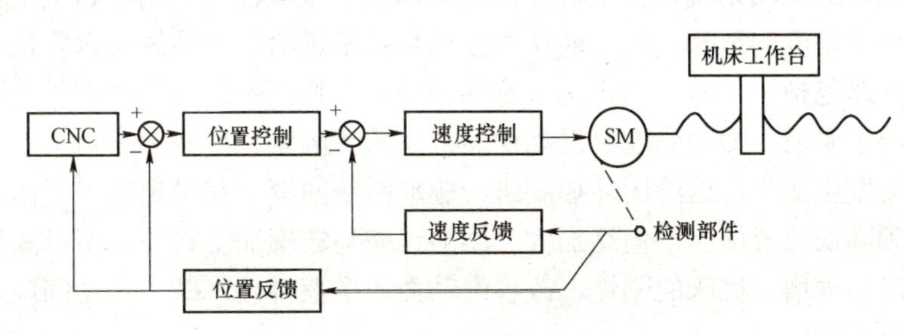

图7-2 半闭环控制进给驱动系统

半闭环位置检测方式一般将位置检测元件安装在电动机的轴上，用以精确控制电动机的角度，然后通过滚珠丝杠副等传动机构，将角度转换成工作台的直线位移，如果滚珠丝杠副的精度足够高、间隙小，精度要求一般可以得到满足。由于这种系统抛开了机械传动系统的刚度、间隙、制造误差和摩擦阻尼等非线性因素，所以调试比较容易，稳定性好。尽管这种系统不反映反馈回路之外的误差，但由于采用高分辨率的检测元件，故也可以获得比较满意的精度。而且传动链上有规律的误差（如间隙及螺距误差）可以由数控装置加以补偿，因而可进一步提高精度，因此在精度要求适中的中、小型数控机床上半闭环控制进给驱动系统得到了广泛的应用。

半闭环控制进给驱动系统的优点是闭环环路短（不包括传动机械），因而系统容易达到较高的位置增益，不发生振荡现象。它的快速性也好，动态精度高，传动机构的非线性因素对系统的影响小。但如果传动机构的误差过大或误差不稳定，则数控系统难以补偿。例如，由于传动机构扭曲变形所引起的弹性变形，因其与负载力矩有关，故无法补偿。此外，由制造与安装所引起的重复定位误差，以及由于环境温度与丝杠温度变化所引起的丝杠螺距误差也不能补偿。因此要进一步提高精度，只有采用全闭环控制进给驱动系统。

如图 7–3 所示为全闭环控制进给驱动系统。它由伺服电动机、检测反馈单元、驱动线路、比较环节等部分组成。检测反馈单元安装在机床工作台上，将测量的工作台位移量直接转换成电信号，反馈给比较环节与指令信号比较，并将其差值经伺服放大器放大，控制伺服电动机带动工作台移动，直至二者差值为零为止。

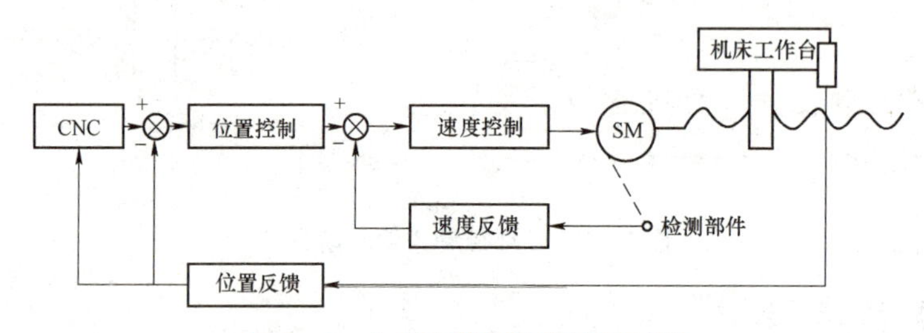

图 7–3　全闭环控制进给驱动系统

全闭环控制进给驱动系统消除了进给驱动系统的全部误差，所以精度很高（从理论上讲，精度取决于检测装置的测量精度）。然而，由于各个环节都包括在反馈回路内，所以机械传动系统的刚度、间隙、制造误差和摩擦阻尼等非线性因素都直接影响伺服系统的调制参数。由此可见，全闭环控制进给驱动系统的结构复杂，其调试、维护都有较高的技术难度，价格也较昂贵。常用于精密数控机床。

全闭环控制进给驱动系统直接从机床的移动部件上获取位置的实际移动值，因此其检测精度不受机械传动精度的影响。但不能认为全闭环控制进给驱动系统可以降低对传动机构的要求。因闭环环路包括了机械传动机构，它的闭环动态特性不仅与传动部件的刚性、惯性有关，而且还取决于阻尼、油的黏度、滑动面摩擦系数等因素。这些因素对动态特性的影响在不同条件下还会发生变化，这给闭环控制进给驱动系统的调整和稳定带来了困难，导致调整闭环环路时必须降低位置增益，但这加大了跟随误差与轮廓加工误差。所以采用全闭环控制进给驱动系统时必须增大机床的刚性，改善滑动面的摩擦特性，减小传动间隙，这样才有可能提高位置增益。

图 7–4 所示为混合闭环控制进给驱动系统。混合闭环控制进给驱动系统采用半闭环与全闭环控制结合的方式。它利用半闭环控制进给驱动系统所能达到的高位置增益，从而获得

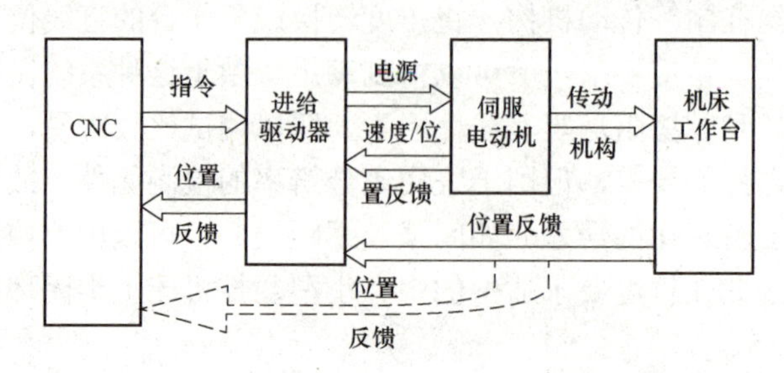

图 7–4　混合闭环控制进给驱动系统

了较高的速度与良好的动态特性。它又利用全闭环控制进给驱动系统补偿半闭环控制进给驱动系统无法修正的传动误差，从而提高了系统的精度。混合闭环控制进给驱动系统适用于重型、超重型数控机床，因为这些机床的移动部件很重，故设计时提高刚性较困难。

7.1.6　伺服系统电动机类型

1. 进给驱动系统用的伺服电动机

1）改进型直流电动机

改进型自流电动机在结构上与普通直流电动机没有区别，只是它具有转动惯量较小、过载能力较强，且换向性能较好的优点。它的静态特性和动态特性方面较普通直流电动机有所改进。在早期的数控机床上多用这种电动机。

2）小惯量直流电动机

小惯量直流电动机又分无槽圆柱体电枢结构和带印制绕组的盘形结构两种。因为小惯量直流电动机最大限度地减少了电枢的转动惯量，所以能获得较好的快速性。在早期的数控机床上应用这类电动机也较多。为了获得电动机的高角加速度，无论是小惯量直流电动机还是改进型直流电动机，都设计成高额定转速和低惯量。因此，一般它们都要经过中间的机械传动（如齿轮减速器）才能与丝杠相连接。

3）步进电动机

由于步进电动机制造容易，它所组成的开环进给驱动装置也比较简单易调，在 20 世纪 60 年代至 70 年代初，这种电动机在数控机床上曾风行一时。但到现在，除经济型数控机床外，一般数控机床已不再使用。另外，在某些机床上也有用作补偿刀具磨损运动，以及精密角位移的驱动。

4）永磁直流电动机

由于永磁直流电动机能在较大过载转矩下长期工作电机的转子惯量较大，所以它能直接与丝杠相连而不需要中间的机械传动，而且因为无励磁回路损耗，所以它的外形尺寸比励磁式直流电动机小。永磁直流电动机的另一个特点是可在低速下运行，如其能在 1 r/min 甚至在 0.1 r/min 下平稳运转。因此，这种电动机获得广泛的应用，从 20 世纪 70 年代到 80 年代中期，在数控机床的进给驱动装置中，它占据着绝对的优势地位。至今，许多数控机床上仍使用永磁直流电动机。

5）无刷直流电动机

无刷直流电动机也叫无换向器直流电动机。它由同步电动机和逆变器组成，而逆变器是受装在转子上的转子传感器控制的。因此，它实质上是交流调速电动机的一种。这种电动机的性能达到直流电动机的水平，而且取消了换向器和电刷部件，使电动机的寿命大约提高了一个数量级。

6）交流进给驱动电动机

自 20 世纪 80 年代中期开始，异步电动机和永磁同步电动机为基础的交流进给驱动电动机得到了迅速的发展，已经形成了趋势，是数控机床进给驱动的一个方向。某些国家生产的数控机床已全部采用交流进给驱动电动机。

我国到目前为止，大量的普通机床仍在生产第一线发挥主要作用，为了满足生产技术日益发展的需要，必须对普通机床进行数控化改造，改造的主要形式是采用步进电动机开环控

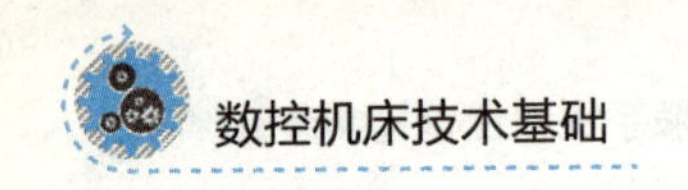

制伺服系统。因此，由步进电动机构成的开环控制伺服系统在一个相当长的时间内都是人们应首先关注的伺服系统。

2. 主轴驱动电动机

数控机床主轴驱动可采用直流电动机，也可采用交流电动机。与进给驱动不同的是，主轴驱动电动机的功率要求更大，对转速要求更高，但对调速性能的要求却远不如进给驱动那样高。因此在主轴调速控制中，除采用调压调速外，还采用了弱磁升速的方法，进一步提高其最高转速。在主轴驱动中，直流电动机已逐渐被淘汰，目前均使用交流电动机。由于受永磁体的限制，交流同步电动机的功率不易做得很大，因此，目前在数控机床的主轴驱动中，均采用笼型感应电动机。

7.2 数控机床的进给驱动系统、主轴驱动系统

7.2.1 步进电动机驱动的进给驱动系统

步进电动机伺服系统（步进电动驱动的进给驱动系统）是一种用脉冲信号进行控制，并将脉冲信号转换成相应角位移的控制系统。对步进电动机施加一个电脉冲信号时，它就旋转一个固定的角度，这称为一步，每一步所转过的角度叫作步距角。常用步进电动机的步距角有 0.36° /0.72° 、0.75° /1.5° 、0.9° /1.8° 等，斜线前面的角度表示半步距角度，斜线后面的角度表示全步距角度。步进电动机的角位移量和输入脉冲的个数严格地成正比例，在时间上与输入脉冲同步。转速与脉冲频率成正比，通过改变脉冲频率可调节电动机的转速。因此，只需控制输入脉冲的数量、频率及电动机绕组通电相序，便可获得所需要的转角、转速及旋转方向。没有脉冲输入时，在绕组电源激励下，气隙磁场能使转子保持原有位置而处于定位状态。由于步进电动机所用电源是脉冲电源，所以其也称为脉冲电动机。

1. 步进电动机的分类

（1）按步进电动机输出转矩的大小，步进电动机可分为快速步进电动机和功率步进电动机。快速步进电动机连续工作频率高，而输出转矩小，只能驱动较小的负载，要与液压扭矩放大器配用，才能驱动数控机床工作台等较大的负载。功率步进电动机的输出转矩比较大，一般在 5 N·m～50 N·m 以上，可以直接驱动数控机床工作台等较大的负载。数控机床一般采用功率步进电动机。

（2）按转矩产生的工作原理分类，步进电动机分为可变磁阻式步进电动机、永磁式步进电动机和混合式步进电动机三种基本类型。可变磁阻式步进电动机又称为反应式步进电动机，它的工作原理是通过改变电动机定子和转子软钢齿之间的电磁引力来改变定子和转子的相对位置，这种电动机结构简单、步距角小。永磁式步进电动机的转子铁芯上装有多条永久磁铁，转子的转动与定位是由定、转子之间的电磁引力与磁铁磁力共同作用的。与反应式步进电动机相比，相同体积的永磁式步进电动机转矩大，步距角也大。混合式步进电动机结合了反应式步进电动机和永磁式步进电动机的优点，采用永久磁铁提高电动机的转矩，采用细密的极齿来减小步距角，是目前数控机床上应用最多的步进电动机。

（3）按励磁组数分类，步进电动机可分为两相、三相、四相、五相、六相甚至八相步进电动机。

（4）从电流的极性上分类，步进电动机可分为单极性和双极性步进电动机。

（5）从运动的型式上分类，步进电动机可分为旋转、直线、平面步进电动机。

2. 步进电动机工作原理及特性

1）步进电动机的组成和工作原理

步进电动机主要由转子和定子组成，其中转子上有绕组，根据绕组的数量，其可分为两相、三相和五相等步进电动机。各绕组按一定的顺序通以直流电，则电动机按预定的方向旋转。转子和定上均布有齿，绕组中的电流每变化一个周期，转子和定子的相对位置变化一个齿。

以三相反应式步进电动机为例，按控制其绕组通电的方式，可分为三相三拍（通电顺序为 A，B，C，A，…）和三相六拍（通电顺序为 A，AB，B，BC，C，CA，A，…）两种。若定子齿数为 24，则每一拍电动机转过的角度（步距角）为

$$\beta=\frac{360^\circ}{mZ_2}=\frac{360^\circ}{3\times 24}=5^\circ\text{（三相三拍）或}\beta=\frac{360^\circ}{mZ_2}=\frac{360^\circ}{6\times 24}=2.5^\circ\text{（三相六拍）}$$

式中，β——步距角；

Z_2——转子齿数；

m——周期的拍数。

实际使用的步进电动机，一般都要求有较小的步距角。因此，步距角越小，它所达到的位置精度越高。步进电动机转速计算公式为

$$n=\frac{\theta}{360}\times 60f=\frac{\theta f}{6}$$

式中，n——转速，单位为 r/min；

f——控制脉冲频率，即每秒输入步进电动机的脉冲数；

θ——用度数表示的步距角。

图 7–5 所示为两相混合式步进电动机结构原理图。定子与反应式步进电动机的相似，均布 8 个磁极，A_1、A_2、A_3、A_4 为 A 相，B_1、B_2、B_3、B_4 为 B 相。同相磁极的线圈串联构成一相控制绕组，并使 A_1、A_3 与 A_2、A_4 极性相反，B_1、B_3 与 B_2、B_4 极性相反。每个定子磁极上均有三个齿，齿间夹角 12°。转子上没有绕组，均布 30 个齿，齿间夹角也为 12°，转子铁芯分成两段，中间夹有环形永磁体，充磁方向为轴向。两段转子铁芯长度相同，它们的相对位置沿圆周方向相互错开 1/2 齿距（6°），即两段铁芯的齿与槽相对。

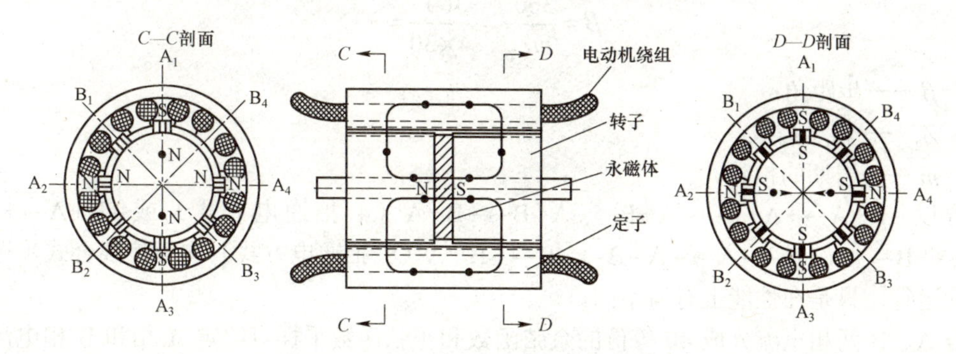

图 7–5　两相混合式步进电机结构原理

若以转子左段铁芯作参考，当 A_1、A_3 极上的齿与转子齿对齐时，则有 A_2、A_4 极上的齿与转子槽相对，B_1、B_3 极上的齿沿顺时针方向超前转子齿 1/4 齿距，B_2、B_4 极上的齿沿顺时针方向超前转子齿 3/4 齿距；在转子右段铁芯，则 A_1、A_3 极上的齿与转子槽相对，A_2、A_4 极上的齿与转子齿对齐，B_1、B_3 极上的齿沿顺时针方向超前转子 3/4 齿距，B_2、B_4 极上的齿沿顺时针方向超前转子齿 1/4 齿距，如图 7-6 所示。

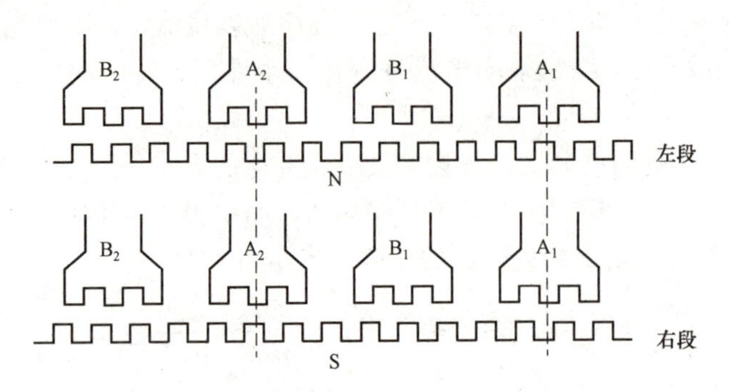

图 7-6　磁极上的齿与左、右段转子齿的相对位置

由于永磁体的作用，左段转子齿为 N 极性，右段转子齿为 S 极性。若 A 相通以正向电流。假定 A_1、A_3 极为 S 极性，A_2、A_4 极为 N 极性，则 A_1、A_3 极的齿与左段转子齿相吸引，A_2、A_4 极的齿与左段转子齿相排斥。同理，A_1、A_3 极的齿与右段转子齿相斥，而 A_2、A_4 极的齿与右段转子齿相吸引，最后转子停留在左段转子齿与 A_1、A_3 极的齿相对齐的位置上。磁路的走向如图 7-5 中箭头所示，即从永磁体 N 极出发，沿轴向穿过转子左段，径向从转子齿经气隙至右段转子齿，沿右段转至轴向至永磁体的 S 极。若 B 相能通以正向电流，断开 A 相，B_1、B_3 极为 S 极性，B_2、B_4 极为 N 极性，此时 B_1、B_3 极的定子齿与左段转子齿相吸引，B_2、B_4 极的定子齿与左段转子齿排斥，转子将沿顺时针方向转过 1/4 齿距（即 3°）；断开 B 相，A 相通以负电流，A_2、A_4 极为 S 极性，A_1、A_3 极为 N 极性，转子将顺时针方向转过 1/4 齿距，停留在 A_2、A_4 磁极的定子齿与左段转子齿对齐的位置；再断开 A 相，B 相通以负电流，B_2、B_4 为 S 极性，B_1、B_3 为 N 极性，转子将顺时针方向转过 1/4 齿距，达到 B_2、B_4 极的定子齿与左段转子齿对齐的位置。若以 +A →-B →-A →+B→+A 电流顺序通电，步进电动机将变成逆时针方向旋转。上述步进电动机的通电循环周期为 4 拍，故可获得步距角为

$$\beta=\frac{360^\circ}{mZ_2}=\frac{360^\circ}{4\times 30}=3^\circ$$

式中，β——步距角；

Z_2——转子齿数；

m——周期的拍数。

若以 -B+A→+A+B→-A+B→-A-B→-B+A（4 拍通电方式）或 -B+A→+A→+A+B→+B→-A+B→-A→-A-B→-B→-B+A（8 拍通电方式）均可使混合式步进电动机正确运行，只是在性能上有所不同。

若 A、B 两相电流分成 40 等份的余弦函数和正弦函数采样点给定 A 相和 B 相电流（见图 7-7），即一个电流周期的循环拍数将成为 40，故步进电动机的步距角为

$$\beta=\frac{360^\circ}{mZ_2}=\frac{360^\circ}{40\times30}=0.3^\circ$$

这种以改变步进电动机控制电流波形，获得更小步距角的方法，称为步距角细分。

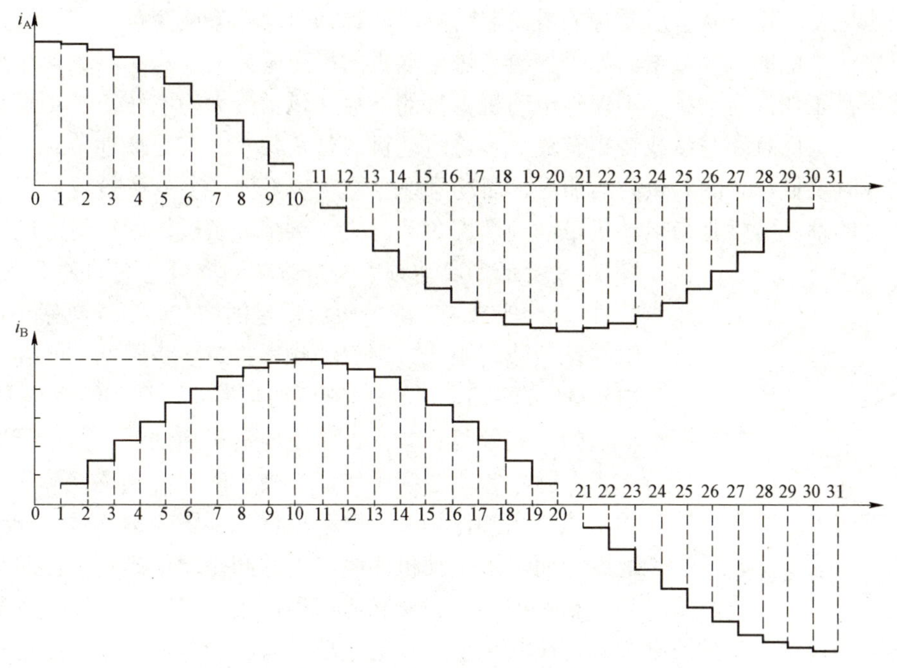

图 7－7　混合式步进电动机细分时的控制电流波形

改变上述两相电流的采样点数，可以在一个驱动器上实现多种细分数，即获得多种不同的步距角。在三相、五相步进电动机中，定子极数随之增加，相应地增加了通电循环的拍数，在一定的转子齿数下，可获得更小的步距角。其结构原理与二相步进电动机相似。

因为混合式步进电动机转子上有永磁钢，所以产生同样大小的转矩，需要的励磁电流大大减小。它的励磁绕组只需要单一电源供电，不像反应式需要高、低压电源。同时，它还具有步距角小、启动和运行频率较高、不通电时有定位转矩等优点，所以现在混合式步进电动机已在数控机床、计算机外围设备等领域内得到日益广泛的应用。

2）步进电动机的主要特性

（1）步距角的步距误差。步进电动机每走一步，转子实际的角位移与设计的步距角存在有步距误差。连续走若干步以后，上述步距误差形成累积值，因为转子转过一圈后，回至上一转的稳定位置，所以步进电动机的步距误差不会无限累积，在一转的范围内存在一个最大累积误差。步进电动机步距的角累积误差将以一圈为周期重复出现，转一周的累积误差为零。步距误差和累积误差通常用度、分或者步距角百分比表示。通常步进电动机的静态步距误差在 10′以内。影响步距误差的主要因素有转子齿的分度精度，定子磁极与齿的分度精度，铁芯迭压及装配精度，气隙的不均匀程度，各相激磁电流的不对称度。

（2）静态矩角特性。所谓静态是指通过步进电动机的直流电为常数，转子不产生步进运动时的工作状态。步进电动机某相通以直流电流时，空载下该相对应的定、转子齿对齐，这时转子输出转矩为零。如果在电动机轴上外加一顺时针方向的负载转矩 M_L，步进电动机转子则按顺时针方向转过一个小角度 θ，并重新稳定，这时转子电磁转矩 M_m 和负载转矩 M_L 相等，

称 M_m 为静态转矩，称 θ 角度为失调角。描述步进电动机稳态时，电磁转矩 M_m，与失调角 θ 之间的曲线称为矩角特性或静转矩特性。

（3）启动惯频特性。在负载转矩 $M_L=0$ 的条件下，步进电动机由静止状态突然启动，并进入不失步地正常运行状态所允许的最高启动频率，称为启动频率或突跳频率。它是衡量步进电动机快速性能的重要数据。如果加给步进电动机的指令脉冲大于启动频率，步进电动机就不能够正常工作。启动频率不仅与电动机本身的参数（包括最大静态转矩、步距角及转子惯量等）有关，而且还与负载转矩有关。步进电动机在带负载（尤其是惯性负载）下的启动频率比空载时要低，且随着负载的加重，启动频率会进一步降低。

启动时的惯频特性是指电动机带动纯惯性负载时突跳频率和负载转动惯量之间的关系。图 7-8 所示为启动频率与负载转动惯量之间的关系（启动惯频特性）。一般来说，随着负载惯量的增加，启动频率下降。若同时存在负载转矩 M_L，则启动频率将进一步降低。在实际应用中，由于 M_L 的存在，可采用的启动频率要比惯频特性还要低。

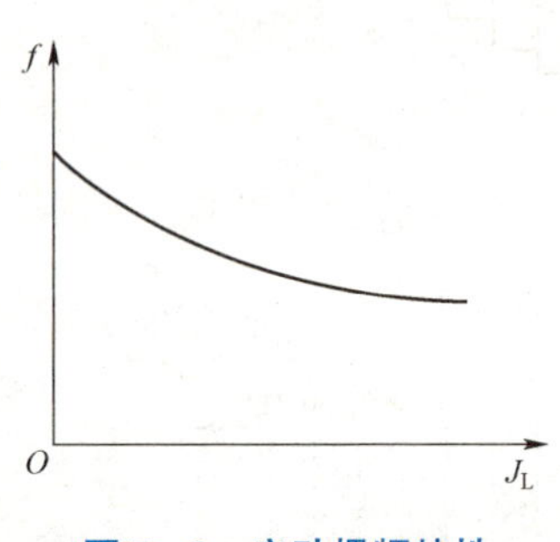

图 7-8　启动惯频特性

（4）连续运行频率。步进电动机启动后，其运行速度能跟踪指令脉冲频率连续工作而不失步的最高频率，称为连续运行频率或最高工作频率。转动惯量主要影响运行频率连续升降的速度，而步进电动机的绕组电感和驱动电源的电压对运行频率高低影响很大。在实际应用中，由于启动频率比运行频率低得多，通常采用自动升降频的方式，先在低频下使步进电动机启动，然后逐渐升至运行频率。当需要步进电动机停转时，先将脉冲信号的频率逐渐降低至启动频率以下，再停止输入脉冲，步进电动机才能不失步地准确停止。

（5）矩频特性。矩频特性是描述步进电动机在负载惯量一定且稳态运行时的最大输出转矩与脉冲重复频率的关系曲线，如图 7-9 所示。步进电动机的最大输出转矩随脉冲重复频率的升高而下降，这是因为步进电动机的绕组是感性负载，在绕组通电时，电流上升减缓，使有效转矩变小；绕组断电时，电流逐渐下降，产生与转动方向相反的转矩，使输出转矩变小。随着脉冲重复频率的升高，电流波形的前后沿所占通电时间的比例越来越大，输出转矩也就越来越小。当驱动脉冲频率高到一定的程度，步进电动机的输出转矩已不足以克服自身的摩擦转矩和负载转矩时，步进电动机的转子会在原位置振荡而不能做旋转运动，这称作电动机产生堵转或失步现象。步进电动机的绕组电感和驱动电源的电压对矩频特性影响很大，低电感或高电压，将获得下降缓慢的矩频特性。

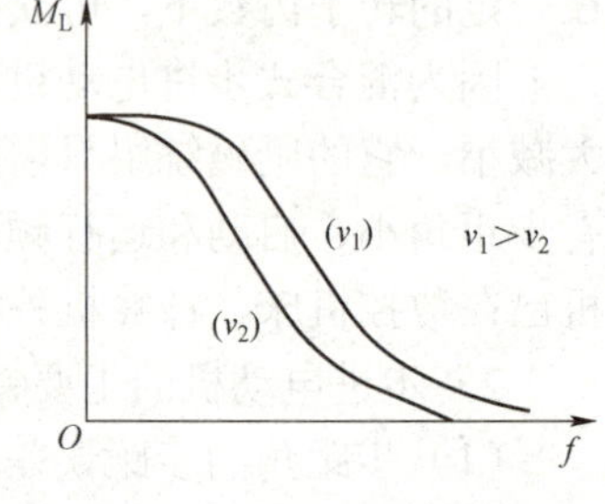

图 7-9　连续运行矩频特性

由图还可以看出，在低频区，矩频曲线比较平坦，电动机保持额定转矩。在高频区，矩频曲线急剧下降，这表明步进电动机的高频特性差。因此，步进电动机作为进给运动控制，从静止状态到高速旋转需要有一个加速过程。同样，步进电动机从高速旋转状态到静止也要有一个减速过程。没有加速过程或者加减速不当，步进电动机会出现失步现象。

3. 步进电动机驱动器的控制原理

步进电动机各励磁绕组是按一定节拍，依次轮流通电工作的，为此需将 CNC 发出的控制脉冲按步进电动机规定的通电顺序分配到定子各励磁绕组中。完成脉冲分配的功能元件称环

形脉冲分配器。环形脉冲分配器可由硬件实现，也可以用软件完成；环形脉冲分配器发出的脉冲功率很小，不能直接驱动步进电动机，必须经驱动电路将信号电流放大，才能驱动电动机。因此，步进电动机驱动器通常由环形脉冲分配器及功率放大器组成，加到环形脉冲分配器输入端的指令脉冲是 CNC 插补器输出的分配脉冲，经过加减速控制，使脉冲频率平滑上升或下降，以适应步进电动机的驱动特性。环形脉冲分配器将脉冲信号按一定顺序分配，然后送到驱动电路中进行功率放大，驱动步进电动机工作。

环形脉冲分配器的功能可以由硬件完成（如 D 触发器组成的电路），也可由软件产生，将每相绕组的控制信号定义为 I/O 输出口，其状态输出可以用逻辑表达式或查表等方式来实现，比逻辑电路要简单得多。

功率放大器的作用是将环形脉冲分配器输出的通电状态信号经过若干级功率放大，控制步进电动机各相绕组电流按一定顺序切换。晶体管、场效应管、晶闸管、IGBT 等功率开关器件都可用作步进电动机的功率放大器。

7.2.2 直流伺服电动机驱动的进给驱动系统

由于数控机床对伺服电动机有较高的要求，而直流伺服电动机具有良好的调速特性，为一般交流伺服电动机所不及，因此，以数控机床半闭环、闭环控制伺服系统均采用直流伺服电动机。虽然当前交流伺服电动机已逐渐取代直流伺服电动机，但由于历史的原因，直流伺服电动机仍被采用，并且已用于数控机床的大量直流伺服电动机还需要维护，因此了解直流伺服电动机仍是很必要的。

1. 直流伺服电动机的工作原理

图 7-10 所示为直流伺服电动机结构示意图，图 7-11 所示为直流伺服电动机工作原理示意图，N 极与 S 极为电动机定子，其为永久磁铁或激励绕组所形成的磁极，在 A、B 两电刷间加直流电压时，电流便从 B 刷流入，从 A 刷流出。由于两电刷把 N 极和 S 极下的元件连接成两条并联支路，故不论转子如何转动，由于电刷的机械换向作用，N 极和 S 极下导体的电流方向是不变的。由图 7-10 可见，N 极下有效导体中的电流由纸面指向读者，S 极下有效导体中的电流由读者指向纸面。

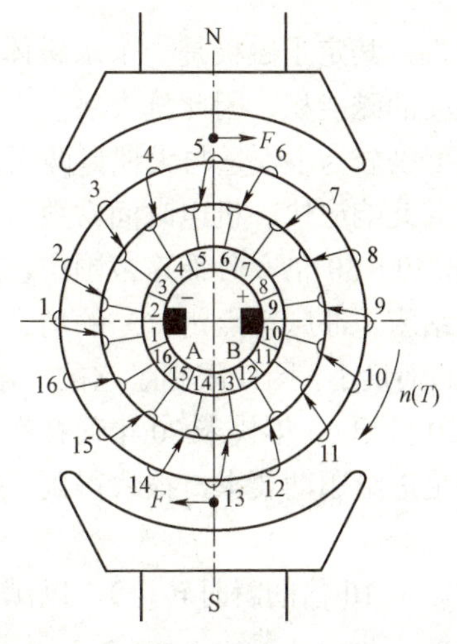

图 7-10 直流伺服电动机结构示意

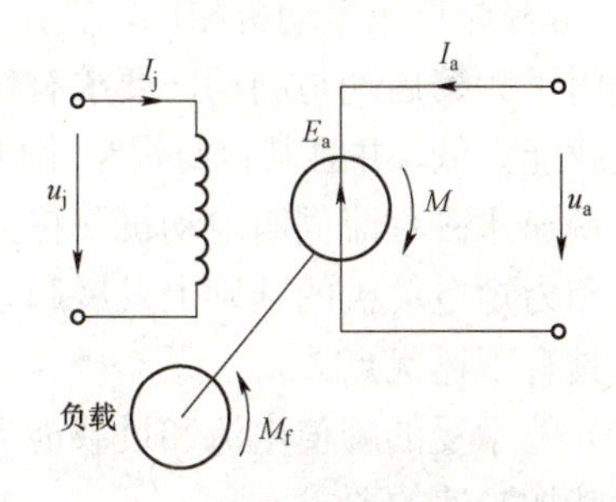

图 7-11 直流伺服电动机工作原理示意

根据物理学中的理论，通电导体在磁场中受到电磁力，电磁力的方向由左手定则确定，直流电动机存在两组基本的关系，分别为

$$I_aR_a+E_a=u_a \quad (E_a=C_e\Phi n)$$

$$M-M_f=\frac{J\mathrm{d}n}{\mathrm{d}t} \quad (M=C_M\Phi I_a)$$

式中，R_a——电枢电阻；

I_a——电枢电流；

E_a——电枢的反电动势；

C_e——反电势常数；

Φ——电动机磁通量；

n——电动机转速；

M——电动机电磁力矩；

M_f，J——负载力矩和惯量；

C_M——力矩常数。

根据上式可得出直流电动机的机械特性公式为

$$n=u_a/C_e\Phi n-MR_a/C_eC_M\Phi^2$$

该机械特性公式对应的机械特性曲线如图 7-12 所示，可见当电动机所加电压一定时，随着负载力矩 M 的增大，转速有一定降落，在伺服装置中，由于有转速反馈回路，因此这一降落可以得到克服。

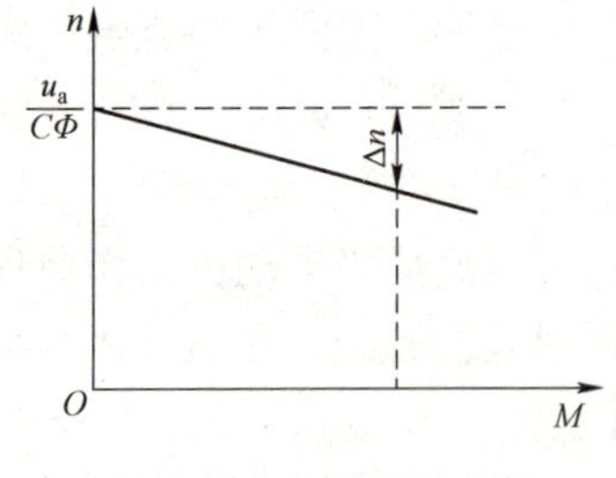

图 7-12　机械特性曲线

由公式 $n=(u_a-I_aR_a)/C_e\Phi$ 可以看到，调速可以有三种方法。

① 改变电动机控制电压 u_a，即改变电枢电压。

② 改变磁通 Φ，即改变励磁回路电流 I_j。

③ 改变电枢电路的电阻。

由于后两种调速方法不能满足数控机床对进给伺服系统的要求，故实际均采用改变电枢电压 u_a 来调速的方法。

2. 永磁直流伺服电动机

实际上数控机床中大量采用的是永磁直流伺服电动机，其定子磁极是一个永磁体，采用的是新型的稀土钴等永磁材料，具有极大的矫顽力和很高的磁能积，因此抗去磁能力大为提高，体积大为缩小。在电枢方面，永磁直流伺服电动机可以分为小惯量与大惯量两大类。

小惯量电动机的主要特征是电动机转子的惯量小，因此响应快，机电时间常数可以小于 10 ms，与普通直流电动机相比，转矩与惯量之比要大出 40～50 倍，且调速范围广，运转平稳，适用于频繁启动与制动，要求有快速响应（如数控钻床、冲床等点定位）的场合。但由于其过载能力低，并且其自身惯量比机床相应运动部件的惯量小，因此限制了它的广泛使用。

宽调速永磁直流伺服电动机又称大惯量电动机，是 20 世纪 60 年代末 70 年代初在小惯量电动机和力矩电动机的基础上发展起来的，能较好地满足进给驱动要求，很快得到了广泛使用。其具有下述优点。

（1）能承受的峰值电流和过载能力高（能产生额定力矩 10 倍的瞬时转矩），以满足数控机床对其加减速的要求。

（2）具有大的转矩/惯量比，快速性好。由于电动机自身惯量大，外部负载惯量相对来说较小，提高了抗机械干扰的能力，因此伺服系统的调整与负载几乎无关，大大方便了机床制造厂的安装调试工作。

（3）低速时输出的转矩大。这种电动机能与丝杠直接相连，省去了齿轮等传动机构，提高了机床的进给传动精度。

（4）调速范围大。与高性能伺服单元组成速度控制装置时，调速范围为 1:1 000。

（5）转子热容量大。电动机的过载性能好，一般能过载运行几十分钟。

由于伺服系统的要求，永磁直流伺服电动机的性能已不能简单地用电压、电流、转速等参数来描述，而需要用一些特性曲线和参数来全面描述。如图 7－13 所示，现以一直流伺服电动机为例，简要介绍特性曲线和相关参数。

特性曲线主要有两种。

（1）转矩—速度特性曲线，又叫工作曲线，如图 7－13 所示，图中伺服电动机分为三个工作区域：Ⅰ区域为连续工作区，在该区域里速度和转矩的任意组合，都可长期连续工作；Ⅱ区域为间断工作区，此时电动机可根据负载周期曲线所决定的允许工作时间与断电时间做间歇工作；Ⅲ区域为加减速区，电动机只能在加减速时工作于该区，即只能在该区域中工作极短的一段时间。

（2）负载周期曲线。负载周期曲线描述了电动机过载运行的允许时间，如图 7－14 所示。图中给出了在满足负载所需转矩，而又确保电动机不过热的情况下，允许电动机的工作时间。

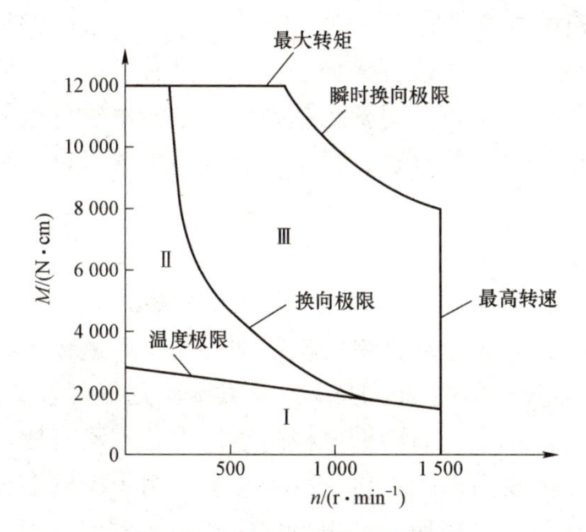

图 7－13　转矩—速度特性曲线

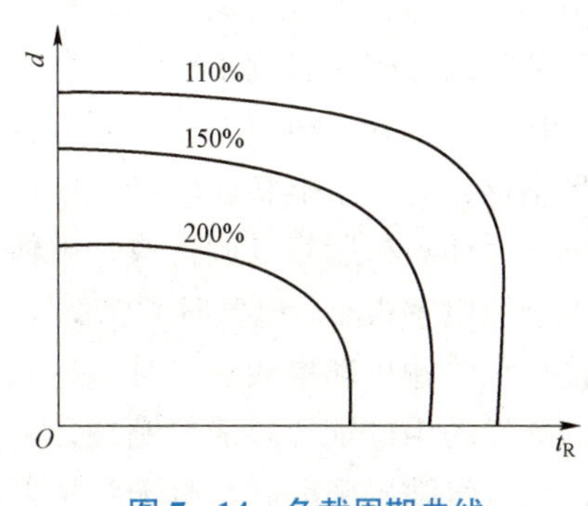

图 7－14　负载周期曲线

负载周期曲线的使用方法如下。

① 根据实际负载转矩，求出电动机过载倍数 T_{md}。

② 在负载周期曲线的水平轴上找到实际所需工作时间 t_R，并从该点向上作垂线，与所要求的 T_{md} 的那条曲线相交。再以该交点作水平线，与纵轴的交点即为允许的负载周期比，即

$$d = t_R / (t_R + t_F)$$

式中，t_R——电动机工作时间；

t_F——电动机断电时间。

最短断电时间为 $t_F = t_R(1/d - 1)$。

3. 永磁直流伺服电动机的结构

永磁直流电动机可分为驱动用永磁直流电动机和永磁直流伺服电动机两大类。驱动用永磁直流电动机通常指不带稳速装置，没有伺服要求的电动机；而永磁直流伺服电动机除具有驱动用永磁直流电动机的性能外，还具有一定的伺服特性和快速响应能力，在结构上往往与反馈部件做成一体。当然，永磁直流伺服电动机也可作为驱动用电动机。因为永磁直流伺服电动机允许有宽的调速范围，所以也称宽调速直流电动机，其结构如图 7-15 所示。电动机本体由三部分组成：机壳、定子磁极和转子电枢。反馈用的检测部件有高精度的测速机、旋转变压器以及脉冲编码器等，这些安装在电动机的尾部。

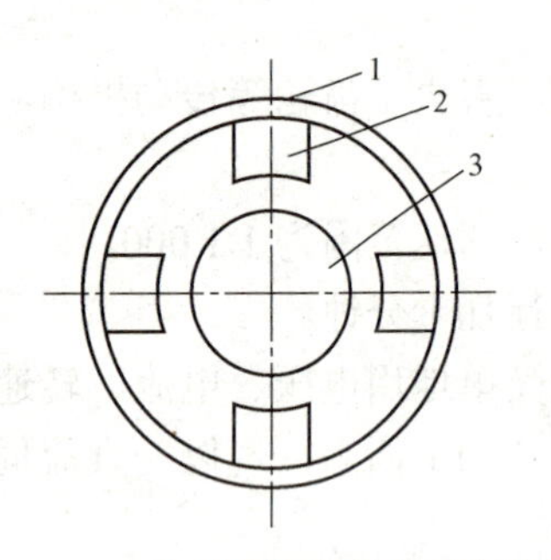

图 7-15　永磁直流伺服电动机结构

1—机壳；2—定子磁极；3—转子电枢

定子磁极是一个永磁体，永磁体材料有下述三类。

（1）铸造型铝镍和钼镍合金。但这类材料具有价格昂贵、性能差、过载能力低的缺点。

（2）各向异性铁氧体。这类材料的矫顽力很高，有很强的抗去磁能力；磁铁装配后不需要进行开路、短路、堵转或反转等稳定性处理；原料价格便宜，铁氧体的密度很小、质量轻、电阻率高。因此，采用铁氧体的永磁电动机不但成本低、质量轻，而且电枢反应的去磁作用很小，过载能力强。但环境温度对磁性能的影响较大，不适用于环境温度变化大的场合，而适用于要求温度稳定性高的场合。

（3）稀土钴永磁合金。这类材料具有极大的矫顽力，是铁氧体的 2～3 倍，具有很高的最大磁能积，是铁氧体的 10 倍。因此，采用稀土钴合金的永磁直流伺服电动机具有很高的去磁能力，尤其适用于瞬时短路、堵转和突然反转等运行状态。用稀土钴合金制造的永磁直流伺服电动机的体积可以大大缩小。稀土钴是一种极有前途的永磁材料。由于它的原料贵重，制造工艺复杂，因而影响了它的大量推广应用。

在电枢方面，电枢结构可以分为普通型和小惯量型两大类。小惯量型电枢又要分为空心杯形电枢、无槽电枢和印刷绕组电枢三类。空心杯形电枢的主要特点是电枢由漆包线编织成杯形，用环氧树脂将其固化成一整体，且无铁芯。因此，这种电动机特别轻巧、惯量极小、电枢绕组电感很小、电气时间常数小，重复启、停频率可达 200 Hz 以上。其缺点是气隙较大，单位体积的输出功率较小，且电枢结构复杂，工艺难度大。无槽电枢的电枢铁芯上没有槽，为一光滑的由硅钢片叠成的圆柱体，用漆包线在其表面编织成包子形的绕组。由于电枢上无槽，所以气隙磁密度高，且无齿槽效应，使电动机运转平稳、噪声小。印制绕组电枢，因电枢圆盘很轻，惯量很小，且由于电枢无铁芯，铁耗很小，印制绕组电枢的电气时间常数和机械时间常数均很小，很适合于低速和频繁启动及反转的场合。上述三种小惯量型电枢的共同特点是电枢惯量小，适合于要求快速响应的伺服系统，在早期的数控机床上得到应用。但由于过载能力低，电枢惯量与机械传动系统匹配较差，因此近期在数控机床上多采用普通型的有槽电枢。普通型有槽电枢的结构与一般的直流电动机电枢相同，只是电枢铁芯上的槽数较多，采用斜槽，即将铁芯叠片扭转一个齿距，且在一个槽内分几个虚槽，以减小转矩的波动。

4. 直流伺服驱动装置

目前，直流伺服驱动装置均采用晶闸管（俗称可控硅 SCR）调速系统或晶体管脉宽调制（即 PWM）调速系统。

晶闸管调速系统中，多采用三相全控桥式整流电路作为直流速度控制单元的主回路，通过对 12 个晶闸管触发角的控制，达到控制电动机电枢电压的目的。而晶体管脉宽调速系统是利用脉宽调制器对大功率晶体管的开关时间进行控制，将直流电压转换成某一频率的方波电压，加到电动机电枢的两端，通过对方波脉冲宽度的控制，改变电枢两端的平均电压，从而达到控制电枢电流，进而控制电动机转速的目的。

采用晶体管脉宽调速系统与晶闸管调速系统相比具有以下主要优点。

（1）避开与机械的共振。由于 PWM 调速系统的开关工作频率高（约为 2 kHz），远高于转子所能跟随的频率，也避开了机械共振区。

（2）电枢电流脉动小。由于 PWM 调速系统的开关频率高，仅靠电枢绕组的电感滤波即可获得脉动很小的电枢电流，因此低速工作十分平滑、稳定，调速比可做得很大，如 1:10 000 或更高。

（3）动态特性好。PWM 调速系统不像可控硅 SCR 调速系统有固有的延时时间，其反应速度很快，具有很宽的频带。因此，它具有极快的定位速度和很高的定位精度，抗负载扰动的能力强。

由于晶体管脉宽调速系统具有上述明显的优点，因而在直流驱动装置上被大量采用。其主要的缺点是，不能承受高的过载电流，功率还不能做得很大。目前，在中、小功率的伺服驱动装置中，大多采用性能优异的晶体管脉宽调速系统，而在大功率场合中，则采用晶闸管调速系统。

不论上述哪种调速系统，其控制调节器的原理均是一样，如图 7–16 所示。

理论与实践均证明，直流电动机伺服系统（直流伺服电动机驱动的进给驱动系统）是一种性能优异的有效闭环控制进给驱动系统，目前的直流调速系统均采用这种控制方案。其特点是通过电流互感器或采样电阻获得电枢电流的实际值，构成电流反馈回路，再通过与电动机同轴安装的测速发电动机获得电动机的实际转速，从而构成速度反馈回路，其速度调节器 ST 与电流调节器 LT 均采用 PID 调节器。因为该系统是由电流、速度两个反馈回路组成的，所以其被称为双环系统。

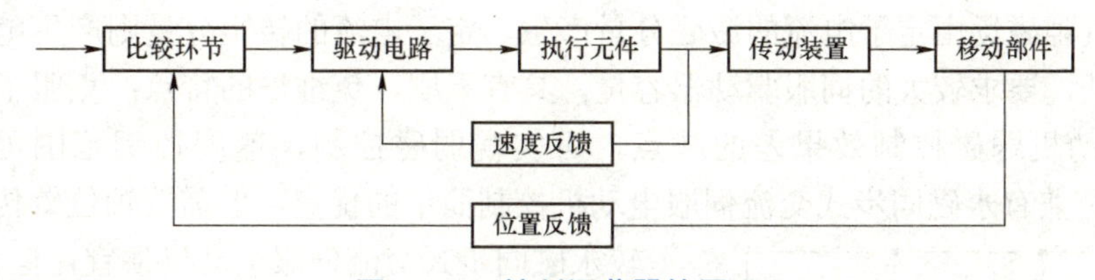

图 7–16　控制调节器的原理

在实际的速度控制单元中，为了保证安全可靠地工作，其一般都具有多种自动保护电路，常见的报警保护措施如下。

（1）一般过载保护通过在主回路中串联热继电器，在电动机、伺服变压器、散热片内埋入能对温度检测的热控开关来进行过载保护。

（2）过电流保护包括当 $|I| > I_{max}$ 时产生的报警，或当电流的平均值大于 I_{max} 时产生的报警。

（3）失控保护。失控是指电动机在正常运转时，速度反馈突然消失（如测速发电机断线），使得电动机转速突然急骤上升，即所谓“飞车”。这种情况对操作人员和设备都是危险的。失控保护一般通过监测测速发电机电压和电枢电压来实现。

7.2.3 交流伺服电动机驱动的进给驱动系统

交流伺服电动机因其无刷、响应快、过载能力强等优点，已全面替代了直流伺服电动机。

交流伺服电动机可依据电动机运行原理的不同，分为永磁同步式、永磁直流无刷式、感应（或称异步）式、磁阻同步式交流伺服电动机。这些电动机具有相同的三相绕组的定子结构。

感应式交流伺服电动机其转子电流由滑差电势产生，并与磁场相互作用产生转矩，其主要优点是无刷，结构坚固，造价低，免维护，对环境要求低，其主磁通用激磁电流产生，很容易实现弱磁控制，高转速可以达到4～5倍的额定转速；缺点是需要激磁电流，内功率因数低，效率较低，转子散热困难，要求较大的伺服驱动器容量，电动机的电磁关系复杂，要实现电动机的磁通与转矩的控制比较困难，电动机非线性参数的变化影响控制精度，必须进行参数在线辨识才能达到较好的控制效果。

永磁同步式交流伺服电动机气隙磁场由稀土永磁体产生，转矩控制由调节电枢的电流实现，转矩的控制较感应式交流伺服电动机简单，并且能达到较高的控制精度；转子无铜、铁损耗，效率高、内功率因数高，具有无刷免维护的特点，体积和惯量小，快速性好；在控制上需要轴位置传感器，以便识别气隙磁场的位置；价格高于感应式交流伺服电动机。

永磁直流无刷式交流伺服电动机其结构与永磁同步式交流伺服电动机相同，借助较简单的位置传感器（如霍尔磁敏开关）的信号，控制电枢绕组的换向，控制最为简单；由于每个绕组的换向都需要一套功率开关电路，电枢绕组的数目通常只采用三相，相当于只有三个换向片的直流伺服电动机，因此运行时永磁直流无刷式交流伺服电动机的脉动转矩大，造成速度的脉动，需要采用速度闭环才能运行于较低转速，该电动机的气隙磁通为方波分布，可降低电动机制造成本。有时，人们将永磁直流无刷式交流伺服电动机与永磁同步式交流伺服电动机混为一谈，两者在外表上很难区分，实际上它们的控制性能是有较大差别的。

磁阻同步式交流伺服电动机转子磁路具有不对称的磁阻特性，无永磁体或绕组，也不产生损耗；其气隙磁场由定子电流的激磁分量产生，定子电流的转矩分量则产生电磁转矩；内功率因数较低，要求较大的伺服驱动器容量，具有无刷、免维护的特点；克服了永磁同步式交流伺服电动机弱磁控制效果差的缺点，可实现弱磁控制，速度控制范围可达到 0.1～10 000 r/min，兼有永磁同步式交流伺服电动机控制简单的优点，但需要轴位置传感器，价格较永磁同步式交流伺服电动机便宜，但体积较大。

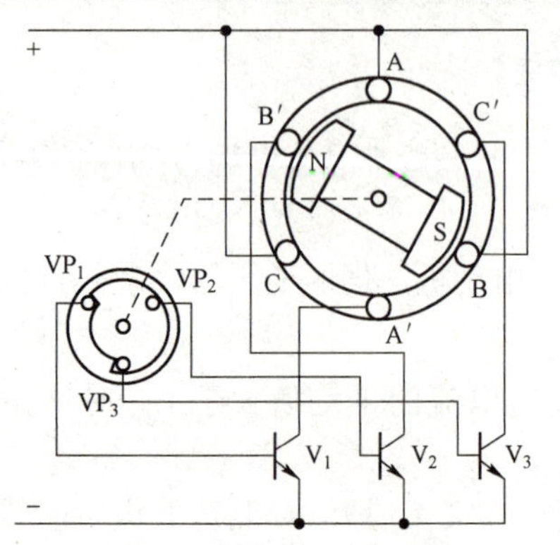

图 7－17　三相永磁直流无刷电动机工作原理

目前应用较为广泛的交流伺服电动机是以永磁同步式交流伺服电动机为主，以永磁直流无刷式交流伺服电动机为辅，因此在本部分中将介绍两种交流伺服电动机的工作原理。

1. 永磁直流无刷式交流伺服电动机的工作原理

三相永磁直流无刷式交流伺服电动机工作原理如图 7－17 所示，它由一台三相永磁步进电动机、功率逻辑开关单元和转子位置传感器组成。位置传感器采用一只光电器件 VP_1、VP_2、VP_3，均匀分布，

相差 120°，电动机轴上的旋转遮光板，使从光源射来的光线依次照射在各个光电器件上。由于此时光电器件 VP_1 被照射，从而使功率晶体管 V_1 呈导通状态，电流流入 A 相绕组，该绕组电流产生定子磁势 F_s 与转子磁势 F_m 作用后，产生的转矩使转子顺时针方向转动，如图 7-18（a）所示。当转子磁极转到图 7-18（b）所示的位置时，转子轴上的旋转遮光板遮住 VP_1 而使 VP_2 受光照射，从而使晶体管 V_1 截止、晶体管 V_2 导通，电流流入绕组 B，使得转子磁极继续顺时针方向转动。当转子磁极转至图 7-18（c）所示的位置时，旋转遮光板遮住 VP_2，使 VP_3 被光照射，导致晶体管 V_2 截止、晶体管 V_3 导通，因而电流流入绕组 C，于是驱动转子继续顺时针方向旋转，并重新回到图 7-18（a），VP_3 被遮住，VP_1 被照射，致使晶体管 V_3 截止，晶体管 V_1 导通，开始新一轮的通电循环，转子便能顺时针地继续旋转。

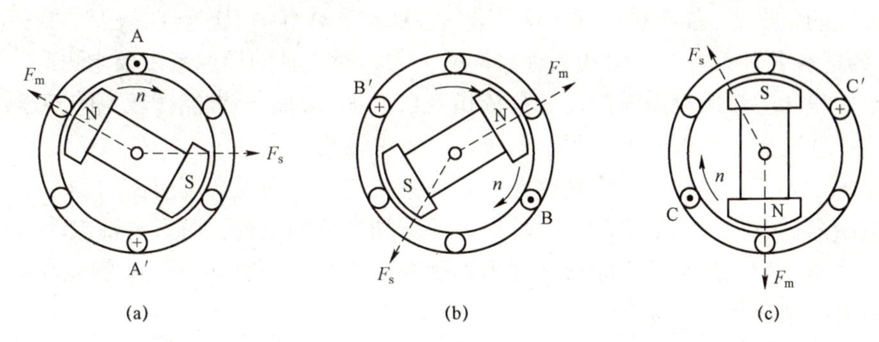

图 7-18　开关顺序及定子磁场旋转示意

2. 永磁同步式交流伺服电动机的工作原理

在交流伺服电动机中，永磁同步式交流伺服电动机以响应快、控制简单的优点，而被广泛地应用。永磁同步式交流伺服电动机的定子绕组对称 Y 接的三相绕组，当通以对称三相电流时，定子的合成磁场 F_s 为一旋转磁场，其幅值不变，空间的相位角与电流某时刻的相位角有关。例如，当 A 相电流达到正最大值时，F_s 的相位角与 A 相绕组轴线重合，如图 7-19 所示。当电流相序为 A→B→C 时，F_s 磁场将以逆时针方向旋转。电动机的转子由稀土永磁材料制成，产生转子磁场 F_R，F_s 和 F_R 相互作用产生电磁转矩，其方向趋于使 F_s 与 F_R 重合，即产生逆时针方向的转矩 T_M，该转矩正比于 F_s、F_R 和 $\sin\theta_{sR}$ 的乘积，若 $\theta_{sR}=\frac{\pi}{2}$，则转矩正比于 F_s 与 F_R 的乘积。

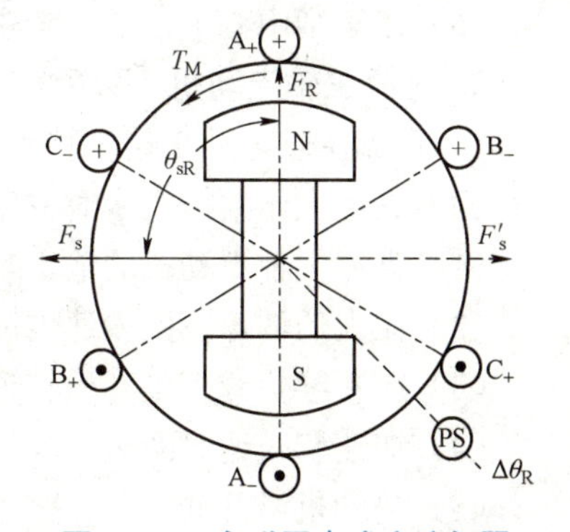

图 7-19　永磁同步式交流伺服电动机的工作原理

在电磁转矩 T_M 的作用下，转子逆时针方向转动，由驱动控制器读取转子位置传感器 PS 的值，给出转子磁场 F_R 的移动量 $\Delta\theta_R$，用以控制定子三相电流值，即改变三相电流相位，使其合成磁场 F_s 沿转子旋转方向也移动相同的角度，即 $\Delta\theta_s=\Delta\theta_R$，以保持 $\theta_{sR}=\frac{\pi}{2}$ 不变，实现 T_M 不变。

电磁转矩 T_M 的大小则通过控制三相电流的幅值 I_M 来实现，即控制 F_s 的大小。当需要转子反方向旋转时，改变三相电流的方向，使其合成磁场 F_s 改变 180°，成为 F_s'，电磁转矩 T_M

也改变了方向，对转子起制动作用。当速度达到零后，转子将反方向加速至运行转速。

在这种控制方式下，永磁同步式交流伺服电动机运行于自同步状态，这称为磁场定向控制或矢量控制。

7.2.4 直流主轴电动机驱动的主轴驱动系统

1. 对主轴驱动系统的要求

随着数控机床的不断发展，传统的主轴驱动系统已不能满足要求，现代数控机床对主轴驱动系统提出了更高的要求。

（1）数控机床主轴驱动系统要有较宽的调速范围，以保证加工时选用合理的切削用量，从而获得最佳的生产率、加工精度和表面质量。特别对于具有多工序自动换刀的数控机床（加工中心），为适应各种刀具、工序和各种材料的要求，对主轴的调速范围要求更高。

（2）数控机床主轴驱动系统的变速是依指令自动进行的，要求能在较宽的转速范围内进行无级调速，并减少中间传递环节驱动系统，简化主轴箱。

（3）要求主轴驱动系统在整个速度范围驱动系统内均能提供切削所需的功率，并尽可能在全速度范围内提供主轴电动机的最大功率，即恒功率范围要宽。由于主轴电动机在低速段均为恒转矩输出，为满足数控机床低速强力切削的需要，常采用分段无级变速的方法，即在低速段采用机械减速装置，以提高输出转矩。

（4）要求主轴驱动系统在正、反向转动时均可进行自动加减速控制，要求有 4 个象限的驱动能力，并且加减速时间短。

（5）为满足加工中心自动换刀（ATC）以及某些加工工艺（如精镗孔时退刀、刀具通过小孔镗大孔等）的需要，要求主轴驱动系统具有高精度的准停控制。

（6）在车削中心上，还要求主轴驱动系统能具有旋转进给轴（C 轴）的控制功能。

2. 直流主轴电动机

1）直流主轴电动机结构特点

为了满足上述数控机床对主轴驱动系统的要求，直流主轴电动机必须具备下述性能。

（1）直流主轴电动机的输出功率要大。

（2）在大的调速范围内速度应该稳定。

（3）在断续负载下电动机转速波动小。

（4）加速和减速时间短。

（5）电动机温升低。

（6）振动、噪声小。

（7）电动机可靠性高，寿命长，容易维修。

（8）体积小、质量轻，与机械连接容易。

（9）电动机过载能力强。

直流主轴电动机的结构与永磁直流主轴电动机直流伺服电动机的结构不同。因为要求主轴电动机输出很大的功率，所以直流主轴电动机在结构上不能做成永磁式，而与普通的直流伺服电动机相同，也是由定子和转子两部分组成，其转子与直流伺服电动机的转子相同，由电枢绕组和换向器组成。而定子则完全不同，它由主磁极和换向极组成。有的直流主轴电动机在主磁极上不但有主磁极绕组，还带有补偿绕组。

这类电动机在结构上的特点是：为了改善换向性能，在电动机结构上都有换向极；为缩小体积，改善冷却效果，以免使电动机热量传到主轴上，采用了轴向强迫通风冷却或水管冷却。为适应主轴调速范围宽的要求，一般直流主轴电动机都能在调速比 1:100 的范围内实现无级调速，而且在基本速度以上达到恒功率输出，在基本速度以下为恒转矩输出，以适应重负荷的要求。电动机的主极和换向极都采用硅钢片叠成，以便在负荷变化或加速、减速时有良好的换向性能。电动机外壳结构为密封式，以适应机加工车间的环境。在电动机的尾部一般都同轴安装有测速发电动机作为速度反馈单元。

2）直流主轴电动机性能

直流主轴电动机的转矩—速度特性曲线如图 7－20 所示。在基本速度以下时属于恒转矩范围，通过改变电枢电压来调速；在基本速度以上时属于恒功率范围，采用控制激磁的调速方法调速。一般来说，恒转矩的速度范围与恒功率的速度范围之比为 1:2。直流主轴电动机一般都有过载能力，且大多能过载 150%（即为连续额定电流的 1.5 倍）。至于过载的时间，则根据生产厂的不同，有较大的差别，一般为 1～30 min。

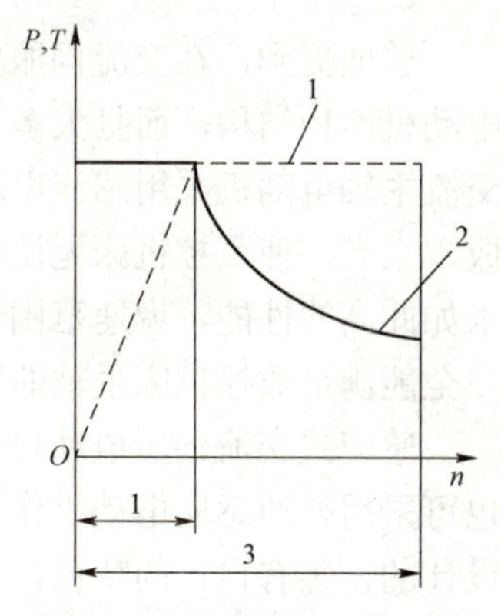

图 7－20　转矩—速度特性曲线

FANUC 直流他激式主轴电动机采用的是三相全控晶闸管无环流可逆调速系统，可实现基本速度以下的调压、调速和基本速度以上的弱磁调速。调速范围为 35～3 500 r/min（1:100），输出电流为 33～96 A，其控制框图如图 7－21 所示。

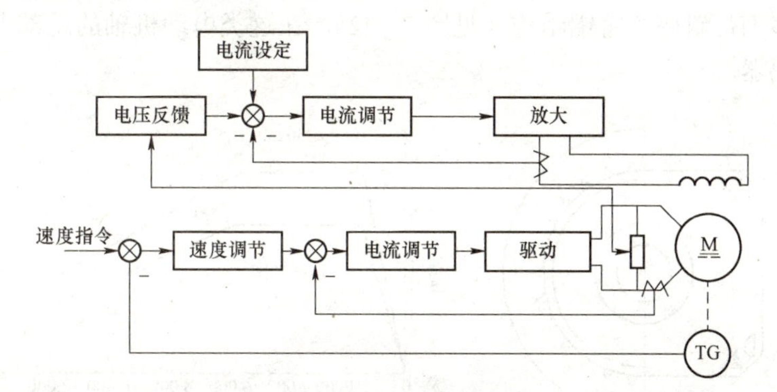

图 7－21　FANUC 直流他激式主轴电动机控制框图

主轴转速的信号可由直流 0～±10 V 模拟电压直接给定，也可给定二位 BCD 码或十二位二进制码的数字量，由 D/A 转换器转变为模拟量。

直流电动机主轴驱动系统（直流主轴电动机驱动的主轴驱动系统）调压直流调速部分与直流电动机伺服系统类似，也是由电流环和速度环组成的双环系统。由于直流主轴电动机的功率较大，因此主回路功率元件常采用晶闸管器件。因为直流主轴电动机为他激式电动机，励磁绕组与电枢绕组无连接关系，需要由另一直流电源供电。磁场控制回路由励磁电流设定回路、电枢电压反馈回路及励磁电流反馈回路三者的输出信号经比较后控制励磁电流，当电枢电压低于 210 V 时，电枢反馈电压低于 6.2 V，此时磁场控制回路中电枢电压反馈相当于开路，不起作用，只有励磁电流反馈作用，维持励磁电流不变，实现调压、调速。当电枢电压高于 210 V 时，电枢反馈电压高于 6.2 V，此时励磁电流反馈相当于开路，不起作用，而引入电枢反馈电压形成负反馈，随着电枢电压的稍许提高，调节器即对磁场电流进行弱磁升速，使转速上升。

同时，FANUC 直流主轴驱动装置具有速度到达、零速检测等辅助信号输出，还具有速度反馈消失、速度偏差过大、过载、失磁等多项报警保护措施，以确保系统安全、可靠地工作。

7.2.5 交流主轴电动机驱动的主轴驱动系统

1. 结构特点

前面提到，在交流伺服电动机的分类中有感应式交流伺服电动机和永磁同步式交流伺服电动机两种结构，而且大多为后一种结构形式。而交流主轴电动机与交流伺服电动机不同。交流主轴电动机采用感应电动机形式。这是因为受永磁体的限制，当容量做得很大时电动机成本太高，使数控机床无法使用。另外数控机床主轴驱动系统不必像进给驱动系统那样，要求如此高的性能，调速范围也不要太大。因此，采用感应式交流伺服电动机进行矢量控制就完全能满足数控机床主轴的要求。

感应式交流伺服电动机在总体结构上是由三相绕组的定子和有笼条的转子构成的。虽然也可采用普通感应电动机作为数控机床的主轴电动机，但一般而言，交流主轴电动机是专门设计的，各有自己的特色。如为了增加输出功率、缩小电动机的体积，都采用定子铁芯在空气中直接冷却的办法，所以电动机没有机壳，而且在定子铁芯上加工有轴向孔以利通风等。为此，在电动机的外形上呈多边形而不是圆形。交流主轴电动机的转子结构与一般笼型感应电动机相同，多为带斜槽的铸铝结构（见图 7－22）。在这类电动机轴的尾部上装检测用脉冲发器或脉冲编码器。

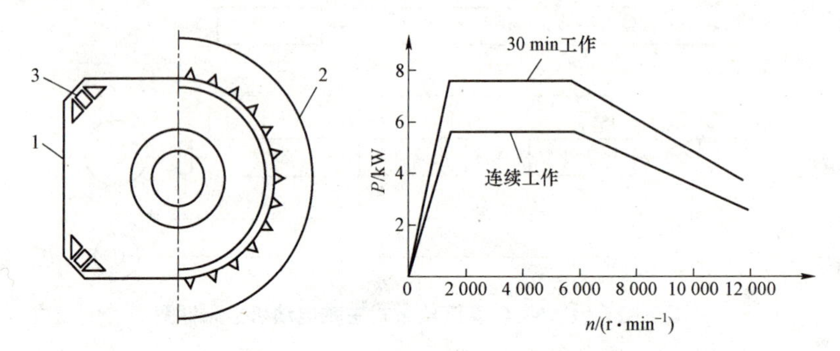

图 7－22　交流主轴电动机结构及特性曲线

1—交流主轴电动机；2—普通感应电动机；3—冷却通风孔

在电动机安装上，一般有法兰式和底脚式两种，可根据不同需要选用。

2. 交流主轴电动机性能

交流主轴电动机的特性曲线如图 7－22 所示。从图中曲线可以看出，交流主轴电动机的特性曲线与直流主轴电动机类似：在基本速度以下为恒转矩区域，而在基本速度以上为恒功率区域。但有些电动机，如图 7－22 所示，当电动机速度超过某一定值之后，其功率—速度曲线又会向下倾斜，不能保持恒功率。对于一般的交流主轴电动机来说，恒功率的速度范围只有 1:3 的速度比。另外，交流主轴电动机也有一定的过载能力，一般为额定值的 1.2～1.5

倍，过载时间则为几分钟到半个小时。

3. 新型交流主轴电动机结构

从国外较有代表性的 FANUC 公司的研制情况来看，交流主轴电动机结构有下述三方面的新发展。

（1）输出转换型交流主轴电动机。为了满足机床切削的需要，要求主轴电动机在任何刀具切削速度下都是提供恒定的功率。但主轴电动机本身由于特性的限制，在低速时输出功率发生变化（即为恒转矩输出），而在高速区则为恒功率输出。主轴电动机的恒定特性可用在恒转矩范围内的最高速和恒功率时的最高速之比来表示。对于一般的交流主轴电动机，这个比例为 1:3～1:4。因此，为了满足切削的需要，在主轴和电动机之间安装齿轮箱，使之在低速时仍有恒功率输出。如果主轴电动机本身有宽的恒功率范围，则可省略齿轮箱，简化整个主轴机构。

为此，FANUC 公司开发出一种称为输出转换型交流主轴电动机。该电动机使输出切换方便很多，其中包括△—Y（三角—星形）切换和绕组数切换，或二者组合切换。尤其是绕组数切换格外方便，而且每套绕组都能分别设计成最佳的功率特性，能得到非常宽的恒功率范围，一般能达到 1:8～1:30。

（2）液体冷却主轴电动机。在电动机尺寸一定的条件下，为了得到大的输出功率，必然会大幅度增加电动机发热量。为此，必须解决电动机的散热问题。一般是采用风扇冷却的方法散热，但采用液体（润滑油）强迫冷却法能在保持小体积条件下获得大的输出功率。液体冷却主轴电动机的结构形式如图 7－23 所示。

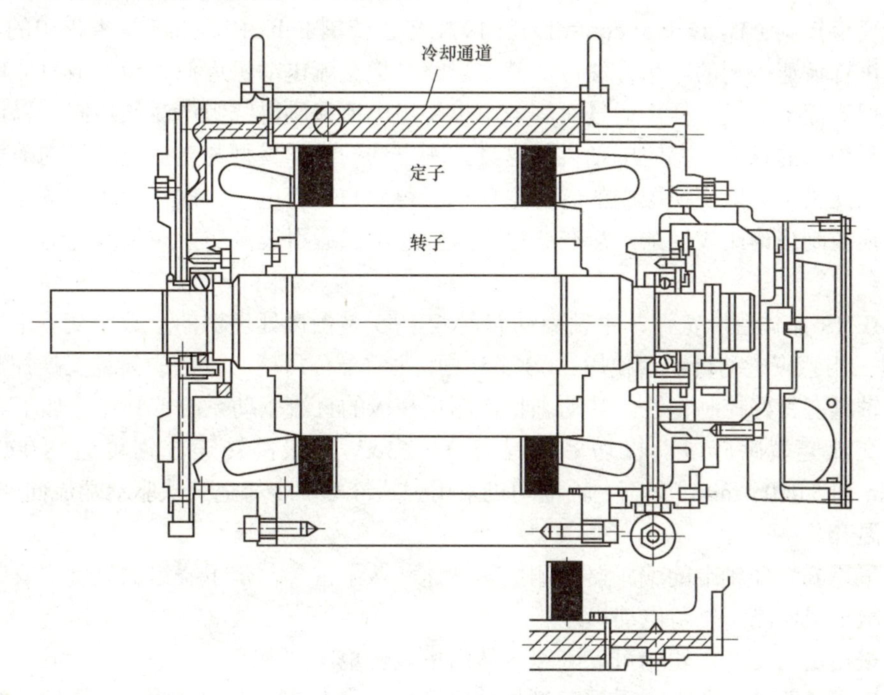

图 7－23　液体冷却主轴电动机的结构形式

液体冷却主轴电动机的结构特点是：在电动机外壳和前端盖中间有一个独特的油路通道，用强循环的润滑油经此来冷却绕组和轴承，使电动机可在 20 000 r/min 高速下连续运行。同时，这类电动机的恒功率范围也很宽。

（3）内装式主轴电动机。如果能将主轴与电动机制成一体，那么即可省去齿轮机构，使主轴驱动机构简化。如图 7－24 所示的内装式主轴电动机，就是将主轴与电动机合为一体：电动机轴就是主轴本身，而电动机的定子被拼入在主轴头内。

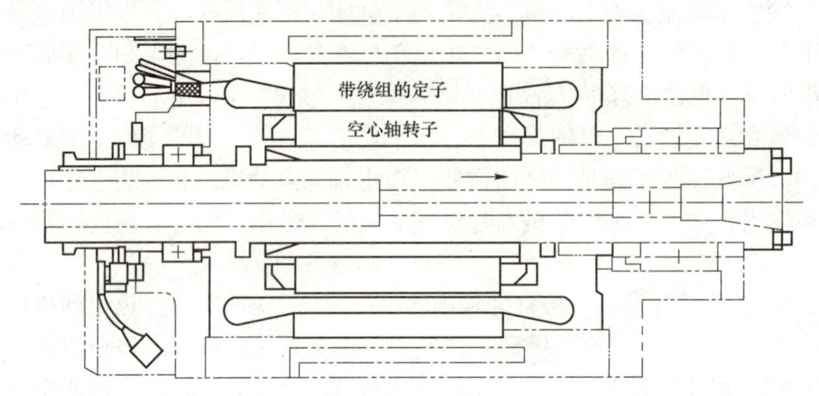

图 7－24 内装式主轴电动机的结构形式

由图可知，内装式主轴电动机由三个基本部分组成：空心轴转子、带绕组的定子和检测器。由于取消了齿轮机构的传动及与电动机的连接，简化了结构形式。这样，降低了噪声、共振，即使在高速下运行，内装式主轴电动机的振动也极小。

4. 交流主轴控制单元

矢量变换控制（Tranvektor control）是 1971 年由德国 Felix Blaschke 等人提出的，是对交流电动机进行调速控制的理想方法，其基本思路是把交流电动机近似地模拟成直流电动机，使其能够像直流电动机一样，通过对等效电枢绕组电流和励磁绕组电流的控制，以达到控制转矩和励磁磁通的目的。感应电动机的这种控制方法的数学模型与直流电动机的数学模型极其相似。因此采用矢量变换控制的感应电动机能得到与直流电动机同样优越的调速性能。由于矢量变换控制理论比较复杂，故在这里不再叙述。在运用矢量变换控制的电动机中 6SC65 最为典型。

SIEMENS 晶体管脉宽调制主轴驱动装置 6SC65 是由微处理器的全数字交流主轴系统与 IPH5/6 型三相感应电动机配套使用。6SC65 采用西门子公司精心设计的矢量变换控制原理，确保了主轴具有良好控制特性，其动态特性超过相应的直流驱动系统，其特点如下。

（1）交流笼型感应电动机功率范围为 3～63 kW，最高转速分别可达 8 000 r/min、6 300 r/min 和 5 000 r/min，交流主轴电动机采用强迫冷却，冷却空气从驱动端流向非驱动端，以控制其温升。

（2）采用安装在轴端的编码器检测主轴转速和转子位置，定子绕组的温度由安装在电动机内的热敏电阻监测，以防电动机过热。

（3）采用配套变速齿轮箱可以降速，从而增大转矩。

（4）在主轴驱动装置上，采用键盘与数码管显示将近 200 个控制驱动装置的参数输入，因此可以很方便地调整和改变其驱动特性，使其达到最佳状态。

（5）具有很宽的恒功率调速范围，IPH5107 电动机驱动特性曲线如图 7－25 所示。

（6）将先进的微电子技术与笼型感应电动机维护简便和坚固耐用的特点结合在一起，加

上完备的故障诊断与报警功能，确保可靠运行。

（7）西门子主轴交流驱动装置通过增加 C 轴控制元件，可使其本身具有进给功能，转速为 0.01～300 r/min，定位精度可达±0.01°。

（8）当数控系统不具备主轴准停控制功能时，西门子交流驱动装置可采用主轴定位元件，自身完成准停控制，其准停位置可作为标准参数设定于驱动装置中。

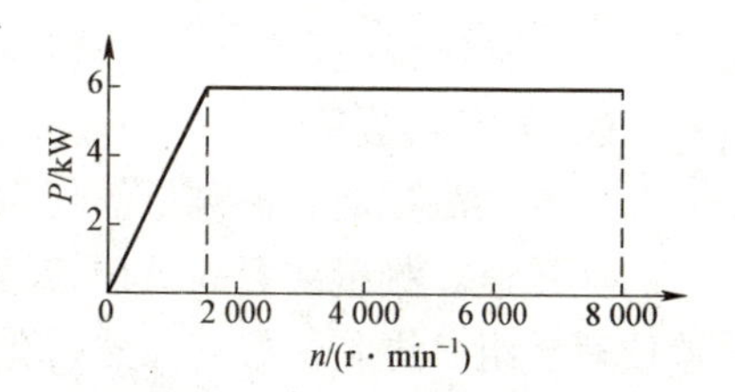

图 7－25　IPH5107 电机驱动特性曲线

7.3　位置检测装置

7.3.1　位置检测装置的分类

位置检测装置也是数控机床的重要组成部分。在闭环、半闭环控制伺服系统中，它的主要作用是检测位移和速度，并发出反馈信号，构成闭环或半闭环控制。数控机床对位置检测装置的要求为：工作可靠，抗干扰能力强；满足精度和速度的要求；易于安装，维护方便，适应机床工作环境，成本低。

位置检测装置按工作条件和测量要求不同，有下面几种分类方法。

1. 直接测量和间接测量

1）直接测量

直接测量是将直线型位置检测装置安装在移动部件上，用来直接测量工作台的直线位移，作为全闭环控制伺服系统的位置反馈信号，而构成闭环控制。其优点是准确性高、可靠性好，缺点是测量装置要和工作台行程等长，所以在大型数控机床上受到一定限制。

2）间接测量

间接测量是将旋转型位置检测装置安装在驱动电动机轴或滚珠丝杠上，通过检测转动件的角位移来间接测量机床工作台的直线位移，用作半闭环伺服系统的位置反馈。

这种方法的优点是测量方便，无长度限制；缺点是测量信号中增加了由回转运动转变为直线运动的传动链误差，从而影响了测量精度。

2. 数字式测量和模拟式测量

1）数字式测量

数字式测量是将被测的量以数字形式来表示，测量信号一般为脉冲，可以直接把它送到数控装置进行比较、处理，信号抗干扰能力强，处理简单。

2）模拟式测量

模拟式测量是将被测的量用连续变量来表示，如电压变化、相位变化等。它对信号进行处理的方法相对来说比较复杂。

3. 增量式测量和绝对式测量

1）增量式测量

在轮廓控制数控机床上多采用增量式测量，这种测量方式只测相对位移量，如测量单位为 0.001 mm，则每移动 0.001 mm 就发出一个脉冲信号，其优点是测量装置较简单，任何一个对中点都可以作为测量的起点，而移距是由测量信号计数累加所得，但一旦计数有误，以后测量所得结果完全错误。

2）绝对式测量

绝对式测量对于被测量的任意一点位置均由固定的零点标起，每一个被测点都有一个相应的测量值。测量装置的结构较增量式测量复杂，如编码盘中，对应于码盘的每一个角度位置便有一组二进制位数。显然，分辨精度要求越高，量程越大，则所要求的二进制位数也越多，结构就越复杂。

通常，数控机床检测装置的分辨率一般为 0.000 1～0.01 mm/m，测量精度为±0.001～0.01 mm/m，能满足机床工作台以 1～10 m/min 的速度运行。不同类型数控机床对位置检测装置的精度和适应的速度要求是不同的，对大型机床以满足速度要求为主，对中、小型机床和高精度机床以满足精度为主。

表 7–1 所示为目前数控机床中常用的位置检测装置。

表 7–1　数控机床中常用的位置检测装置

类型	数字式		模拟式	
	增量式	绝对式	增量式	绝对式
旋转型	圆光栅	编码盘	旋转变压器、圆形磁栅、旋转感应同步器	多极旋转变压器
直线型	长光栅、激光干涉仪	编码尺	直线感应同步器、磁栅、容栅	绝对值式磁尺

7.3.2　旋转编码器

旋转编码器是一种旋转型的角位移检测装置，在数控机床中得到了广泛的使用。旋转编码器通常安装在被测轴上，随被测轴一起转动，直接将被测角位移转换成数字（脉冲）信号，所以也称为旋转脉冲编码器，这种测量方式没有累积误差。旋转编码器也可用来检测速度。

1. 旋转编码器的分类和结构

旋转编码器是一种旋转型脉冲发生器，其作用是把机械转角转化为脉冲，是数控机床上应用广泛的位置检测装置。同时，也作为速度检测装置用于速度检测。

根据旋转编码器的结构，旋转编码器分为光电式、接触式和电磁感应式三种。从精度和可靠性方面来看，光电式编码器优于其他两种。数控机床上常用的是光电式编码器。

旋转编码器是一种增量检测装置，它的型号是由每转发出的脉冲数来区分的。数控机床上常用的旋转编码器每转的脉冲数有 2 000 p/r、2 500 p/r 和 3 000 p/r 等。在高速、高精度的数字伺服系统中，应用高分辨率的旋转编码器，如 20 000 p/r、25 000 p/r 和 30 000 p/r 等。

2. 光电式旋转编码器的工作原理

光电式旋转编码器由光源、聚光镜、光电盘、圆盘、光电元件和信号处理电路等组成（图 7–26）。光电盘用玻璃材料研磨抛光制成，玻璃表面在真空中镀上一层不透光的铬，然后用照相腐蚀法在上面制成向心透光窄缝。透光窄缝在圆周上等分，其数量为几百到几千

条。圆盘也用玻璃材料研磨抛光制成，其透光窄缝为两条，每一条后面安装有一只光电元件。光电盘与工作轴连在一起，光电盘转动时，每转过一个缝隙就发生一次光线的明暗变化，光电元件把通过光电盘和圆盘射来的忽明忽暗的光信号转换为近似正弦波的电信号，经过整形、放大和微分处理后，输出脉冲信号。通过记录脉冲的数目，就可以测出转角。测出脉冲的变化率，即单位时间脉冲的数目，就可以求出速度。

为了判断旋转方向，圆盘的两个窄缝距离彼此错开 1/4 节距，使两个光电元件输出信号相位差 90°。如图 7–27 所示，A、B 信号为具有 90° 相位差的正弦波，经放大和整形后变为方波 A_1、B_1。

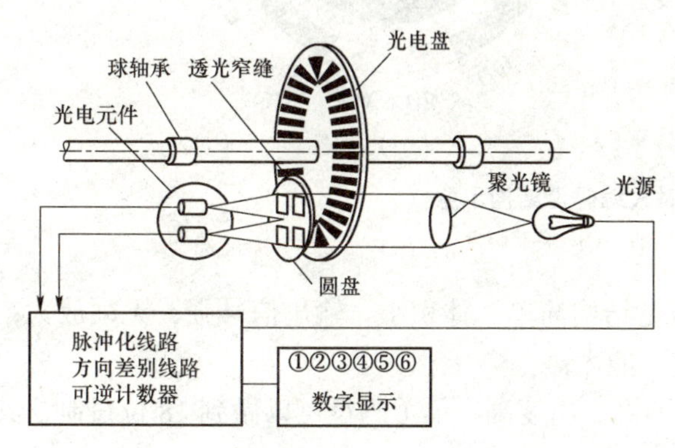

图 7–26　光电式旋转编码器的结构

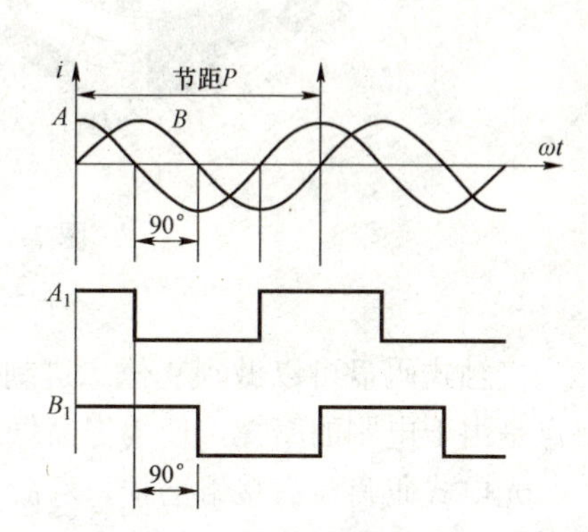

图 7–27　光电式旋转编码器的输出波形

设 A 相比 B 相超前时为正方向旋转，则 B 相超前 A 相就是负方向旋转，利用 A 相与 B 相的相位关系可以判别旋转方向。此外，在光电盘的里圈不透光圆环上还刻有一条透光条纹，用以产生每转一个的零位脉冲信号，即轴旋转一周在固定位置上产生一个脉冲。

旋转编码器输出信号有 A、$\overline{A}$、B、$\overline{B}$、Z、$\overline{Z}$ 等信号，这些信号作为位移测量脉冲，以及经过频率/电压变换作为速度反馈信号，进行速度调节。

3. 绝对式编码器

增量式编码器只能进行相对测量，一旦在测量过程中出现计数错误，在以后的测量中会出现计数误差，而绝对式编码器克服了其缺点。

1）绝对式编码器的种类

绝对式编码器是一种直接编码和直接测量的位置检测装置，它能指示绝对位置，没有累积误差，即使电源切断后位置信息也不丢失。常用的绝对式编码器有编码盘和编码尺，统称码盘。

从编码器使用的计数制来分类，绝对式编码器有二进制编码、二进制循环码（葛莱码）、二—十进制码等编码器。从结构原理来分类，绝对式编码器有接触式、光电式和电磁式等。常用的绝对式编码器是光电式二进制循环码编码器。

图 7–28 所示为绝对式编码盘结构示意图。图 7–28（a）所示为二进制码盘，图 7–28（b）所示为葛莱码盘。码盘上有许多同心圆（码道），它代表某种计数制的一位，每个同心圆上有绝缘与导电的部分。导电部分为“1”，绝缘部分为“0”，这样就组成了不同的图案。每一径向，若干同心圆组成的图案代表了某一绝对计数值。二进制码盘计数图案的改变按二进

制规律变化。葛莱码盘的计数图案的切换每次只改变一位，误差可以控制在一个单位内。

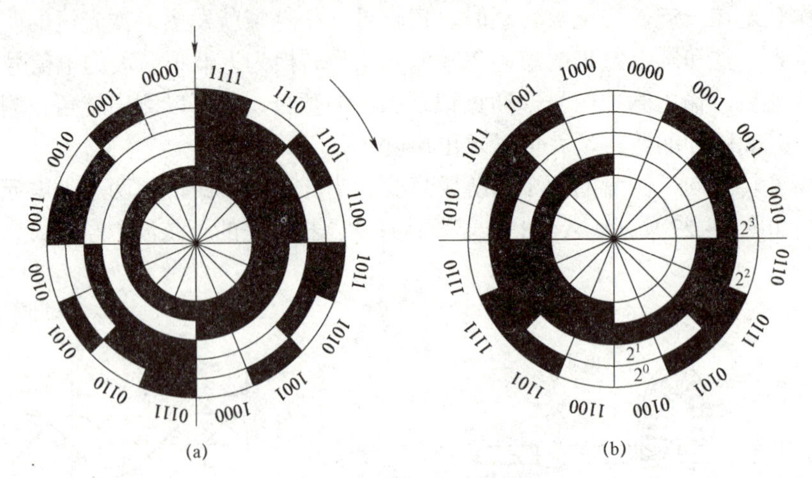

图 7-28　绝对式编码盘结构示意

（a）二进制码盘；（b）葛莱码盘

接触式码盘可以做到 9 位二进制，优点是结构简单、体积小、输出信号强、无须放大；缺点是由于电刷的摩擦，使用寿命低，转速不能太高。

光电式码盘没有接触磨损，寿命长、转速高、精度高。单个码盘可以做到 18 位进制。其缺点是结构复杂、价格高。

电磁式码盘是在导磁性好的软铁等圆盘上，用腐蚀的方法作成相应码制的凹凸图形，当磁通通过码盘时，由于磁导大小不一样，其感应电压也不同，因而可以区分“0”和“1”，达到测量的目的。该种码盘也是一种无接触式码盘，寿命长、转速高。

2）绝对式编码器的工作原理

无论是接触式码盘、光电式码盘还是电磁式码盘，当被测对象带动码盘一起转动时，每转动一转，编码器按规定的编码输出数字信号。最后将编码器的编码直接读出，转换成二进制信息，送入计算机处理。

3）混合式绝对式编码器

由上述可知，增量式编码器每转的输出脉冲多，测量精度高，但是能够产生计数误差。而绝对式编码器虽然没有计数误差，但是精度受到最低位（最外圆上）分段宽度的限制，其计数长度有限。为了得到更大的计数长度，将增量式编码器和绝对式编码器做在一起，形成混合式绝对式编码器。在圆盘的最外圆是高密度的增量条纹，中间有 4 个码道组成绝对式的 4 位葛莱码，每 1/4 同心圆被葛莱码分割为 16 个等分段。圆盘最里面有一发“一转信号”的狭缝。

该码盘的工作原理是三级计数：粗、中、精计数。码盘的转速由“一转脉冲”的计数表示。在一转内的角度位置由葛莱码的不同数值表示。每 1/4 圆葛莱码的细分由最外圆上的增量制码完成。

7.3.3　光栅

在高精度的数控机床上，可以使用光栅作为位置检测装置，将机械位移转换为数字脉冲，

反馈给 CNC 装置，实现闭环控制。由于激光技术的发展，光栅制作精度得到很大的提高，现在光栅精度可达微米级，再通过细分电路可以做到 0.1 μm 甚至更高的分辨率。

1. 光栅的种类

根据形状，光栅可分为圆光栅和长光栅。长光栅主要用于测量直线位移，圆光栅主要用于测量角位移。

根据光线在光栅中是反射还是透射，可将光栅分为透射光栅和反射光栅。透射光栅的基体为光学玻璃，光源可以垂直射入，光电元件直接接受光照，信号幅值大。光栅每毫米中的线纹多，可达 200 线/mm（0.005 mm），精度高。但是由于玻璃易碎，热膨胀系数与机床的金属部件不一致，影响精度，所以透射光栅不能做得太长。反射光栅的基体为不锈钢带（通过照相、腐蚀、刻线），反射光栅和机床金属部件一致，可以做得很长。但是反射光栅每毫米内的线纹不能太多。线纹密度一般为 25～50 线/mm。

2. 光栅的结构和工作原理

光栅由标尺光栅和光栅读数头两部分组成。标尺光栅一般固定在机床的活动部件上，如工作台。光栅读数头装在机床固定部件上。指示光栅装在光栅读数头中。标尺光栅和指示光栅的平行度及二者之间的间隙（0.05～0.1 mm）要严格保证。当光栅读数头相对于标尺光栅移动时，指示光栅便在标尺光栅上相对移动。

光栅读数头又叫光电转换器，它把光栅莫尔条纹变成电信号。图 7-29 所示为光栅读数头，由光源、聚光镜、指示光栅、光敏元件和驱动电路等组成。

当指示光栅上的线纹和标尺光栅上的线纹呈一小角度 θ 放置时，造成两光栅尺上的线纹交叉。在光源的照射下，交叉点附近的小区域内黑线重叠形成明暗相间的条纹，这种条纹称为莫尔条纹。莫尔条纹与光栅的线纹几乎成垂直方向排列，如图 7-30 所示。

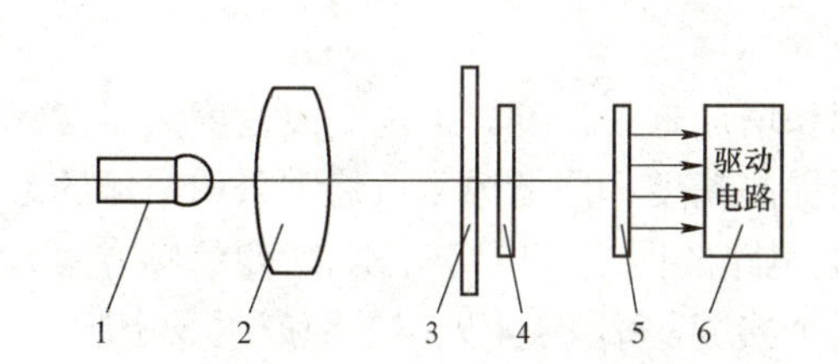

图 7-29　光栅读数头

1—光源；2—聚光镜；3—标尺光栅；
4—指示光栅；5—光敏元件；6—驱动电路

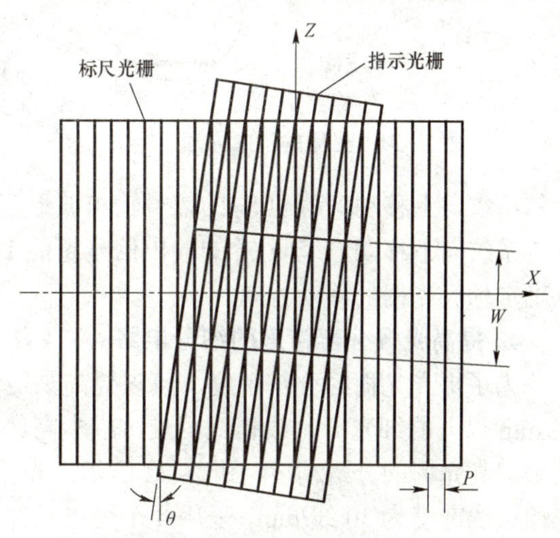

图 7-30　光栅的莫尔条纹

莫尔条纹的特点如下。

（1）当用平行光束照射光栅时，莫尔条纹由亮带到暗带，再由暗带到光带的透过光强度近似于正（余）弦函数。

（2）起放大作用。用 W 表示莫尔条纹的宽度，P 表示栅距，θ 表示光栅线纹之间的夹角，则

$$W=\frac{P}{\sin\theta} \tag{7-1}$$

由于 θ 很小，故 $\sin\theta\approx\theta$，即

$$W\approx\frac{P}{\theta} \tag{7-2}$$

（3）起平均误差作用。莫尔条纹是由若干光栅线纹干涉形成的，这样栅距之间的相邻误差被平均化了，消除了栅距不均匀造成的误差。

（4）莫尔条纹的移动与栅距之间的移动成比例。当干涉条纹移动一个栅距时，莫尔条纹也移动一个莫尔条纹宽度 W，若光栅移动方向相反，则莫尔条纹移动的方向也相反。莫尔条纹的移动方向与光栅移动方向相垂直。这样测量光栅水平方向移动的微小距离即可用检测垂直方向宽大的莫尔条纹的变化代替。

3. 光栅的辨向原理

莫尔条纹的光强度近似呈正（余）弦曲线变化，光电元件所感应的光电流变化规律近似为正（余）弦曲线。经放大、整形后，形成脉冲，可以作为计数脉冲，直接输入到计算机系统的计数器中计算脉冲数，进行显示和处理。根据脉冲的个数可以确定位移量，根据脉冲的频率可以确定位移速度。

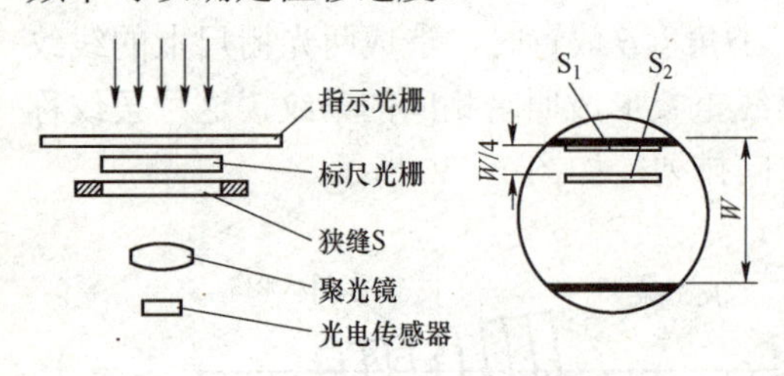

图 7-31　光栅的辨向原理

用一个光电传感器只能进行计数，不能辨向。要进行辨向，至少用两个光电传感器。图 7-31 所示为光栅的辨向原理。通过两个狭缝 S_1 和 S_2 的光束分别被两个光电传感器 P_1、P_2 接收。当光栅移动时，莫尔条纹通过两个狭缝的时间不同，波形相同，相位差 90°，至于哪个超前，决定于标尺光栅移动的方向。当标尺光栅向右移动时，莫尔条纹向上移动，缝隙 S_2 的信号输出波形超前 1/4 周期；同理，当标尺光栅向左移动时，莫尔条纹向下移动，缝隙 S_1 的输出信号超前 1/4 周期。根据两狭缝输出信号的超前和滞后可以确定标尺光栅的移动方向。

4. 提高光栅分辨精度的细分电路

为了提高光栅的分辨精度，可以提高刻线精度和增加刻线密度。但是刻线密度大于 200 线/mm 以上的细光栅刻线制造困难，成本高。为了提高精度和降低成本，通常采用倍频的方法来提高光栅的分辨精度，图 7-32 所示为光栅检测电路的四细分电路与波形（四信频方案）。光栅刻线密度为 50 线/mm，采用 4 个光电元件和 4 个狭缝，每隔 1/4 光栅节距产生一个脉冲，分辨精度可以提高 4 倍，并且可以辨向。

当指示光栅和标尺光栅相对运动时，硅光电池接受到正弦波电流信号。这些信号送到差动放大器，再通过整形，使之成为两路正弦及余弦方波，然后经过微分电路获得脉冲。由于脉冲是在方波的上升沿上产生，为了使 0°、90°、180°、270° 的位置上都得到脉冲，必须把正弦和余弦方波分别反向一次，然后再微分，得到了 4 个脉冲。为了辨别正向和反向运动，可以用一些与门把四个方波 sin、−sin、cos、−cos（即 A、B、C、D）和四个脉冲进行逻辑

组合。当正向运动时，通过与门 Y_1～Y_4 及或门 H_1 得到 A′B、AD′、C′D、B′C 四个脉冲的输出。当反向运动时，通过与门 Y_5～Y_8 及或门 H_2 得到 BC′、AB′、A′D、C′D 四个脉冲的输出，如图 7－32（a）所示。其波形如图 7－32（b）所示，这样虽然光栅栅距为 0.02 mm，但是经过四倍频以后，每一脉冲都相当于 5μm，分辨精度提高了 4 倍。此外，也可以采用八倍频、十倍频等其他倍频电路。

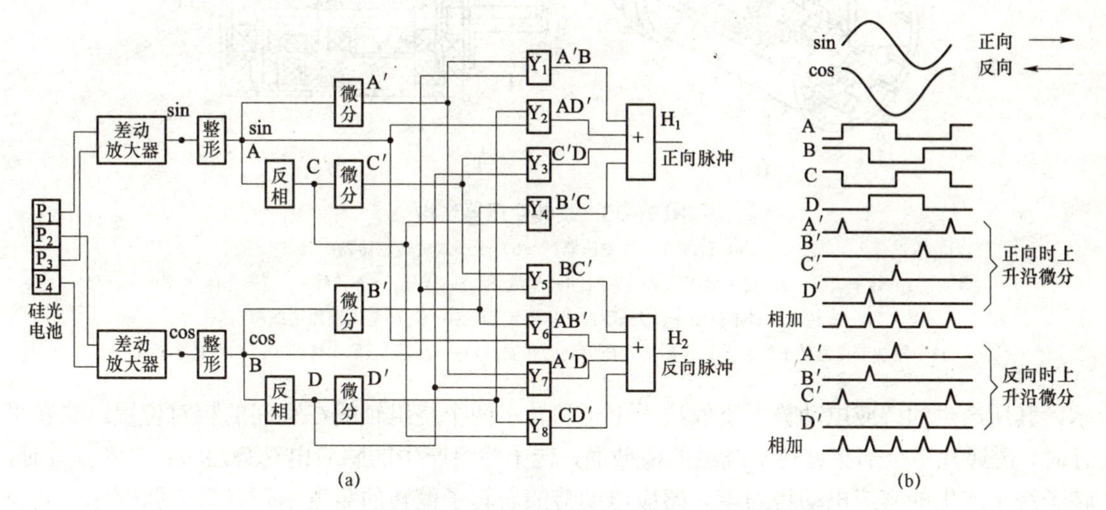

图 7－32　光栅检测电路的四细分电路与波形（四信频方案）

7.3.4　旋转变压器

旋转变压器是一种角度测量装置，它是一种小型交流电动机，其结构简单，动作灵敏，对环境无特殊要求，维护方便，输出信号幅度大，抗干扰强，工作可靠，广泛应用于数控机床上。

1. 旋转变压器的结构

旋转变压器在结构上和两相线绕式异步电动机相似，由定子和转子组成。定子绕组为变压器的原边，转子绕组为变压器的副边。定子绕组通过固定在壳体上的接线柱直接引出。转子绕组有两种不同的引出方式。根据转子绕组两种不同的引出方式，旋转变压器分有刷式和无刷式两种结构。

图 7－33（a）所示为有刷式旋转变压器。它的转子绕组通过滑环和电刷直接引出，其特点是结构简单、体积小，但因电刷与滑环为机械滑动接触，所以可靠性差，寿命也较短。

图 7－33（b）所示为无刷式旋转变压器。它没有电刷和滑环，由两大部分组成：即旋转变压器本体和附加变压器。附加变压器的原、副边铁芯及其线圈均为环形，分别固定于转子轴和壳体上，径向留有一定的间隙。旋转变压器本体的转子绕组与附加变压器的原边线圈连在一起，在附加变压器原边线圈中的电信号，即转子绕组中的电信号，通过电磁耦合，经附加变压器副边线圈间接地送出去。这种结构避免了有刷式旋转变压器电刷与滑环之间的不良接触造成的影响，提高了可靠性和使用寿命，但其体积、质量和成本均有所增加。

2. 旋转变压器的工作原理

旋转变压器是根据互感原理工作的。它的结构保证了其定子和转子之间的磁通呈正（余）

弦规律。定子绕组加上励磁电压，通过电磁耦合，转子绕组产生感应电动势。如图 7－34 所

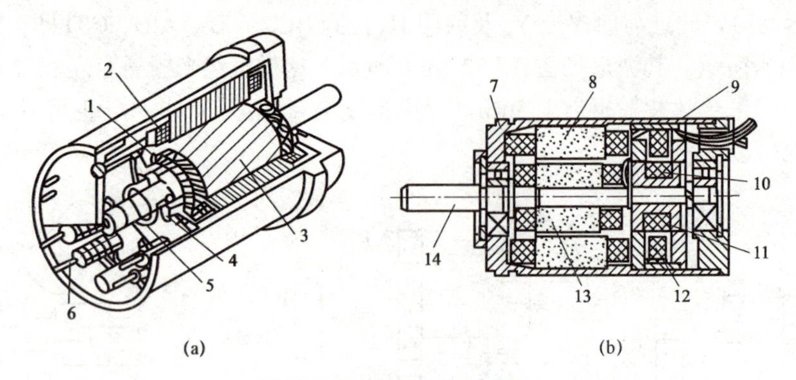

图 7－33　旋转变压器结构

（a）有刷式旋转变压器；（b）无刷式旋转变压器

1—转子绕组；2—定子绕组；3—转子；4—整流子；5—电刷；6—接线柱；7—壳体；
8—旋转变压器本体定子；9—附加变压器定子；10—附加变压器原边线圈；
11—附加变压器转子线轴；12—附加变压器到边线圈；13—旋转变压器本体转子；14—转子轴

示，其所产生的感应电动势大小取决于定子和转子两个绕组轴线在空间的相对位置。二者平行时，磁通几乎全部穿过转子绕组的横截面，转子绕组产生的感应电动势最大；二者垂直时，转子绕组产生的感应电动势为零。感应电动势随着转子偏转的角度呈正（余）弦变化，其表达式为

$$E_2 = nU_1\cos\theta = nU_{\mathrm{m}}\sin\omega t\cos\theta \tag{7-3}$$

式中，E_2——转子绕组感应电动势；

U_1——定子励磁电压；

U_{m}——定子绕组的最大瞬时电压；

θ——两绕组之间的夹角；

n——电磁耦合系数变压比。

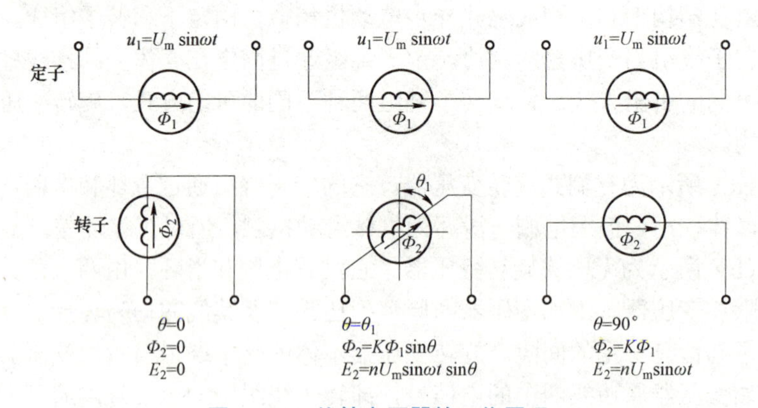

图 7－34　旋转变压器的工作原理

3. 旋转变压器的应用

旋转变压器有两种工作方式：鉴相式工作方式和鉴幅式工作方式。

1）鉴相式工作方式

在鉴相式工作方式下，旋转变压器定子的两相正向绕组（正弦绕组 S 和余弦绕组 C）分别加上幅值相同、频率相同，而相位相差 90° 的正弦交流电压，如图 7－35 所示。

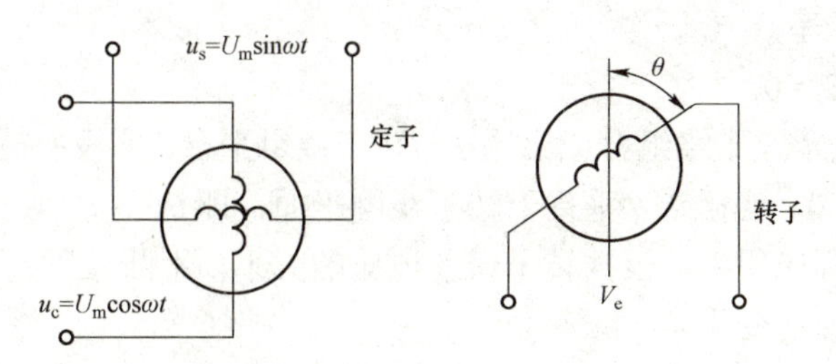

图 7－35　鉴相式工作方式

即

$$\begin{aligned} U_S &= U_m \sin\omega t \\ U_C &= U_m \cos\omega t \end{aligned} \tag{7-4}$$

这两相励磁电压在转子绕组中会产生感应电压。当转子绕组中接负载时，其绕组中会有正弦感应电流通过，从而造成定子和转子间的气隙中合成磁通畸变。为了克服该缺点，转子绕组通常是两相正向绕组，且相互垂直。其中一个绕组作为输出信号，另一个绕组接高阻抗作为补偿。根据线性叠加原理，在转子上的工作绕组中的感应电压为

$$\begin{aligned} E_2 &= nU_S\cos\theta - nU_C\sin\theta \\ &= nU_m(\sin\omega t\cos\theta - \cos\omega t\sin\theta) \\ &= nU_m\sin(\omega t - \theta) \end{aligned} \tag{7-5}$$

式中，θ——定子正弦绕组轴线与转子工作绕组轴线之间的夹角；

ω——励磁角频率。

由式（7－5）可知，旋转变压器转子绕组中的感应电压 E_2 与定子绕组中的励磁电压同频率，但是相位不同，其相位严格随转子偏角而变化。测量转子绕组输出电压的相位角，即可测得转子相对于定子的转角位置。在实际应用中，把定子正弦绕组励磁的交流电压相位作为基准相位，与转子绕组输出电压相位作比较，来确定转子转角的位置。

2）鉴幅式工作方式

在鉴幅式工作方式中，在旋转变压器定子的两相正向绕组（正弦绕组 S 和余弦绕组 C）分别加上频率相同、相位相同，而幅值分别按正弦、余弦变化的交流电压，即

$$\begin{aligned} U_S &= U_m\sin\theta_{电}\sin\omega t \\ U_C &= U_m\cos\theta_{电}\sin\omega t \end{aligned} \tag{7-6}$$

式中　$U_m\sin\theta_{电}$，$U_m\cos\theta_{电}$——定子两绕组励磁信号的幅值。

定子励磁电压在转子中感应出的电势不但与转子和定子的相对位置有关，还与励磁的幅值有关。

根据线性叠加原理，在转子上的工作绕组中的感应电压为

$$\begin{aligned} E_2 &= nU_S\cos\theta_{机} - nU_C\sin\theta_{机} \\ &= nU_m\sin\omega t(\sin\theta_{电}\cos\theta_{机} - \cos\theta_{电}\sin\theta_{机}) \\ &= nU_m\sin(\theta_{电} - \theta_{机})\sin\omega t \end{aligned} \tag{7-7}$$

式中，$\theta_{机}$——定子正弦绕组轴线与转子工作绕组轴线之间的夹角；

$\theta_{电}$——电气角；

ω——励磁角频率。

若$\theta_{机}=\theta_{电}$，则$E_2=0$。

当$\theta_{机}=\theta_{电}$时，表示定子绕组合成磁通Φ与转子绕组平行，即没有磁力线穿过转子绕组线圈，因此感应电压为 0。当磁通Φ垂直于转子线圈平面，即$\theta_{机}-\theta_{电}=\pm 90°$时，转子绕组中感应电压最大。在实际应用中，根据转子误差电压的大小，不断修正定子励磁信号$\theta_{电}$（即励磁幅值），使其跟踪$\theta_{机}$的变化。

由式(7-7)可知，感应电压E_2是以ω为角频率的交变信号，其幅值为$U_m\sin(\theta_{机}-\theta_{电})$。若电气角$\theta_{电}$已知，那么只要测出$E_2$的幅值，便可以间接地求出$\theta_{机}$的值，即可以测出被测角位移的大小。当感应电压的幅值为 0 时，说明电气角的大小就是被测角位移的大小。旋转变压器在鉴幅式工作方式时，不断调整$\theta_{电}$，让感应电压的幅值为 0，用测量$\theta_{电}$的方法代替对$\theta_{机}$的测量，$\theta_{电}$可通过具体电子线路测得。

7.3.5 感应同步器

1. 感应同步器的结构和特点

感应同步器是一种电磁感应式的高精度位置检测装置。实际上，它是多极旋转变压器的展开形式。感应同步器分旋转感应同步器和直线感应同步器两种。旋转感应同步器用于角度测量，直线感应同步器用于长度测量。两者的工作原理相同。

直线感应同步器由定尺和滑尺两部分组成。定尺与滑尺之间有均匀的气隙，在定尺表面制有连续平面绕组，绕组节距为 P。滑尺表面制有两段分段绕组：正弦绕组和余弦绕组。它们相对于定尺绕组在空间错开 1/4 节距（$P/4$），定子和滑尺的结构示意图如图 7-36 所示。

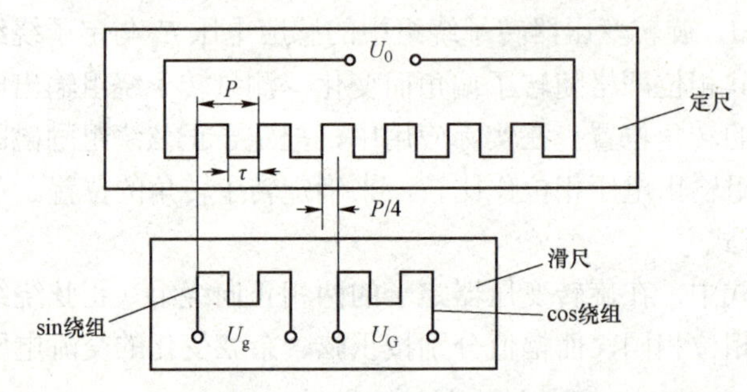

图 7-36　定尺和滑尺的结构示意

定尺和滑尺的基板采用与机床床身材料热膨胀系数相近的钢板制成，经精密的照相腐蚀工艺制成印刷绕组，再在尺子的表面上涂一层保护层。滑尺的表面有时还贴上一层带绝缘的铝箔，以防静电感应。

感应同步器的特点如下。

（1）精度高。感应同步器直接对机床工作台的位移进行测量，其测量精度只受本身精度限制。另外，定尺的节距误差有平均补偿作用，定尺本身的精度能做得很高，其精度可以达到±0.001 mm，重复精度可达 0.002 mm。

（2）工作可靠，抗干扰能力强。在感应同步器绕组的每个周期内，测量信号与绝对位置

有一一对应的单值关系，不受干扰的影响。

（3）维护简单，寿命长。定尺和滑尺之间无接触磨损，在机床上安装简单。使用时需要加防护罩，防止切屑进入定尺和滑尺之间划伤导片，以及灰尘、油雾的影响。

（4）测量距离长。可以根据测量长度需要，将多块定尺拼接成所需要的长度，即可测量长距离位移，机床移动基本上不受限制。

（5）成本低，易于生产。

（6）与旋转变压器相比，感应同步器的输出信号比较微弱，需要一个放大倍数很高的前置放大器。

2. 感应同步器的工作原理

感应同步器的工作原理与旋转变压器基本一致。使用时，在滑尺的绕组上通以一定频率的交流电压，由于电磁感应，在定尺的绕组中产生了感应电压，其幅值与相位决定于定尺和滑尺的相对位置。图 7-37 所示为滑尺在不同的位置时定尺上的感应电压。当定尺与滑尺重合时，如图 7-37 中的 a 点的感应电压最大。当滑尺相对于定尺平行移动后，其感应电压逐渐变小。在错开 $P/4$ 的 b 点，感应电压为零。依次类推，在 $P/2$ 的 c 点，感应电压幅值与 a 点相同，极性相反；在 $3P/4$ 的 d 点又变为零。当移动到一个节距的 e 点时，电压幅值与 a 点相同。这样，滑尺在移动一个节距的过程中，感应电压变化了一个余弦波形。滑尺每移动一个节距，感应电压就变化一个周期。

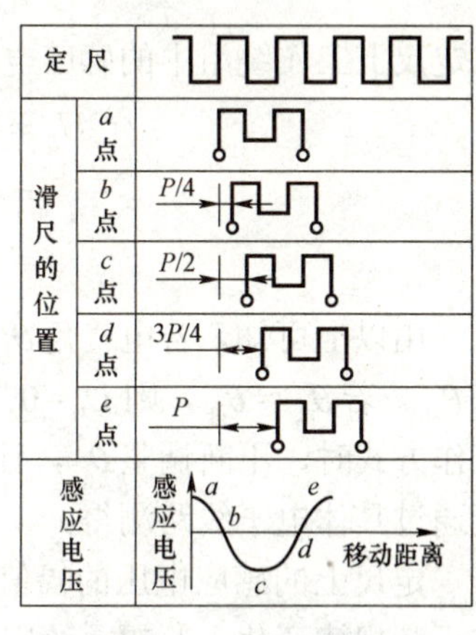

图 7-37　滑尺在不同位置时定尺上的感应电压

按照供给滑尺两个正交绕组励磁信号的不同，感应同步器的测量方式分为鉴相式和鉴幅式两种工作方式。

1）鉴相式工作方式

在鉴相式工作方式下，给滑尺的 sin 绕组和 cos 绕组分别通以幅值相等、频率相同、相位相差 90° 的交流电压，其表达式为

$$\begin{aligned} U_S &= U_m \sin\omega t \\ U_C &= U_m \cos\omega t \end{aligned} \tag{7-8}$$

励磁信号将在空间产生一个以 ω 为频率移动的行波。磁场切割定尺导片，并产生感应电压，该电势随着定尺与滑尺相对位置的不同而产生超前或滞后的相位差 θ。根据线性叠加原理，在定尺上的工作绕组中的感应电压为

$$\begin{aligned} U_0 &= nU_S\cos\theta - nU_C\sin\theta \\ &= nU_m(\sin\omega t\cos\theta - \cos\omega t\sin\theta) \\ &= nU_m\sin(\omega t - \theta) \end{aligned} \tag{7-9}$$

式中　ω——励磁角频率。

n——电磁耦合系数。

θ——滑尺绕组相对于定尺绕组的空间相位角，$\theta = \dfrac{2\pi x}{P}$。

可见，在一个节距内，θ 与 x 是一一对应的，通过测量定尺感应电压的相位角 θ，可以测

量定尺对滑尺的位移 x。数控机床的闭环伺服系统采用鉴相系统时，指令信号的相位角 θ_1 由数控装置发出，由 θ 和 θ_1 的差值控制数控机床的伺服驱动机构。若定尺和滑尺之间产生了相对运动，则定尺上的感应电压的相位发生了变化，其值为 θ。当 $\theta \neq \theta_1$ 时，使机床伺服系统带动机床工作台移动。当滑尺与定尺的相对位置达到指令要求值，即 $\theta=\theta_1$ 时，工作台停止移动。

2）鉴幅式工作方式

给滑尺的正弦绕组和余弦绕组分别通以频率相同、相位相同而幅值不同的交流电压，则有表达式为

$$\begin{aligned} U_S &= U_m \sin\theta_{电} \sin\omega t \\ U_C &= U_m \cos\theta_{电} \sin\omega t \end{aligned} \tag{7-10}$$

若滑尺相对于定尺移动一个距离 x，其对应的相移为 $\theta_{机}$，$\theta_{机}=\dfrac{2\pi x}{P}$。根据线性叠加原理，在定尺上工作绕组中的感应电压为

$$\begin{aligned} U_0 &= nU_S \cos\theta_{机} - nU_c \sin\theta_{机} \\ &= nU_m \sin\omega t(\sin\theta_{电} \cos\theta_{机} - \cos\theta_{电} \sin\theta_{机}) \\ &= nU_m \sin(\theta_{机} - \theta_{电}) \sin\omega t \end{aligned} \tag{7-11}$$

由以上可知，若电气角 $\theta_{电}$ 已知，只要测出 U_0 的幅值 $nU_m \sin(\theta_{机}-\theta_{电})$，便可以间接地求出 $\theta_{机}$。若 $\theta_{电}=\theta_{机}$，则 $U_0=0$，说明电气角 $\theta_{电}$ 的大小就是被测角位移 $\theta_{机}$ 的大小。采用鉴幅式工作方式时，不断调整 $\theta_{电}$，让感应电压的幅值为 0，用测量 $\theta_{电}$ 的方法代替对 $\theta_{机}$ 的测量，$\theta_{电}$ 可通过具体电子线路测得。

定尺上的感应电压的幅值随指令给定的位移量 $x_1(\theta_{电})$ 与工作台的实际位移 $x(\theta_{机})$ 的差值按正弦规律变化。鉴幅系统用于数控机床闭环伺服系统中，当工作台未达到指令要求值，即 $x \neq x_1$ 时，定尺上的感应电压 $U_0 \neq 0$。该电压经过检波放大后控制伺服执行机构带动机床工作台移动。当工作台移动到 $x = x_1$（$\theta_{电}=\theta_{机}$）时，定尺上的感应电压 $U_0 = 0$，工作台停止运动。

7.3.6 磁栅工作原理与结构

1. 磁栅的结构

磁栅又叫磁尺，是一种高精度的位置检测装置，它由磁性标尺、拾磁磁头和检测电路组成，是用拾磁原理进行工作的。首先，用录磁磁头将一定波长的方波或正弦波信号录制在磁性标尺上作为测量基准，检测时根据与磁性标尺有相对位移的拾磁磁头所拾取的信号，对位移进行检测。磁栅可用于长度和角度的测量，精度高，安装调整方便，对使用环境要求较低，如对周围电磁场的抗干扰能力较强，在油污和粉尘较多的场合使用有较好的稳定性。高精度的磁栅位置检测装置可用于各种精密机床和数控机床。其结构如图 7-38 所示。

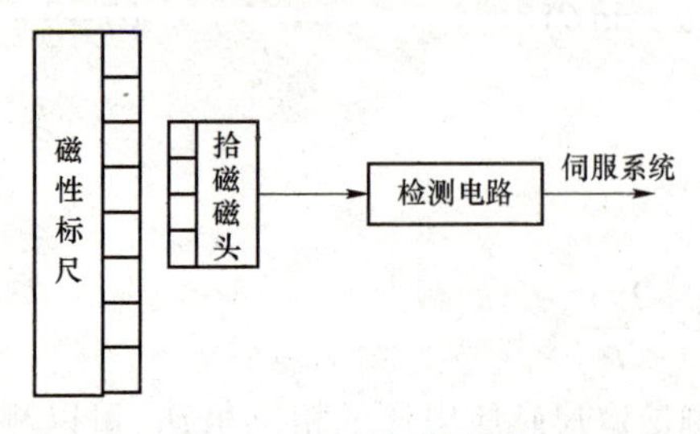

图 7-38　磁栅的结构

1）磁性标尺

磁性标尺分为基体和磁性膜。磁性标尺的基体由非导磁性材料（如玻璃、不锈钢、铜等）制成。磁性膜是一层硬磁性材料（如 Ni-Co-P 或 Fe-Co 合金），用涂敷、化学沉积或电镀的方法附在磁性标尺上，呈

薄膜状。磁性膜的厚度为 10～20 μm，均匀地分布在基体上。磁性膜上有录制好的磁波，波长一般为 0.005 mm、0.01 mm、0.2 mm、1 mm 等几种。为了提高磁性标尺的寿命，一般在磁性膜上均匀涂上一层 1～2 μm 的耐磨塑料保护层。

按磁性标尺基体的形状，磁栅可以分为平面实体型磁栅、带状磁栅、线状磁栅和回转型磁栅。前三种磁栅用于直线位移的测量，后一种用于角度测量。磁栅长度一般小于 600 mm，测量长距离时可以用几根磁栅接长使用。

2）拾磁磁头

拾磁磁头（磁头）是一种磁电转换器件，它将磁性标尺上的磁信号检测出来，并转换成电信号。普通录音机上的磁头输出电压幅值与磁通的变化率成正比，属于速度响应型磁头。而由于在数控机床上在运动和静止时都要进行位置检测，因此应用在磁栅上的磁头是磁通响应型磁头。它不仅在磁头与磁性标尺之间有一定相对速度时能拾取信号，而且在它们相对静止时也能拾取信号。其结构如图 7－39 所示。该磁头有两组绕组，即绕在磁路截面尺寸较小横臂上的激磁绕组和绕在磁路截面较大的竖杆上拾磁绕组。当对激磁绕组施加励磁电流 $i_a = i_0 \sin \omega_0 t$ 时，在 i_a 的瞬时值大于某一数值以后，横臂上的铁芯材料饱和，这时磁阻很大，磁路被阻断，磁性标尺的磁通 $\boldsymbol{\Phi}_0$ 不能通过磁头闭合，输出线圈不与 $\boldsymbol{\Phi}_0$ 交链。当在 i_a 的瞬时值小于某一数值时，i_a 所产生的磁通 $\boldsymbol{\Phi}_1$ 也随之降低。两横臂中磁阻也降低到很小，磁路开通，$\boldsymbol{\Phi}_0$ 与输出线圈交链。由此可见，励磁线圈的作用相当于磁开关。

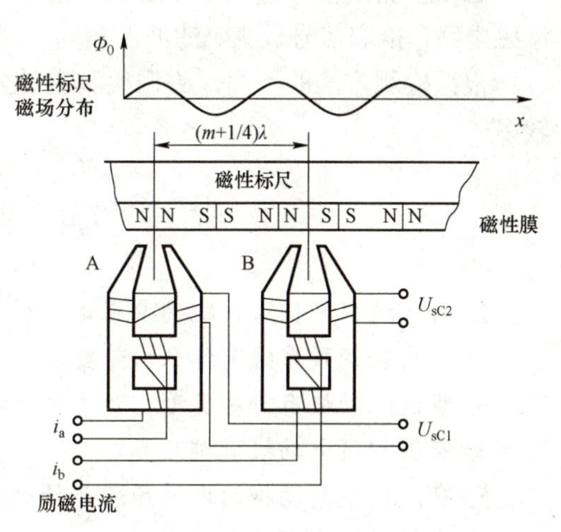

图 7－39 磁通响应型磁头

2. 磁栅的工作原理

励磁电流在一个周期内两次过零、两次出现峰值，与此同时磁开关通断各两次。磁路由通到断的时间内，输出线圈中交链磁通量由 $\boldsymbol{\Phi}_0 \to 0$；磁路由断到通的时间内，输出线圈中交链磁通量由 $0 \to \boldsymbol{\Phi}_0$。$\boldsymbol{\Phi}_0$ 是由磁性标尺中的磁信号决定的，由此可见，输出线圈输出的是一个调幅信号：

$$U_{sc} = U_m \cos\left(\frac{2\pi x}{\lambda}\right) \sin \omega t \tag{7-12}$$

式中，U_{sc}——输出线圈中输出感应电压；

U_m——输出电势的峰值；

λ——磁性标尺节距；

x——选定某一 N 极作为位移零点，x 为磁头对磁性标尺的位移量；

ω——输出线圈感应电压的幅值，它比励磁电流 i_a 的频率 ω_0 高 1 倍。

由式（7－10）可知，磁头输出信号的幅值是位移 x 的函数。只要测出 U_{sc} 过 0 的次数，就可以知道 x 的大小。

使用单个磁头的输出信号小，而且对磁性标尺上的磁化信号的节距和波形要求也比较高。

实际使用时，将几十个磁头用一定的方式串联，构成多间隙磁头使用。

为了辨别磁头的移动方向，通常采用间距为（$m+1/4$）λ的两组磁头（$\lambda=1, 2, 3, \cdots$），并使两组磁头的励磁电流相位相差45°，这样两组磁头输出的电势信号相位相差90°。

如果第一组磁头输出信号是

$$U_{\mathrm{sC1}}=U_{\mathrm{m}}\cos\left(\frac{2\pi x}{\lambda}\right)\sin\omega t \tag{7-13}$$

则第二组磁头输出信号是

$$U_{\mathrm{sC2}}=U_{\mathrm{m}}\sin\left(\frac{2\pi x}{\lambda}\right)\sin\omega t \tag{7-14}$$

磁栅检测是模拟量测量，必须和检测电路配合才能进行检测。磁栅的检测电路包括磁头激磁电路，拾取信号放大、滤波及辨向电路，细分内插电路，以及显示及控制电路等各部分。

根据检测方法的不同，磁栅检测也可分为幅值检测和相位检测两种，通常相位检测应用较多。

7.4 思考与练习

1. 对数控机床伺服系统的要求是什么？
2. 对主轴伺服系统有什么特殊要求？
3. 步进电动机有哪些类型？步进电动机的工作原理是什么？
4. 交流伺服电动机有哪几类？
5. 交流伺服电动机的调速原理是什么？有哪些调速方法？
6. 变频调速有哪几种类型？
7. 简述位置检测装置的特点。
8. 位置检测装置的分类有哪些？典型元件有哪些？
9. 简述光电编码器的工作原理和特点。
10. 光栅的组成部分有哪些？有何特点？
11. 旋转变压器的工作原理和特点是什么？
12. 感应同步器的工作原理和特点是什么？
13. 磁栅的工作原理是什么？

第 8 章

智能制造概述

学习目标

1. 了解《中国制造2025》计划和工业4.0计划内容。
2. 理解柔性制造系统的工作原理。
3. 了解三维打印和四维打印技术及新时代下新技术发展趋势。

所谓智能制造，就是面向产品全生命周期，实现泛在感知条件下的信息化制造。智能制造技术是在现代传感技术、网络技术、自动化技术、拟人化智能技术等先进技术的基础上，通过智能化的感知、人机交互、决策和执行技术，实现设计过程、制造过程和制造装备智能化，是信息技术、智能技术与装备制造技术的深度融合与集成。智能制造，是信息化与工业化深度融合的大趋势，如图 8-1 所示的智能信息库。

图 8-1　智能信息库

智能制造源于人工智能的研究。人工智能就是用人工方法在计算机上实现的智能。随着产品性能的完善化及其结构的复杂化、精细化，以及功能的多样化，促使产品所包含的设计信息和工艺信息量猛增，随之生产线和生产设备内部的信息流量增加，制造过程和管理工作的信息量也必然剧增，因而促使制造技术发展的热点与前沿，转向了提高制造系统对于爆炸性增长的制造信息处理的能力、效率及规模上。先进的制造设备离开了信息的输入就无法运转，柔性制造系统（FMS）一旦被切断信息来源就会立刻停止工作。专家认为，制造系统正在由原先的能量驱动型转变为信息驱动型，这就要求制造系统不但要具备柔性，而且还要表现出智能，否则是难以处理如此大量而复杂的信息工作量的。其次，瞬息万变的市场需求和激烈竞争的复杂环境，也要求制造系统表现出更高的灵活、敏捷和智能。因此，智能制造越来越受到高度的重视。纵览全球，虽然从总体而言智能制造尚处于概念和实验阶段，但各国政府均将此列入国家发展计划，大力推动、实施。1992 年美国执行新技术政策，大力支持关键重大技术（Critical Techniloty），这包括信息技术和新的制造工艺，智能制造技术也在其中，美国政府希望借助此举改造传统工业并启动新产业。

加拿大制订的 1994—1998 年发展战略计划，认为未来知识密集型产业是驱动全球经济和加拿大经济发展的基础，认为发展和应用智能系统至关重要，并将具体研究项目选择为智能计算机、人机界面、机械传感器、机器人控制、新装置、动态环境下系统集成。

日本1989年提出智能制造系统，且于1994年启动了先进制造国际合作研究项目，包括公司集成和全球制造、制造知识体系、分布智能系统控制、快速产品实现的分布智能系统技术等。

欧盟的信息技术相关研究有ESPRIT项目，该项目大力资助有市场潜力的信息技术。1994年欧盟又启动了新的R&D项目，选择了39项核心技术，其中有3项技术（信息技术、分子生物学和先进制造技术）均突出了智能制造的位置。

中国在20世纪80年代末也将“智能模拟”列入国家科技发展规划的主要课题，已在专家系统、模式识别、机器人、汉语机器理解方面取得了一些成果。中华人民共和国科学技术部正式提出了“工业智能工程”。作为技术创新计划中创新能力建设的重要组成部分，智能制造将是该项工程中的重要内容。

由此可见，智能制造正在世界范围内兴起，它是制造技术发展，特别是制造信息技术发展的必然趋势，是自动化和集成技术向纵深发展的结果。

智能装备面向传统产业改造提升和战略性新兴产业发展需求，重点包括智能仪器仪表与控制系统、关键零部件及通用部件、智能专用装备等。它能实现各种制造过程自动化、智能化、精益化、绿色化，带动装备制造业整体技术水平的提升。

中国机械科学研究总院原副院长屈贤明指出，现今国内装备制造业存在自主创新能力薄弱、高端制造环节主要由国外企业掌握、关键零部件发展滞后、现代制造服务业发展缓慢等问题。而中国装备制造业“由大变强”的标志包括：国际市场占有率处于世界第一，超过一半产业的国际竞争力处于世界前三，成为影响国际市场供需平衡的关键产业，拥有一批国际竞争力和市场占有率处于全球前列的世界级装备制造基地，原始创新突破，一批独创、原创装备问世等多个方面。

8.1 FMS 基础知识应用实例

8.1.1 FMS 产生与发展

（1）市场的发展变化促使传统生产方式变革，20世纪初，为了应对大批量、少品种生产，刚性自动线（Fixed Automation）出现了，图8－2所示为加工箱体类零件的组合机床自动线。

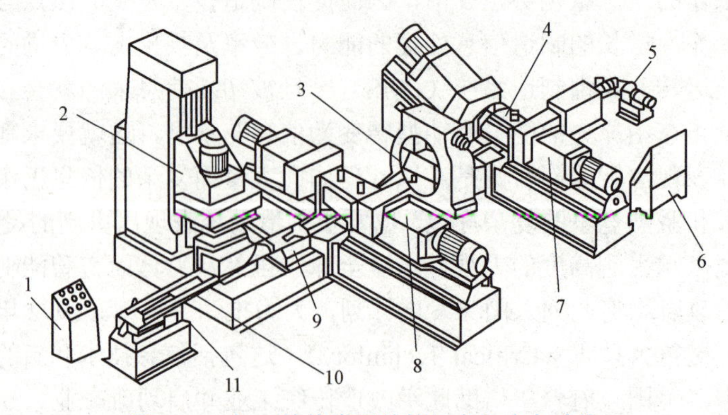

图8－2　加工箱体类零件的组合机床自动线

1—操作台；2—组合机床；3—转位鼓轮；4—夹具；5—切屑运输装置；6—液压站；
7—组合机床；8—组合机床；9—转位装置；10—工件输送装置；11—输送传动装置

刚性自动线的特点是：设备和加工工艺固定，不灵活，只能加工一个零件或几个相互类似的零件，即具有刚性。

（2）20 世纪 60、70 年代，多品种、中小批量的产品柔性制造系统（FMS）产生。图 8-3 所示为丰田公司的柔性制造系统。

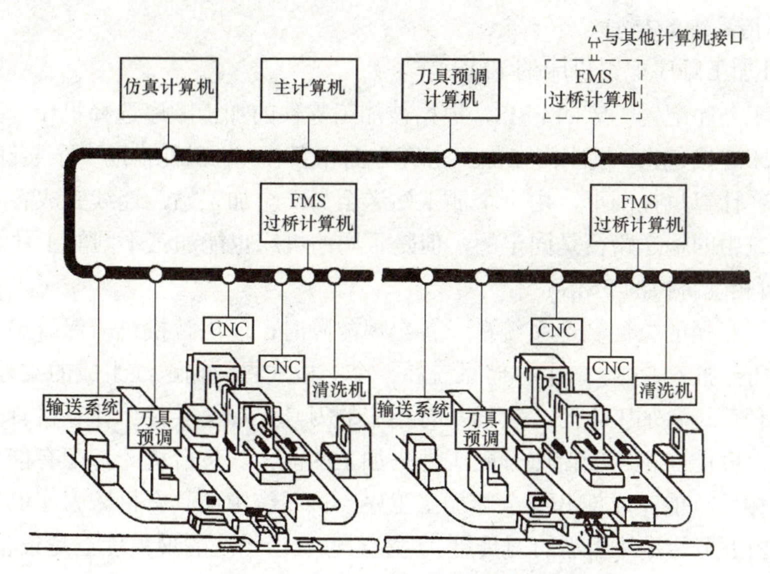

图 8-3　丰田公司的柔性制造系统

1. FMS 的发展历史

FMS 早期主要是对刚性自动线改造，主要特点是：柔性差，适合大批量、少品种生产，生产效率高，改造费时、费力、费钱。数控机床出现后，FMS 的特点是柔性好，只适合小批量、多品种生产，生产率低。

1）最早的 FMS

20 世纪 60 年代，英国 Molins 公司开发的 Molins System 是最早的 FMS，如图 8-4 所示。Molins System 的特点如下。

（1）计算机控制整个系统，可加工一系列不同的零件。

（2）类似加工中心的数控机床。

（3）自动为机床提供工件和工艺装备。

（4）每天工作 24 h（中班和晚班的 16 h 内进行无人化加工）。

图 8-4　Molins System

2）Allis chalmers 系统

20 世纪 60 年代后期，美国开发出 Allis Chalmers 系统，它拥有以下特点。

（1）6 台加工中心，4 台双分度头机床。

（2）自动牵引车工件搬运系统。

3）近代 FMS 的发展

20 世纪 70 年代，FMS 并没有受到足够重视，但是从 20 世纪 80 年代以后，由于 FMS 显著的经济效益，各国竞相对其进行科研和开发，并取得了很大的成绩。

8.1.2　FMS 的分类、特点与柔性

1. 柔性制造系统的类型

1）按零件加工顺序配置机床的 FMS

按零件加工顺序配置机床的 FMS，根据被加工零件的加工顺序选择机床，并用一个物料储运系统将机床连接起来，机床间在加工内容方面相互补充。工件借助一个装卸站送入系统，并由此开始，在计算机控制下，由一个加工站送至另一个加工站，连续完成各加工工序。通常，工件在系统中的输送路径是固定的，但是不同的机床也能加工不同的工件。

2）机床可相互替换的 FMS

机床可相互替换的柔性制造系统在设备出现故障时，能用替换机床保持整个系统继续工作。在一个由几台加工中心、一个存储系统和一个穿梭式物料输送线组成的柔性制造系统中，工件可以送至任何一台加工中心，它们都有相应的刀具来加工零件。计算机具有记忆每台机床状态的功能，并能在机床空闲时分配工件去加工的能力。每台机床都配有能根据指令选用刀具的换刀机械手，能完成部分或全部加工工序。该系统中还具有机床刀库的更换和存储系统，以保证为加工多种零件所需的刀具量。这类柔性制造系统的最大优点是设备发生故障时，只有部分系统停工，工件的班产量有所降低，但不会造成停产。

3）混合型 FMS

实际生产中常常采用既按工序选择，又具有替换机床的柔性制造系统，这就是混合型 FMS。系统内同类机床间具有相互替换的能力。

4）具有集中式刀具储运系统的 FMS

这种 FMS 的集中式刀具储运系统可以是与机载刀库交换的备用刀库，也可以是与机床多轴主轴箱交换的备用主轴箱。系统中的刀具都按工件的加工要求集中布置在若干个储刀装置中，当加工任务确定后，控制系统选出相应的多轴箱或备用刀库送至机床，来完成工序的加工要求。

2. FMS 的特点

FMS 与 FMC 目前还没有公认的定义。两者在主要功能和结构方面有许多相似点，不易严格区分。比较一致的看法是，认为 FMS 与 FMC 的主要区别在于以下几点。

（1）FMS 的规模比 FMC 大，FMS 的机床大多为 4～10 台，也有 2 台的，但机床为 2～3 台时，物流系统的利用率不高。

（2）FMC 只具有单元内部的工件运储系统，而 FMS 则具有结构单元外部的物流系统，可实现各单元间、加工单元与仓库、装卸站、清洗站、检查站之间的物料输送和存储。搬运对象除了工件，还包括刀具、废屑、切削液等。

（3）FMS 的信息量大，各个子系统和单元都有各自的信息流系统。为统一协调和管理，FMS 采用比 FMC 层次更高的多级计算机控制。

（4）FMS 具有比 FMC 更多更完善的功能，如优化作业计划、自动加工调度，以及容忍故障的柔性功能等。

3. FMS 的柔性

FMS 的柔性主要体现在以下几个方面。

（1）设备柔性。设备柔性指制造系统中能加工不同类型零件所具备的转换能力，其中包括刀具转换、夹具转换等。机床出现故障时，可自动安排其他机床代替，工件运输系统会相应调整工件的运输路线，使系统继续运行。

（2）工艺柔性。工艺柔性指能以多种工艺方法加工某一零件组的能力，如镗、铣、钻、铰、攻螺纹等加工。

（3）工序柔性。工序柔性指能自动改变零件加工工序的能力。

（4）路径柔性。路径柔性指能自动变更零件加工路径的能力，如遇到系统中某台设备故障，能自动将工件转换到另一台设备上加工；可以根据负荷，自动改变加工路线，提高利用率，减少等待时间。

（5）产品柔性。产品柔性指产品改变时能经济、迅速地转产。

（6）批量柔性。批量柔性指在不同批量下运行都能获取经济效益。

（7）扩展柔性。扩展柔性指能根据生产的需要组建和扩展生产能力。

（8）工作和生产能力的柔性。FMS 实际上可以在无人照管的情况下运行，因而各项工作可在时间上灵活地安排。例如，工件的安装和系统的维护工作可全部集中安排在白天进行，而加工作业根据需要安排在第一、二或三班进行。

8.1.3　FMS 的组成

典型的 FMS 一般由 3 个子系统组成，它们是加工系统、物流系统和控制与管理系统，各子系统的构成框图及功能特征如图 8-5 所示。

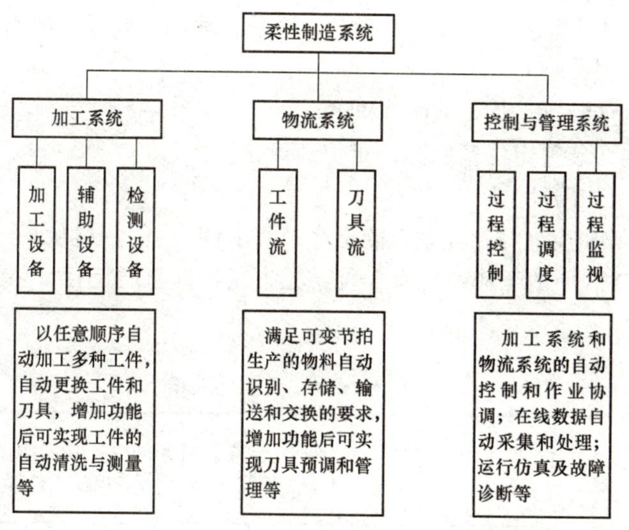

图 8-5　柔性制造系统的构成框图及功能特征

3 个子系统的有机结合，构成了一个柔性制造系统的能量流（通过制造工艺改变工件的形状和尺寸）、物料流（主要指工件流和刀具流）和信息流（制造过程的信息和数据处理）。加工系统在 FMS 中是实际完成改变物性任务的执行系统。加工系统主要由数控机床、加工中心等加工设备构成，系统中的加工设备在工件、刀具和控制 3 个方面都具有可与其他子系统相连接的标准接口。从柔性制造系统的各项柔性含义中可知，加工系统的性能直接影响着 FMS 的性能，且加工系统在 FMS 中又是耗资最多的部分，因此恰当地选用加工系统是 FMS 成功与否的关键。

8.1.4 FMS 中的物流

物流是 FMS 中物料流动的总称（物料流）。在 FMS 中流动的物料主要有工件、刀具、夹具、切屑及切削液。物流系统是从 FMS 的进口到出口，实现对这些物料自动识别、存储、分配、输送、交换和管理功能的系统。因为工件和刀具的流动问题最为突出，通常认为 FMS 的物流系统由工件流系统和刀具流系统两大部分组成。另外，因为很多 FMS 的刀具是通过手工介入，只在加工设备或加工单元内部流动，在系统内没有形成完整的刀具流系统，所以有时物流系统也狭义地指工件流系统。刀具流系统和工件流系统的很多技术和设备在其原理和功能上基本相似。物流系统主要由输送装置、交换装置、缓冲装置和存储装置等组成。

1. 物流系统的输送装置

1）FMS 物流系统对输送装置的要求

FMS 物流系统对输送装置的要求有以下几点。

（1）通用性。输送装置能适合一定范围内不同输送对象的要求，与物料存储装置、缓冲站和加工设备等的关联性好，物料交接的可控制性和匹配性（如形状、尺寸、质量和姿势等）好。

（2）变更性。输送装置能快速、经济地变更运行轨迹，尽量增大系统的柔性。

（3）扩展性。输送装置能方便地根据系统规模扩大输送范围和输送量。

（4）灵活性。输送装置能接受系统的指令，根据实际加工情况完成不同路径、不同节拍、不同数量的输送工作。

（5）可靠性。输送装置平均无故障时间长。

（6）安全性。输送装置定位精度高，定位速度快。

2）输送装置的工作路径

输送装置依照 FMS 控制与管理系统的指令，将 FMS 内的物料从某一指定点送往另一指定点。输送装置在 FMS 中的工作路径有 3 种常见方式，即直线运行、环线运行和网线运行，见表 8-1。

表 8-1　输送装置的工作路径

<table>
<tr><td rowspan="2">直线运行</td><td>单向运行</td><td></td><td>主要依靠机床的数控功能实现柔性，输送装置多为输送带，主要用于 FML 或自动装配线</td></tr>
<tr><td>双向运行</td><td></td><td>系统柔性低，容错性差，常需另设缓冲站，输送装置采用双向输送带、有轨小车或行走机器人，主要用于小型 FMS</td></tr>
</table>

续表

环线运行	单向运行	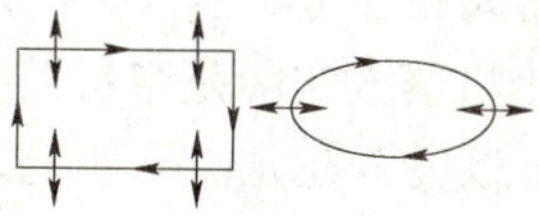	利用直线单向运行的组合，形成封闭循环实现柔性，提高输送设备的利用率
	双向运行	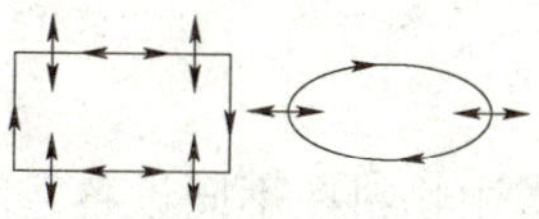	利用直线双向运行的组合，形成封闭循环，提高柔性和设备利用率
网线运行	双向运行	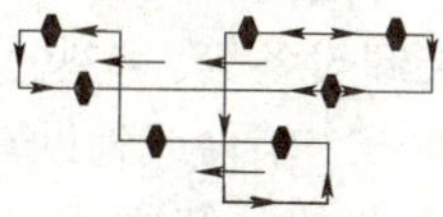	全为双向运行，有很大柔性，输送设备的利用率和容错性高，但控制与调度复杂，主要采用无轨小车，用于较大规模的 FMS

输送装置可主要分为输送带、自动小车、机器人三种。

（1）输送带。直线单向运行中的输送带在早期的 FMS 中用得较多。输送带分为动力型和无动力型；从结构方式上有辊式、链式、带式之分；从空间位置和输送物料的方式上又有台式和悬挂式之分。用于 FMS 中的输送带通常采用有动力型的电力驱动方式，电动机经减速后带动输送带运行。利用输送带输送物料的物流系统柔性差，一旦某一环节出现故障，会影响整个系统的工作，因而除输送量较大的 FML 或 FTL 外，目前已很少使用。

（2）自动小车。自动小车分为有轨和无轨两种，所谓有轨是指有地面或空间的机械式导向轨道。地面有轨小车结构牢固，承载力大，造价低廉，技术成熟，可靠性好，定位精度高。地面有轨小车多采用直线或环线双向运行，广泛应用于中小规模的箱体类工件 FMS 中。高架有轨小车（空间导轨）相对于地面有轨小车，车间利用率高，结构紧凑，速度高，有利于把人和输送装置的活动范围分开，安全性好，但承载力小。高架有轨小车较多地用于回转体工件或刀具的输送，以及有人工介入的工件安装和产品装配的输送系统中。有轨小车由于需要机械式导轨，其系统的变更性、扩展性和灵活性不够理想。

无轨小车是一种利用微机控制的，能按照一定的程序自动沿规定的引导路径行驶，并具有停车选择装置、安全保护装置及各种移载装置的输送小车。因为其没有固定式机械轨道而被称为无轨小车，无轨小车也叫自动导引小车（Automatic Guided Vehicle，AGV）。无轨小车由于其控制性能好，使 FMS 很容易按其需要改变作业计划，灵活地调度小车的运行，且没有机械轨道，可方便地重新布置，扩大预定运行路径和运行范围，增减运行的车辆数量，有极好的柔性，在各种 FMS 中得到了广泛应用。有径引导方式是指在地面上铺设导线、磁带或反光带制定小车的路径，小车通过电磁信号或光信号检测出自己所在的位置，通过自动修正而保证沿指定路径行驶。在无径引导自主导向方式中，其地图导向方式是在无轨小车的计算机中预存距离表（地图），通过与测距法所得的方位信息比较，小车自动算出从某一参考点出发到目的点的行驶方向。这种引导方式非常灵活，但精度低。惯性导向方式是在无轨小车中装设陀螺仪，用陀螺仪所测得的小车加速度值来修正行驶方向。无径引导地面援助方式是利用电磁波、超声波、激光、无线电遥控等，依靠地面预设的参考点或通过地面指挥，修正小车的路径。

（3）机器人。机器人有两种形式：固定式机器人和行走机器人。固定式机器人适用于搬运距离短，工件或连同夹具质量较轻的 FMC。行走机器人实际是带机器手的自动输送车，也可分为有轨和无轨两类。轨道可设置在地面，也可以设置在龙门高架上。机器人除了物料的自动输送功能外，还具有自动拿起和交换功能，可实现物料的运输和自动上下料的复合功能，提高了物流系统的自动化程度，但技术更复杂。

2. 物流系统的物料装卸与交换装置

物流系统中的物料装卸与交换装置负责 FMS 中物料在不同设备之间或不同工位之间的交换或装卸。常见的物料装卸与交换装置有箱体类零件的托盘交换器、加工中心的换刀机械手、自动仓库的堆垛机、输送系统与工件装卸站的装卸设备等。有些交换装置已包含在相应的设备或装置之中，如托盘交换器已作为加工中心的一个辅件或辅助功能。这里仅以自动小车为例介绍 FMS 中常见的物料交换方法。常见自动小车的装卸方式可分为被动装卸和主动装卸两种。被动装卸方式的小车自己不具有完整的装卸功能，而是采用助卸方式，即配合装卸站或接收物料方的装卸装置自动装卸。常见的助卸方式有滚柱式台面和升降式台面。这类小车成本较低，常用于装卸位置少的系统。主动装卸方式是指自动小车自己具有装卸功能。常见的主动装卸方式有单面推拉式、双面推拉式、叉车式、机器人式。主动装卸方式常用于车少、装卸工位多的系统。其中采用机器人式主动装卸方式的自动小车相当于一个有脚的机器人，也叫行走机器人。机器人式主动装卸方式常用于无轨小车或高架有轨小车中，由此构成的行走机器人灵活性好，适用范围广，被认为是一种很有发展前途的输送、交换复合装置。行走机器人目前在轻型工件、回转体工件和刀具的输送、交换方面应用较多。

3. 物流系统的物料存储装置

FMS 对物料存储装置的要求有：

（1）自动化机构与整个系统中物料流动过程的可衔接性好；

（2）存放物料的尺寸、质量、数量和姿势与系统的匹配性好；

（3）物料的自动识别、检索方法和计算机控制方法与系统的兼容性好；

（4）放置方位、占地面积、高度与车间布局的协调性好。目前用于 FMS 的物料存储装置如图 8-6 所示。

4. 物流系统的监控

物流系统的监控主要具备以下功能。

（1）采集物流系统的状态数据，包括物流系统各设备控制器和各监测传感器传回的当前任务完成情况、当前运行状况等状态数据。

（2）监视物流系统状态。对收到的数据进行分类、整理，在计算机屏幕上用图形显示物料流动状态和各设备工作状态。

（3）处理异常情况。检查、判别物流系统状态数据中的不正常信息，根据不同情况提出处理方案。

（4）人机交互。供操作人员查询当前系统状态数据（毛坯数、产品数、在制品数、设备状态、生产状况等），以人工干预系统运行的方式处理异常情况。

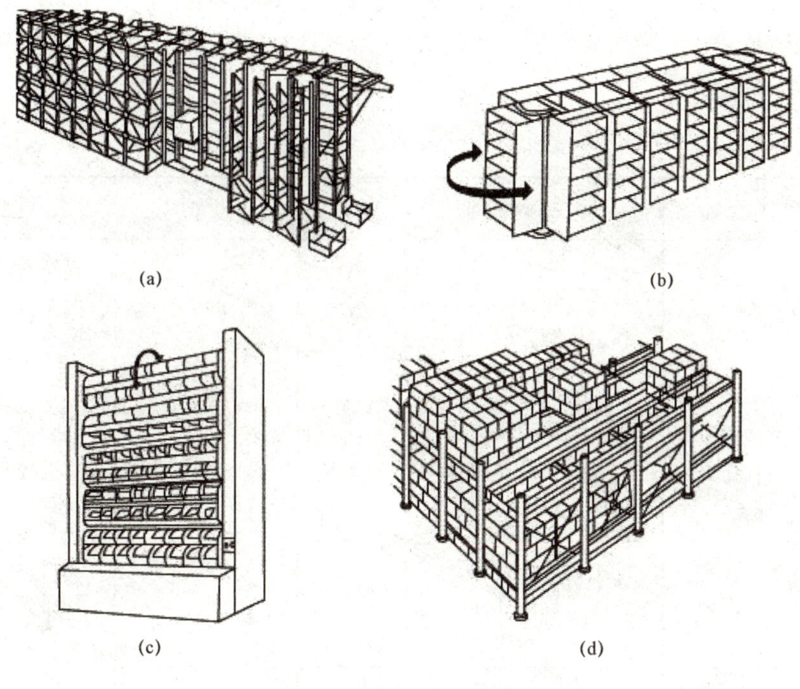

(a)　(b)　(c)　(d)

图 8－6　常见物料存储装置

（a）立体仓库；（b）水平回转型自动料架；（c）垂直回转型自动料架；（d）缓冲料架

（5）接受上级控制与管理系统下发的计划和任务，并控制执行机构去完成。物流系统的监控与管理一般有集中式和分布式两种方案。集中式方案由一台主控计算机完成物流系统的监控与管理功能，存储所有物料信息及物流设备信息，并分别向物流系统的所有设备发送指令。集中式方案有结构简单、便于集成的优点，但不易扩展，且一旦局部发生故障将严重影响整体运行。分布式方案是将物流系统划分为若干功能单元或子系统，每一功能单元独立监控几台设备，单元之间相互平等和独立。每一单元都可以向另一单元申请服务，同时也可以接受其他单元的申请为之服务。分布式方案的优点是扩展性好，可方便地增加新的单元，当某一单元发故障时，不会影响其他单元的正常运行；缺点是网络传输的数据量大，单元软件设计及相互协调比较复杂。

在 FMS 中，物流系统的运行受上级控制器的控制。上级管理系统下发计划、指令，物流系统接收这些计划和指令并上报执行情况和设备状态。这些下发和上报的信息和数据实时性要求很高，必须采用传输速度较快的网络报文形式，因此需要设计网络报文通信接口和规定大量的报文协议。物流系统与底层设备的控制器（或控制机）之间可以通过标准的通信接口（如 RS232、RS462 等）进行通信。对不同的控制器（控制机）其通信操作方式及协议等都不相同，因此需要编制多种不同的通信接口程序满足各自的需要。

8.1.5　FMS 的控制与管理系统

FMS 的控制与管理系统实质上是实现 FMS 加工过程、物料流动过程的控制、协调、调度、监测和管理的信息流系统。其由计算机、工业控制机、可编程序控制器、通信网络、数据库和相应的控制与管理软件等组成，是 FMS 的神经中枢和命脉，也是各子系统之间的联系纽带。常见功能模块（也称功能子系统）见表 8-2。当然这些功能模块并非相互完全独立的，而是相对独立、相互关联的。

表 8-2 FMS 控制与管理系统

名称	功能	工作内容	名称	功能	工作内容
生产管理子系统	生产调度作业优化运行仿真	制造日程计划 制造资源分配 生产作业管理 产值利润管理 设备运行程序仿真 物料交换过程仿真 物料（刀具、托盘等）需求仿真 动态调度仿真 生产日程仿真	运行控制子系统	物料流动控制与协调 设备运行控制与协调	系统启停控制 现场调度 设备运行程序的分配与传送 加工控制与协调 检测控制与协调 清洗控制与协调 装置控制与协调 物料存储控制与协调 物料输送控制与协调 物料交换控制与协调 故障维修与恢复
数据管理子系统	物料数据管理 基本数据管理 工艺数据管理 资源维护管理	毛坯在库管理 成品在库管理 在制品在位管理 设备运行程序管理 刀具预调与刀具补偿管理 工件坐标管理 设备与刀、夹、量、辅具基本参数管理 设备与刀、夹、量、辅具使用时间管理 设备与刀、夹、量、辅具精度管理 故障历程管理 设备日常保养管理 系统耗材管理	质量保证子系统	质量监控、物料识别、故障诊断、质量管理	系统运行状态监控 设备生产状态监控 系统运行环境监控 设备与工具使用时间监控 物料识别与跟踪 物料中转时间监控 故障诊断和处理监视 检验指标与检验程序 生产质量在线检验控制 检验结果判定 质量分析与统计

8.1.6 FMS 实例

我国发展与应用 FMC、FMS 系统均较晚，我国从 20 世纪 80 年代初期开始 FMS 的研究工作。目前的主要成果如下。

（1）华东工学院（现名为南京理工大学）机械制造系首先从英国引进了 Denford 教学实验 FMS 系统。

（2）湘潭江麓机器厂（现名为湘潭江麓精密机械有限公司）和郑州纺织机械厂（现名为恒天重工股份有限公司）于 1986 年先后从德国引进 FFS-500 和 FFS-1500 柔性制造系统。

（3）1990 年 10 月，由华东工学院和研究所联合设计制造的 FMS 在长春通过了鉴定并投入运行。这条 FMS 是由中国科技人员独立设计和开发的，并在某些技术性能上有所创新，总体技术水平达到了当代国际水平。

（4）北京机床研究所、大连组合机床研究所等单位也在 FMS 的研究与开发上取得了许多成果。

这些成果，对于缩短中国和世界发达国家在这一领域内的差距具有重要的实际意义。

现以上海交通大学的教学用 FMS 系统为例简要介绍 FMS 的总体结构，其 FMS 教学系统结构框图如图 8-7 所示，实物图如图 8-8 所示。从总体结构上来分，柔性制造系统主要包括加工系统、物流系统、检测系统和控制系统。

（1）控制系统：由中央计算机、可编程逻辑控制器、各工作站计算机以及各控制软件组成。

（2）物流系统：由一台工业机器人、自动传输站及立体仓库站组成，在加工等设备和仓库之间进行物料的搬运。

（3）检测系统：由一台三坐标测量机和测量软件组成三坐标测量站，对工件进行测量。

（4）加工系统：由一台加工站、一台数控铣床、安装站以及拆卸站组成。

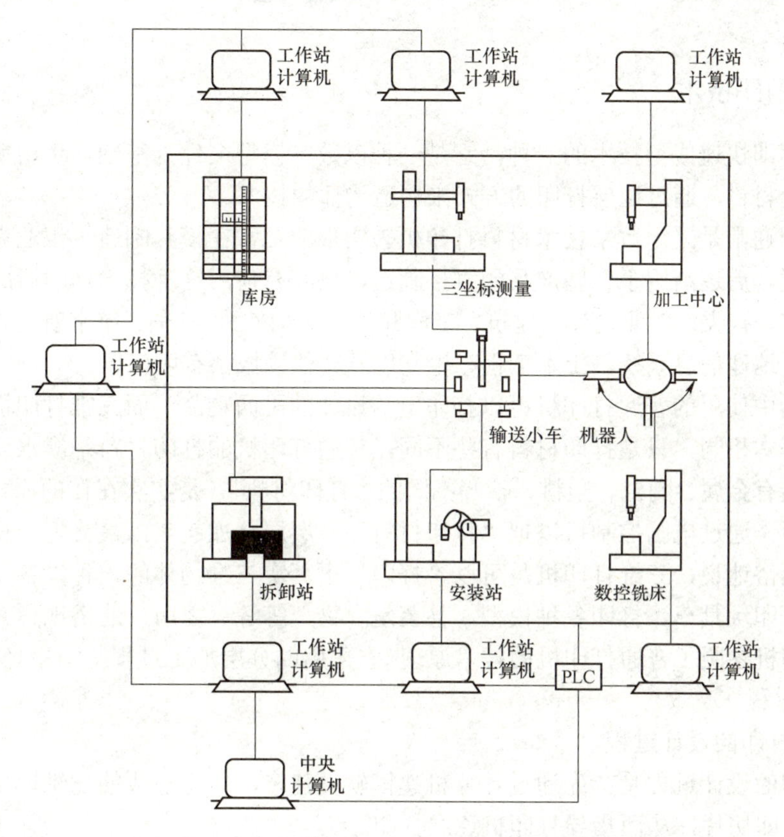

图 8-7　上海交大 FMS 教学系统结构框图

图 8-8　上海交大 FMS 实物

8.2　增材制造

8.2.1　三维打印技术

三维打印即快速成型技术的一种，它是一种以数字模型文件为基础，运用粉末状金属或塑料等可黏合材料，通过逐层打印的方式来构造物体的技术。

三维打印通常是采用数字技术材料打印机来实现的，常在模具制造、工业设计等领域被用于制造模型，后逐渐用于一些产品的直接制造，已经有使用这种技术打印而成的零部件。该技术在珠宝、鞋类、工业设计、建筑、工程和施工（AEC）、汽车、航空航天、牙科和医疗产业、教育、地理信息系统、土木工程、枪支以及其他领域都有所应用。

日常生活中使用的普通打印机可以打印电脑设计的平面物品，而三维打印机与普通打印机工作原理基本相同，只是打印材料有些不同，普通打印机的打印材料是墨水和纸张，而三维打印机内装有金属、陶瓷、塑料、砂等不同的“打印材料”，是实实在在的原材料，打印机与电脑连接后，通过电脑控制可以把“打印材料”一层层叠加起来，最终把计算机上的蓝图变成实物。通俗地说，三维打印机是可以“打印”出真实三维物体的一种设备，比如打印一个机器人、打印玩具车、打印各种模型，甚至是食物，等等。之所以通俗地称其为打印机是因为三维打印机参照了普通打印机的技术原理，它采用的分层加工过程与喷墨打印十分相似。

1. 打印过程

1）三维打印的设计过程

三维打印的设计过程是：先通过计算机建模软件建模，再将建成的三维模型“分区”成逐层的截面，即切片，从而指导打印机逐层打印。

设计软件和打印机之间协作的标准文件格式是 STL 文件格式，一个 STL 文件使用三角面来近似模拟物体的表面。三角面越小，其生成的表面分辨率越高。PLY 是一种通过扫描产生

三维文件的扫描器，其生成的 VRML 或 WRL 文件经常被用作全彩打印的输入文件。

2）切片处理

三维打印机通过读取文件中的横截面信息，用液体状、粉状或片状的材料将这些截面逐层地打印出来，再将各层截面以各种方式黏合起来从而制造出一个实体。这种技术的特点在于其几乎可以造出任何形状的物品。

打印机打出的截面厚度（即 Z 方向）以及平面方向（即 $X—Y$ 方向）的分辨率是以 dpi（像素每英寸）或者 nm 来计算的。一般的厚度为 100 nm，即 0.1 mm，也有部分打印机如 Objet Connex 系列、Systems ProJet 系列可以打印出 16 nm 的截面。而平面方向则可以打印出跟激光打印机相近的分辨率。打印出来的“墨水滴”的直径通常为 50～100 nm。用传统方法制造出一个模型通常需要数小时到数天，根据模型的尺寸以及复杂程度而定。而用三维打印技术则可以将时间缩短为数个小时，当然其是由打印机的性能以及模型的尺寸和复杂程度而定的。

传统的制造技术如注塑法可以以较低的成本大量制造聚合物产品，而三维打印技术则可以以更快、更有弹性以及更低成本的办法生产数量相对较少的产品。一个桌面尺寸的三维打印机就可以满足设计者或概念开发小组制造模型的需要。

3）完成打印

三维打印机的分辨率对大多数应用来说已经足够（在弯曲的表面可能会比较粗糙，像图像上的锯齿一样），要获得更高分辨率的物品可以通过以下方法：先用当前的三维打印机打出稍大一点的物体，再稍微经过表面打磨即可得到表面光滑的高分辨率物品。

有些三维打印技术可以同时使用多种材料进行打印；有些三维打印技术在打印的过程中还会用到支撑物，比如在打印出一些有倒挂状的物体时就需要用到一些易于除去的东西（如可溶的东西）作为支撑物。

2. 三维打印技术的限制因素

1）材料的限制

虽然高端工业印刷可以实现塑料、某些金属或者陶瓷打印，但无法实现打印的材料都是比较昂贵和稀缺的。另外，三维打印机也还没有达到成熟的水平，无法支持日常生活中所接触到的各种材料。

研究者们在多材料打印上已经取得了一定的进展，但除非这些进展达到成熟并有效，否则材料依然会是三维打印的一大障碍。

2）机器的限制

三维打印技术在重建物体的几何形状和机能上已经获得了一定的水平，几乎任何静态的形状都可以被打印出来，但是那些运动的物体和它们的清晰度就难以实现了。这个困难对于制造商来说也许是可以解决的，但是三维打印技术想要进入普通家庭，每个人都能随意打印想要的东西，那么机器的限制就必须得到解决才行。

3）知识产权的忧虑

在过去的几十年里，音乐、电影和电视产业中对知识产权的关注变得越来越多。三维打印技术也会涉及这一问题，因为现实中的很多东西都会得到更加广泛的传播。人们可以随意复制任何东西，并且数量不限。如何制定三维打印的法律法规用来保护知识产权，也是其面临的问题之一，否则就会出现泛滥的现象。

4）道德的挑战

道德是底线。什么样的东西会违反道德规律是很难界定的，如果有人打印出生物器官和活体组织，在不久的将来会遇到极大的道德挑战。

5）花费的承担

三维打印技术需要承担的花费是高昂的，一台三维打印机的售价往往让普通大众难以接受。如果想要三维打印技术得到普及，降价是必须的，但这又会与成本形成冲突。

每一种新技术诞生初期都会面临着这些类似的障碍，但相信找到合理的解决方案后，三维打印技术的发展将会更加迅速，就如同任何渲染软件一样，不断地更新才能达到最终的完善。

8.2.2 四维打印技术

四维打印比三维打印多了一个时间维度，人们可以通过软件设定模型和时间，变形材料会在设定的时间内变形为所需的形状。准确地说四维打印是一种能够自动变形的材料，直接将设计内置到物料当中，不需要连接任何复杂的机电设备，就能按照产品设计自动折叠成相应的形状。

图 8-9 四维打印技术成品

四维打印最关键是记忆合金。四维打印是由麻省理工学院（MIT）与 Stratasys 教育研发部门合作研发的，是一种无须打印机器就能让材料快速成型的革命性新技术。四维打印技术打印出的物体大小、形状可以随时间变化。四维打印技术成品如图 8-9 所示。

8.3 工业机器人

工业机器人是面向工业领域的多关节机械手或多自由度的机器装置，它能自动执行工作，是靠自身动力和控制能力来实现各种功能的一种机器。它可以接受人类指挥，也可以按照预先编排的程序运行，现代的工业机器人还可以根据人工智能技术制定的原则纲领行动。

1. 历史沿革

已知最早的工业机器人，其符合 ISO 定义，是由格里菲斯・P.泰勒于 1937 年完成。该机器人可以在预先设定的图案上叠积木。1997 年，克里斯舒特建造了机器人的完整副本。

1954 年（1961 年授予），乔治・迪沃申请了第一个机器人的专利。制作机器人的第一家公司是 Unimation，是基于迪沃的原始专利。Unimation 机器人也被称为可编程移机，因为一开始他们的主要用途是从一个点传递对象到另一个。这些机器人采用液压执行机构，并编入关节坐标，即在一个教学阶段进行存储和回放操作中的各关节角度。Unimation 后授权其技术给川崎重工和 GKN，分别在日本和英国制造 Unimates。往后一段时间里，Unimation 唯一的竞争对手是美国辛辛那提米拉克龙公司。20 世纪 70 年代后期，日本开始生产类似的工业机器人。

1969 年，维克多·沙因曼在斯坦福大学发明了斯坦福大学的手臂，提出了 6 轴多关节型机器人的设计允许一个手臂的解决方案。这使得它精确地跟踪在太空中任意路径，拓宽了潜在用途的机器人更复杂的应用，如装配和焊接。沙因曼则设计了第二臂的 MIT 人工智能实验室，被称为“麻省理工学院的手臂。”沙因曼，接收奖学金后，从 Unimation 发展他的设计，通用汽车公司进一步支持其发展，后来上市了可编程的通用机装配手臂（PUMA）。

工业机器人在欧洲发展相当快，有 ABB 机器人和库卡机器人。1973 年，ABB 机器人（原 ASEA）推出 IRB 6——世界上首位市售全电动微型处理器控制的机器人。前两个 IRB 6 机器人被出售给马格努森，在瑞典进行研磨和抛光管道。同样是在 1973 年，库卡机器人推出了 FAMULUS，其具有 6 个机电驱动轴。

在 20 世纪 70 年代后期，许多美国公司对机器人技术产生兴趣，进入该领域，如通用电气和通用汽车公司（这就形成合资 FANUC 机器人与 FANUC 日本 LTD）。机器人热潮在 1984 年到达了新的高度，Unimation 以 107 万美元收购了西屋电气公司。法国史陶比尔公司于 1988 年进行了关节型机器人的研发，用于一般工业和洁净室。在 2004 年年底还在这个市场中生存的公司主要有：娴熟技术，史陶比尔，Unimation，瑞典－瑞士公司 ABB 阿西亚·布朗 Boveri 公司，德国公司的 KUKA 机器人与意大利公司柯马。

2. 主要特点

戴沃尔提出的工业机器人特点为：将数控机床的伺服轴与遥控操纵器的连杆机构连接在一起，预先设定的机械手动作经编程输入后，系统就可以离开人的辅助而独立运行。这种机器人还可以接受示教而完成各种简单的重复动作，示教过程中，机械手可依次通过工作任务的各个位置，这些位置序列全部记录在存储器内。任务的执行过程中，机器人的各个关节在伺服驱动下依次再现上述位置，故这种机器人的主要技术功能被称为“可编程”和“示教再现”。

1962 年，美国推出的一些工业机器人控制方式与数控机床大致相似，但外形主要由类似人的手和手臂组成。后来，才出现了具有视觉传感器的、能识别与定位的工业机器人系统。

工业机器人最显著的特点有以下几个。

（1）可编程。生产自动化的进一步发展是柔性启动化。工业机器人可随其工作环境变化的需要而再编程，因此它在小批量、多品种、具有均衡高效率的柔性制造过程中能发挥很好的功用，是柔性制造系统中的一个重要组成部分。

（2）拟人化。工业机器人在机械结构上有类似人的行走、腰转、大臂、小臂、手腕、手爪等部分，在控制上有电脑。此外，智能化工业机器人还有许多类似人类的“生物传感器”，如皮肤型接触传感器、力传感器、负载传感器、视觉传感器、声觉传感器、语言功能等。传感器提高了工业机器人对周围环境的自适应能力。

（3）通用性。除了专门设计的专用工业机器人外，一般工业机器人在执行不同的作业任务时具有较好的通用性。比如，更换工业机器人手部末端操作器（手爪、工具等）便可执行不同的作业任务。

（4）工业机器人技术涉及的学科相当广泛。第三代智能机器人不仅具有获取外部环境信息的各种传感器，而且还具有记忆能力、语言理解能力、图像识别能力、推理判断能力等人工智能，这些都是微电子技术的应用，特别是与计算机技术的应用密切相关。因此，工业机器人技术的发展必将带动其他技术的发展，工业机器人技术的发展和应用水平也可以验证一个国家科学技术和工业技术的发展水平。

3. 工业机器人在中国的发展

我国工业机器人起步于20世纪70年代初期，经过40多年的发展，大致经历了3个阶段：萌芽期、开发期和适用化期。

1970年，世界上工业机器人应用掀起一个高潮，尤其在日本发展更为迅猛，它补充了日益短缺的劳动力。在这种背景下，我国于1972年开始研制自己的工业机器人。这段时期为萌芽期。

进入20世纪80年代后，在高技术浪潮的冲击下，随着改革开放的不断深入，我国工业机器人技术的开发与研究得到了政府的重视与支持。“七五”期间，国家投入资金，对工业机器人及其零部件进行攻关，完成了示教再现式工业机器人成套技术的开发，研制出了喷涂、点焊、弧焊和搬运机器人。1986年国家高技术研究发展计划（863计划）开始实施，智能机器人主题跟踪世界机器人技术的前沿，经过几年的研究，取得了一大批科研成果，成功地研制出了一批特种机器人。这段时期为发展期。

从20世纪90年代初期起，我国的国民经济进入实现两个根本转变时期，掀起了新一轮的经济体制改革和技术进步热潮，我国的工业机器人又在实践中迈进一大步，先后研制出了点焊、弧焊、装配、喷漆、切割、搬运、包装、码垛等各种用途的工业机器人，并实施了一批机器人应用工程，形成了一批机器人产业化基地，为我国机器人产业的腾飞奠定了基础。这段时期为适用化期。

虽然中国的工业机器人产业在不断的进步中，但和国际同行相比，差距依旧明显。从市场占有率来说，更无法相提并论。工业机器人很多核心技术，当前尚未掌握，这是影响我国工业机器人产业发展的一个重要瓶颈。

随着人口红利的逐渐下降，企业用工成本不断上涨，工业机器人正逐步走进公众的视野。中国产业洞察网分析师李强认为，人口红利的持续消退，给工业机器人产业带来了重大的发展机遇，在国家政策支持下，产业有望迎来爆发期。

全球工业机器人的应用领域也有所扩大。2010年，在德国市场，除了汽车行业，食品行业显著增加了工业机器人的利用。可见，在药品、化妆品和塑料行业，机器人的投资潜力巨大。预计亚洲将成为工业机器人行业发展最快的地区。

尽管各大企业面临着转型升级的困难，但不少具备实力、具有长远眼光的企业已经在此困难中寻找到了新的出路。山推作为国内大型工程机械生产厂家和推土机行业龙头企业，在自动化焊接设备的应用上应该说走到了国内同行的前列，其在20世纪90年代中期就开始应用焊接机器人和自动化焊接专机。这些举措不仅使企业的生产效率得到了有效提高，也转变了员工的传统观念。

当前，国外已经研制和生产了各种不同的标准组件，而中国作为未来工业机器人的主要生产国，标准化的过程是发展趋势。

中国制造业面临着向高端转变，承接国际先进制造、参与国际分工的巨大挑战。加快工业机器人技术的研究开发与生产是中国抓住这个历史机遇的主要途径。因此我国工业机器人产业发展要进一步落实：第一，工业机器人技术是我国由制造大国向制造强国转变的主要手段和途径，要对国产工业机器人有更多的政策与经济支持，参考国外先进经验，加大技术投入与改造；第二，在国家的科技发展计划中，应该继续对智能机器人研究开发与应用给予大

力支持，形成产品和自动化制造装备同步协调的新局面；第三，部分国产工业机器人质量已经与国外相当，企业采购工业机器人时不要盲目进口，应该综合评估，立足国产。

智能化、仿生化是工业机器人的最高阶段，随着材料、控制等技术不断发展，实验室产品越来越多地实现产品化，逐步应用于各个场合。伴随移动互联网、物联网的发展，多传感器、分布式控制的精密型工业机器人将会越来越多，逐步渗透制造业的方方面面，并且由制造实施型向服务型转化。

工业机器人最先大规模使用的区域将会出在我国的发达地区。随着产业转移的进行，发达地区的制造业需要提升。基于工人成本不断增长的现实，工业机器人的应用成为最好的替代方式。未来我国工业机器人的大范围应用将会集中在广东、江苏、上海、北京等地，其工业机器人拥有量将占全国一半以上。

当前，我国进口的工业机器人主要来自日本，但是随着具有自主知识产权的企业不断出现，越来越多的工业机器人将会由中国制造。

8.4　思考与练习

1. 通过查阅书籍简述近年来《中国制造 2025》计划发展的主要工程。
2. 简述我国工业机器人发展史。
3. 简述物流系统的输送装置有哪些要求。
4. 三维打印技术和四维打印技术有何区别？

参考文献

[1] 陈吉红，杨克冲. 数控机床实验指南［M］. 武汉：华中科技大学出版社，2003.
[2] 杨克冲，陈吉红，郑小年. 数控机床电气控制［M］. 武汉：华中科技大学出版社，2005.
[3] 张宝林. 数控技术［M］. 北京：机械工业出版社，1997.
[4] 刘又午. 数字控制机床［M］. 北京：机械工业出版社，1997.
[5] 任玉田. 机床计算机数控技术［M］. 北京：北京理工大学出版社，1996.
[6] 吴祖育. 数控机床［M］. 上海：上海科学技术出版社，2000.